<READY TO CODE>

<?>

Python数据结构

学习笔记

张清云■编著

中国铁道出版社有限公司
CHINA RAILWAY PUBLISHING HOUSE CO., LTD.

内 容 简 介

在计算机科学中，数据结构是一种数据组织、管理和存储的格式；简而言之，决定着数据顺序和位置关系的便是数据结构，由此可见数据结构的重要性。本书以学习笔记的形式阐述了Python语言框架下的数据结构核心知识和应用实践，尤其是对Python不同于其他语言的内置数据结构（线性表、队列和栈、数、图等）进行了重点讲解，全书更多地通过实战演练的形式将数据结构应用经验融入实践之中，旨在帮读者透彻理解数据结构在编程实践中的内涵，以期与算法实现融合，提升读者编程内功。

图书在版编目（CIP）数据

Python数据结构学习笔记/张清云编著. —北京：中国铁道出版社有限公司，2023.1

ISBN 978-7-113-29854-8

Ⅰ.①P… Ⅱ.①张… Ⅲ.①软件工具-程序设计 Ⅳ.①TP311.561

中国版本图书馆CIP数据核字（2022）第221336号

书　　名： Python 数据结构学习笔记
Python SHUJU JIEGOU XUEXI BIJI
作　　者： 张清云

责任编辑： 于先军　　**编辑部电话：**（010）51873026　　**电子邮箱：** 46768089@qq.com
封面设计： 宿　萌
责任校对： 安海燕
责任印制： 赵星辰

出版发行： 中国铁道出版社有限公司（100054，北京市西城区右安门西街 8 号）
网　　址： http://www.tdpress.com
印　　刷： 国铁印务有限公司
版　　次： 2023 年 1 月第 1 版　2023 年 1 月第 1 次印刷
开　　本： 787 mm×1 092 mm 1/16　**印张：** 17.5　**字数：** 425 千
书　　号： ISBN 978-7-113-29854-8
定　　价： 89.80 元

配套资源下载网址：
http://www.m.crphdm.com/2021/0329/14329.shtml

前　言

从你开始学习编程的那一刻起，就注定了以后所要走的路：从编程学习者开始，依次经历实习生、程序员、软件工程师、架构师、CTO 等职位的磨砺；当你站在职位顶峰的位置时蓦然回首，会发现自己的成功并不是偶然，在程序员的成长之路上会有不断修改代码、寻找并解决 Bug、不停测试程序和修改项目的经历；不可否认的是，只要你在自己的开发生涯中稳扎稳打，并且善于总结和学习，最终将会得到可喜的收获。

■ 为什么要学习数据结构

解决一个问题有很多种方法，但有些方法会比其他方法更好，学习数据结构和算法就是学习高质量的解决方案。著名的瑞士计算机科学家沃思（N.Wirth）教授一语中的：编程的本质是算法，而算法的本质是解决问题。程序设计的实质是对实际问题设计/选择好的数据结构和好的算法。

数据结构是计算机运行体系中任何信息都必须遵守的生成与存储规则，尤其是在编程语言的设计中，更体现着程序员对数据理解的透彻程度，其与算法的有效结合，对于提升代码的运行效率，降低程序功耗至关重要。

■ 本书的特色

（1）以“入门到精通”的写作方法构建内容，让读者轻松入门。

为了使读者能够完全看懂本书的内容，本书遵循“入门到精通”基础类图书的写法，循序渐进地讲解这门开发语言的基本知识。

（2）实例教学，经典并深入。

本书以实例教学为导向，通过具体实例讲解了 Python 语言框架下数据结构的基本知识和核心用法。通过这些具体实例的讲解和剖析，帮助读者真正掌握 Python 数据结构的精髓和实践技能。

（3）视频讲解整体下载包。

为了帮助读者更扎实地掌握本书内容，我们紧贴书中内容录制了讲解视频，既包括实例讲解也包括教程讲解，对读者的开发水平实现了拔高处理。

（4）售后答疑帮助读者快速解决学习问题。

无论书中的疑惑，还是在学习中的问题，笔者将在第一时间为读者解答问题，笔者更希望通过交流了解读者的实际需求和本书的不足之处，以期提升图书品质。

（5）QQ 群实现教学互动，形成互帮互学的朋友圈。

为了方便给读者答疑，特提供了 QQ 群（通过 QQ：729017304 获得）随时在线与读者互动，让大家在互学互帮中形成一个良好的学习编程的氛围。

■ 本书的内容

本书通过学习笔记的形式（概念 + 实现思路 + 实战演练）循序渐进、由浅入深地详细讲解了 Python 语言数据结构的核心知识。全书共 9 章，分别讲解了数据结构基础、算法、Python 内置的几种数据结构、线性表、队列和栈、树、图、数据结构的查找算法以及数据结构的排序算法。全书通过具体实例的实现过程，演练了各个知识点的具体使用方法和注意事项，引领读者全面掌握数据结构的核心技术。

■ 本书的读者对象

本书以学习笔记的形式系统讲解了数据结构的核心知识，重点阐述了 Python 语言实践中的数据结构特点和实用技能，旨在帮助有一定经验的初级程序员扎实理解数据结构原理及其在编程实践中的重要性，并通过大量经典演练案例迅速积累经验，提升编程能力。

■ 致谢

本书在编写过程中，得到了中国铁道出版社有限公司编辑的大力支持，正是各位编辑的求实、耐心和效率，才使得本书能够在这么短的时间内出版。另外，也十分感谢笔者的家人给予的巨大支持。由于水平有限，书中存在纰漏之处在所难免，诚请读者提出宝贵的意见或建议，以便修订并使之更臻完善。

最后感谢您购买本书，希望本书能成为您编程路上的领航者，祝您阅读快乐！

张清云

2022 年 11 月

目　录

第1章 数据结构基础

数据结构是计算机存储、组织数据的方式，是指相互之间存在一种或多种特定关系的数据元素的集合。通常情况下，使用科学合理的数据结构可以提高程序的运行效率或者数据的存储效率。在计算机编程语言中，数据结构往往同高效的检索算法和索引技术有关。本章将详细讲解数据结构的基础知识，为读者步入后面知识的学习打下基础。

1.1 数据结构

数据结构是一门专门处理数据的学科，将数据元素相互之间的关联称为结构，描述的是存储和组织数据的方式。在本节中，将详细讲解数据结构的基本知识。

1.1.1 数据结构的核心技术

数据结构（Data Structure）是带有结构特性的数据元素的集合，它研究的是数据的逻辑结构和物理结构以及它们之间的相互关系，并对这种结构定义相适应的运算，设计出相应的算法，并确保经过这些运算以后所得到的新结构仍保持原来的结构类型。简言之，数据结构是相互之间存在一种或多种特定关系的数据元素的集合，即带“结构”的数据元素的集合。“结构”就是指数据元素之间存在的关系，分为逻辑结构和存储结构。

数据结构的核心技术是分解与抽象，通过分解可以划分出数据的3个层次，再通过抽象，舍弃数据元素的具体内容，就得到逻辑结构。类似地，通过分解将处理要求划分成各种功能，再通过抽象舍弃实现细节，就得到运算的定义。上述两个方面的结合可以将问题变换为数据结构。这是一个从具体（具体问题）到抽象（数据结构）的过程。然后，通过增加对实现细节的考虑进一步得到存储结构和实现运算，从而完成设计任务。这是一个从抽象（数据结构）到具体（具体实现）的过程。

1.1.2 数据结构的起源和发展现状

“数据结构”起源于程序设计的发展。从20世纪60年代末到80年代初，人们逐渐认识到程序设计规范化的重要性，因而提出了程序结构模块化。与此同时，计算机也已经开始广泛地应用于非数值处理领域，操作系统、编译程序、数据库等系统软件的设计已进入方法化时期。人们注意到数据表示与操作的结构化，程序中常用的一些数据表示，如线性表、链表、广义表、栈、队、树、图等被单独抽出研究。在这种情况下，计算机类软件专业开始产生“数据结构”课程，对学生进行规范化程序设计起到了重大作用。

在国内外大学的计算机专业中，都把“数据结构”当成一门重要的专业基础课和必修课。在该课程的教学中，除了强调基本数据结构外，在学生先修了面向对象的程序设计基础上，还适当增加了一些数据结构和算法设计等新知识和新内容。同时，进一步精简存储管理、外部排序等属于“操作系统”和其他课程的内容。此外，在“数据结构”课程的教学、辅导、答疑、作业、讨论、测试、实验、实习等教学环节中，更多地利用网络教学资源和现代教育技术，从根本上提高了“数据结构”课程的教学质量。

1.1.3 数据结构中的基本概念

（1）数据

对客观事物的符号表示，是指所有能输入到计算机中并被计算机程序处理的符号的总称。

（2）数据元素

数据的基本单位，在计算机中作为一个整体进行考虑和处理。一个数据元素由多个数据项组成。例如，在保存学生信息的表中，每一条 User 记录就是一个数据元素。

（3）数据项

数据不可分割的最小单位，一个数据元素可由若干个数据项组成。

（4）数据类型

在计算机程序设计语言中，数据类型是变量所具有的数据种类，例如 C、Java、Python 等语言中的整型、浮点型、字符型等都是数据类型。通常将数据类型分为表 1-1 所列的四类。

表 1-1

数据类型	说　　明
原子类型	值不可再分割，如 Java 中的 int、char、String 等
结构类型	由若干成分按某种结构组成，可以被分解。比如一个整型数组，可以循环分割成多个整型元素
抽象数据类型	指一个数学模型以及定义在该模型上的一组操作，或者可以把它理解成在开发过程中自己定义的数据类型。其实抽象数据类型与基本数据类型并没有本质的区别，主要在于抽象数据类型更贴近于实际的使用
多形态数据类型	是指其成分不确定的数据类型，读者无须深究这个类型，只需简单了解一下即可

（5）数据对象

性质相同的数据元素的集合，是数据的一个子集。这里要记住集合这个概念，所有的用户组合到一起是数据对象。

（6）逻辑结构

表示数据之间的相互关系，常见的逻辑结构类型见表 1-2。

表 1-2

逻辑结构类型	说　明
集合	结构中的数据元素除了同属于一种类型外，别无其他关系
线性结构	数据元素之间一对一的关系
树形结构	数据元素之间一对多的关系
图状结构或网状结构	结构中的数据元素之间存在多对多的关系

注：数据的逻辑结构是基础，也是重点；这里先作简单了解，下一节我们会重点讲述。

（7）物理结构 / 存储结构

数据在计算机中的表示，是描述数据具体在内存中的存储方式，例如有顺序结构、链式结构、索引结构、哈希结构等。

1.2　常用的数据结构和分类

数据结构是学习计算机编程的基础学科，也是程序员的必修课程。本节将详细讲解常用的数据结构和数据结构分类的知识。

1.2.1　数据结构的分类

在计算机学科中，通常将数据结构分为两类：逻辑结构和物理结构。其中，逻辑结构是面向问题的，而物理结构是面向计算机的，其基本的目标就是将数据及其逻辑关系存储到计算机的内存中。

1．数据的逻辑结构

上一节我们已经了解过，数据与数据之间的联系被称为数据的逻辑结构，根据关系的紧密程度，可以将逻辑结构分为以下 4 个小类。

（1）集合结构

数据结构中的元素之间除了“同属一个集合” 的相互关系外，别无其他关系，如图 1-1 所示。比如，我有一个篮子，篮子里放了一个苹果，一个香蕉，一个梨子。这三种水果除了放在一个篮子里，它们没有其他联系。这个篮子里的三种水果就属于一个集合。

（2）线性结构

数据结构中的元素存在一对一的相互关系，如图 1-2 所示。比如，同学家的孩子 A 要高考了，但是 A 数学不好，所以请了一个数学老师 B 给 A 单独补课，并且规定在 A 补课期间，该数学老师 B 不能给其他人补课，那么 A 和这个数学老师 B 就是一对一的关系，他们之间的关系就是 B 给 A 补课。再如排队，每列只站一个人，每列总共 10 个人，那么他们每个人之间有先后关系，但是都是一对一的先后关系。

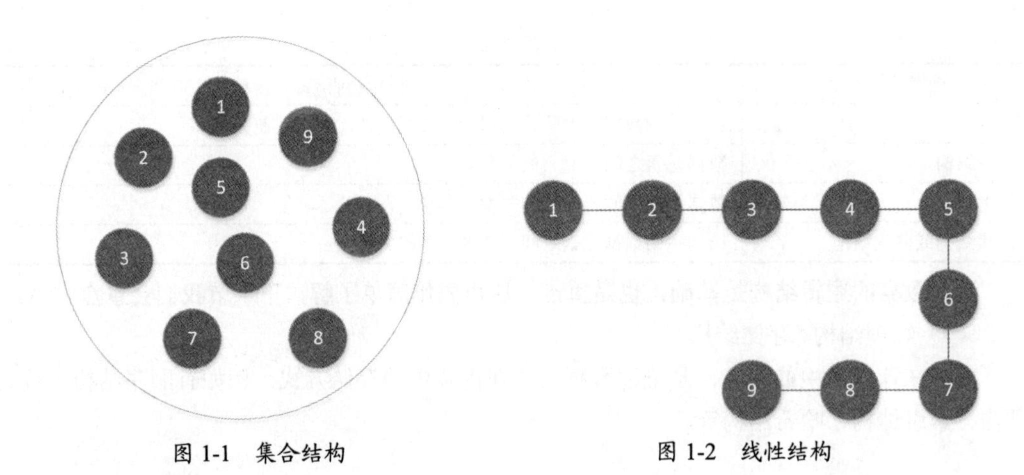

图 1-1　集合结构　　　　图 1-2　线性结构

（3）树形结构

数据结构中的元素存在一对多的相互关系，如图 1-3 所示。比如，一个数学老师给两个或者多个学生补课，那么老师和学生之间就是一对多的关系。

（4）图形结构

数据结构中的元素存在多对多的相互关系，如图 1-4 所示。比如，交通部门的交通现状和规划网，济南有 *n* 条高速公路到达上海，同时青岛也有 *k* 条高速公路到达长沙，济南到上海是一对 *n* 的关系，青岛到长沙也是一对 *k* 的关系，所以济南和青岛是多对多的关系。

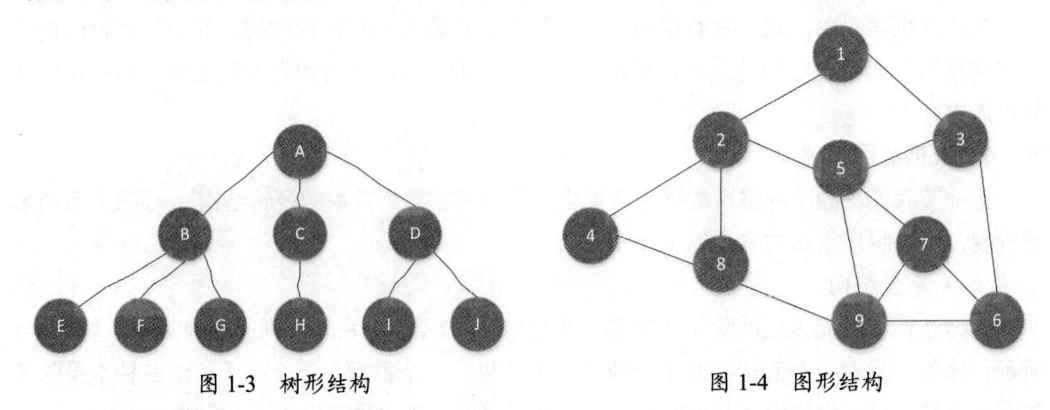

图 1-3　树形结构　　　　图 1-4　图形结构

2．数据的物理结构

在计算机存储空间中，将数据的逻辑结构的存放形式称为数据的物理结构，也就是数据存储在磁盘中的方式。可以将数据的物理结构分为以下三个小类。

（1）顺序存储结构

把逻辑上相邻的节点存储在物理位置上相邻的存储单元中，节点间的逻辑关系由存储单元的邻接关系来体现。在计算机中用一组地址连续的存储单元依次存储线性表的各个数据元素，称作线性表的顺序存储结构，如图 1-5 所示。

顺序存储结构有以下两个特点：

① 随机存取表中元素；

② 插入和删除操作需要移动的元素。

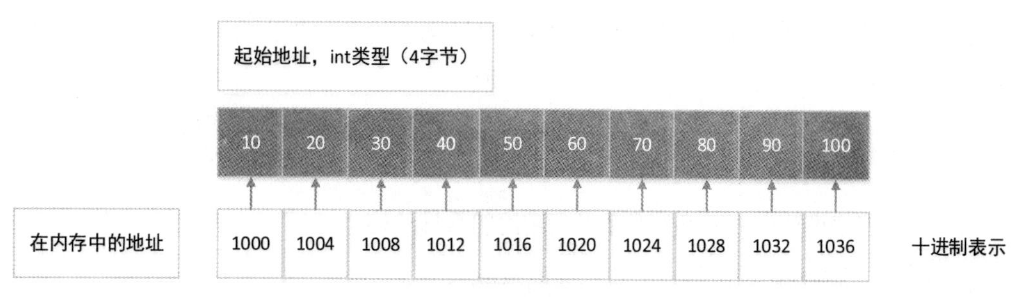

图 1-5　顺序存储结构

（2）链接存储结构

在计算机中用一组任意的存储单元存储线性表的数据元素（这组存储单元可以是连续的，也可以是不连续的），因为链接存储结构不要求逻辑上相邻的元素在物理位置上也相邻，所以它没有顺序存储结构所具有的弱点，但是也同时失去了顺序表可随机存取的优点。链接存储结构的特点如下：

① 比顺序存储结构的存储密度小（每个节点都由数据域和指针域组成，所以相同空间内假设全存满的话，顺序存储比链式存储更多）；

② 逻辑上相邻的节点物理上不必相邻；

③ 插入、删除灵活（不必移动节点，只需改变节点中的指针）；

④ 查找节点时链式存储要比顺序存储慢；

⑤ 每个节点由数据域和指针域组成。

（3）数据索引存储结构

数据索引存储结构除建立存储节点信息外，还建立附加的索引表来标识节点的地址。索引表由若干索引项组成，如果每个节点在索引表中都有一个索引项，则该索引表被称为稠密索引。若一组节点在索引表中只对应一个索引项，则该索引表就成为稀疏索引。索引项的一般形式是关键字或地址。在搜索引擎中，需要按某些关键字的值来查找记录，为此可以按关键字建立索引，这种索引称为倒排索引（因为是根据关键词来找链接地址，而不是通过某个链接搜索关键词，这里反过来了，所以称为倒排索引），带有倒排索引的文件称为倒排索引文件，又称倒排文件。倒排文件可以实现快速检索，这种索引存储方法是目前搜索引擎最常用的存储方法。

数据索引存储结构的特点是用节点的索引号来确定节点存储地址，其优点是检索速度快；缺点是增加了附加的索引表，会占用较多的存储空间。

（4）数据散列存储结构

散列存储，又称 Hash（哈希）存储，是一种力图将数据元素的存储位置与关键字之间建立确定对应关系的查找技术。比如，将汤高这个名字通过一个函数转换成一个值，这个值就是名字汤高在计算机中的存储地址，这个函数称为 Hash 函数。散列法存储的基本思想是：它通过把关键码值映射到表中一个位置来访问记录，以加快查找的速度。这个映射函数称为散列函数，存放记录的数组称为散列表。

散列是数组存储方式的一种发展，跟数组相比，散列的数据访问速度要高于数组。要依据数据的某一部分来查找数据时数组一般要从头遍历数组才能确定想要查找的数据位置，而散列是通过函数“想要查找的数据”作为“输入”“数据的位置”作为“输出”来实现快速访问。

1.2.2 常用的数据结构

在计算机程序设计中，以下是八个最为常用的数据结构。

1．数组（Array）

数组是一种聚合数据类型，它是将具有相同类型的若干变量有序地组织在一起的集合。数组可以说是最基本的数据结构，在各种编程语言中都有对应。一个数组可以分解为多个数据元素，按照数据元素的类型，数组可分为整型数组、字符型数组、浮点型数组、指针数组和结构数组等。数组还可以有一维、二维及多维等表现形式。

2．栈（Stack）

栈是一种特殊的线性表，它只能在一个表的一个固定端进行数据节点的插入和删除操作。栈按照后进先出的原则来存储数据，也就是说，先插入的数据将被压入栈底，最后插入的数据在栈顶，读出数据时，从栈顶开始逐个读出。栈在汇编语言程序中，经常用于重要数据的现场保护。栈中没有数据时，称为空栈。

3．队列（Queue）

队列和栈类似，也是一种特殊的线性表。和栈不同的是，队列只允许在表的一端进行插入操作，而在另一端进行删除操作。一般来说，进行插入操作的一端称为队尾，进行删除操作的一端称为队头。队列中没有元素时，称为空队列。

4．链表（Linked List）

链表是一种数据元素按照链式存储结构进行存储的数据结构，这种存储结构具有在物理上存在非连续的特点。链表由一系列数据节点构成，每个数据节点包括数据域和指针域两部分。其中，指针域保存了数据结构中下一个元素存放的地址。链表结构中数据元素的逻辑顺序是通过链表中的指针链接次序来实现的。

5．树（Tree）

树是典型的非线性结构，它是包括两个节点的有穷集合 K。在树结构中，有且仅有一个根节点，该节点没有前驱节点。在树结构中的其他节点都有且仅有一个前驱节点，而且可以有两个后继节点。

6．图（Graph）

图是另一种非线性数据结构。在图结构中，数据节点一般称为顶点，而边是顶点的有序偶对。如果两个顶点之间存在一条边，那么就表示这两个顶点具有相邻关系。

7．堆（Heap）

堆是一种特殊的树形数据结构，一般讨论的堆都是二叉堆。堆的特点是根节点的值是所有节点中最小的或者最大的，并且根节点的两个子树也是一个堆结构。

8．散列表（Hash）

散列表源自散列函数（Hash function），其思想是如果在结构中存在关键字和 T 相等的记录，那么必定在 $F(T)$ 的存储位置可以找到该记录，这样就可以不用进行比较操作而直接取得所查记录。

1.3 数据类型和抽象数据类型

在 1.1.3 节中曾经简要说明了数据类型和抽象数据类型的概念，提到过抽象数据类型是数据类型中的一种。在现实应用中，基于数据类型的重要性，在本节单独讲解这个概念的相关知识。

1.3.1 数据类型

很多初学者可能会问，数据类型的内容苦涩难懂，为什么有这么多的数据类型，难道不能只用一种数据类型吗？编程语言之所以推出这么多的数据类型，这需要从生活中常见的类型分类说起。例如在麦当劳餐厅中，菜单设计十分人性化，套餐被放在置顶区域，而汉堡、烤翅等单品系列也被分类放在一个区域。这样分类的目的是让消费者快速完成点餐，特别是套餐指定的设计更是符合销售要求。并且将各类单品集中放置，起到一个很好的对比作用。例如在肉类单品位置，麦乐鸡紧挨着麦乐鸡翅和香骨鸡腿，这样消费者在点餐时可以很好地进行对比。

再次回到计算机编程语言中，先看看为什么会有不同的数据类型呢？很简单，很多东西不能一概而论，而是需要更精确的划分。计算机计算 1+1 并不需要多么大的空间，但是计算 10 000 000 000+1 000 000 000 就得需要有个比较大的空间来放。有时候还会计算小数，小数的位数不一样，需要的空间也就不一样。数字 1 和字母 a 也需要区分，于是开发者就想出了“数据类型”这一招，用来描述不同的数据的集合。笔者最早接触的数据类型是 int，依稀记得当初一个“int a;”就把我看得不知所以。像 int、double、float 之类的类型，就是一个基本的数据类型。数据类型的专业解释是，一个值的集合和定义在这个值集合的一组操作的总称。一种数据类型也可以看成是一种已经实现了的“数据结构”。

按照“值”是否可以被分解，可以将类型分为以下两类。

（1）原子类型：其值不可分解，通常由语言直接提供，例如编程语言中的 int、float、double 等都是原子类型。

（2）结构类型：其值可以分解为若干部分（分量），是程序员自定义的类型，比如结构体、类等都是结构类型。

1.3.2 抽象数据类型

抽象数据类型（Abstract Data Type，ADT）只是一个数学模型以及定义在模型上的一组操作。通常是对数据的抽象，定义了数据的取值范围以及对数据操作的集合。其实在大多数情况下，可以将数据类型和抽象数据类型看成是一种概念。比如，各种计算机都拥有的整数类型就是一个抽象数据类型，尽管实现方法不同，但它们的数学特性相同。抽象数据类型的特征是实现与操作分离，从而实现封装。例如，在统计学生信息时，经常使用姓名、学号、成绩等信息，我们可以定义这样的一个抽象数据类型 student，它封装了姓名、学号、成绩三个不同类型的变量，这样操作 student 的变量就能很方便地知道这些信息了。C 语言中的结构体以及 Python、C++、Java 语言中的类等都是这种形式。

在网络中看到网络高手用“超级玛丽”为例来说明抽象数据类型的含义，通俗易懂，便于理解。“超级玛丽”是一款经典的任天堂游戏，游戏主角是马里奥，我们给他定义了几个基本操作，前进、后退、跳、打子弹等。这几个操作就是一个抽象数据类型，定义了一个数据对象、对象中各元素之间的关系及对数据元素的操作。至于到底是哪些操作，这只能由开发者根据实际需要来决定。在开发游戏的初期，可能只有走和跳两个动作。后来随着游戏的升级，增加了一种打子弹的操作，再后来又有了按住打子弹键后前进就有跑的操作。这都是根据实际情况来定的。事实上，抽象数据类型体现了程序设计中问题分解和信息隐藏的特征。抽象数据类型把问题分解为多个规模较小且容易处理的问题，然后把每个功能模块的实现作为一个独立单元，通过一次或多次调用来解决整个问题。

第2章 算法

算法是程序的灵魂，只有掌握了算法，才能轻松地驾驭程序开发。软件开发工作不是按部就班的，而是选择一种最合理的算法去实现项目功能。算法能够引导开发者在面对一个项目功能时用什么思路去实现，有了这个思路后，编程工作只需遵循这个思路去实现即可。本章将详细讲解计算机算法的基础知识。

2.1 算法是程序的灵魂

自然界中的很多事物并不是独立存在的，而是和许多其他事物有着千丝万缕的联系。就拿算法和编程来说，两者之间就有着必然的联系。在编程界有一个不成文的原则，要想学好编程，就必须学好算法。本节将介绍算法的定义，讲解“算法是程序的灵魂”这一说法的原因。

2.1.1 算法的定义

首先看算法的定义，算法是一系列解决问题的清晰指令，算法代表着用系统的方法描述解决问题的策略机制。也就是说，能够对符合一定规范的输入，在有限时间内获得所要求的输出。如果一个算法有缺陷，或不适合于某个问题，执行这个算法将不会解决这个问题。不同的算法可能用不同的时间、空间或效率来完成同样的任务。

而什么是编程呢？编程是让计算机为解决某个问题而使用某种程序设计语言编写程序代码，并最终得到结果的过程。为了使计算机能够理解人的意图，人类就必须将需要解决的问题的思路、方法和手段通过计算机能够理解的形式“告诉”计算机，使计算机能够根据人的指令一步一步去工作，完成某种特定的任务。编程的目的是实现人和计算机之间的交流，整个交流过程就是编程。

通过上述对算法和编程的定义可知，编程的核心内容是思路、方法和手段等，这都需要用算法来实现。由此可见，编程的核心是算法，只要算法确定了，后面的编程工作只是实现算法的一个形式而已。

为了理解什么是算法，先看一道有趣的智力题。

“烧水泡茶”有以下五道工序：①烧开水；②洗茶壶；③洗茶杯；④拿茶叶；⑤泡茶。

烧开水、洗茶壶、洗茶杯、拿茶叶是泡茶的前提。其中，烧开水需要15分钟，洗茶壶需要 2 分钟，洗茶杯需要 1 分钟，拿茶叶需要 1 分钟，泡茶需要 1 分钟。

下面是两种“烧水泡茶”的方法。

1．方法 1

第一步：烧水。

第二步：水烧开后，洗刷茶具，拿茶叶。

第三步：沏茶。

2．方法 2

第一步：烧水。

第二步：烧水过程中，洗刷茶具，拿茶叶。

第三步：水烧开后沏茶。

问题：比较这两种方法有什么不同，并分析哪个方法更优。

上述两种方法最终都能实现“烧水泡茶”的功能，每种方法的三个步骤就是一种“算法”。算法是指在有限步骤内求解某一问题所使用的一组定义明确的规则。通俗地说，就是计算机解题的过程。在这个过程中，无论是形成解题思路还是编写程序，都是在实施某种算法。前者是推理实现的算法，后者是操作实现的算法。

2.1.2 算法的特征

在 1950 年，算法（Algorithm）一词经常同欧几里得算法联系在一起。这个算法就是在欧几里得的《几何原本》中所阐述的求两个数的最大公约数的过程，即辗转相除法。从此以后，Algorithm 这一叫法一直沿用至今。

随着时间的推移，算法这门科学得到了长足的发展，算法应具有以下五个重要的特征。

（1）有穷性：保证执行有限步骤之后结束。

（2）确切性：每一步骤都有确切的定义。

（3）输入：每个算法有零个或多个输入，以刻画运算对象的初始情况，所谓零个输入是指算法本身舍弃了初始条件。

（4）输出：每个算法有一个或多个输出，显示对输入数据加工后的结果，没有输出的算法是毫无意义的。

（5）可行性：原则上算法能够精确地运行，进行有限次运算后即可完成一种运算。

2.1.3 为什么说算法是程序的灵魂

相信广大读者经过了解和学习 1.2.1 节的内容后，已基本了解了算法在计算机编程中的重要作用，在程序开发中，算法已经成为衡量一名程序员水平高低的参照物。水平高的程序员都会看重数据结构和算法的作用，水平越高，就越能理解算法的重要性。算法不仅仅是运算工具，它更是程序的灵魂。在现实项目开发过程中，很多实际问题需要精心设计的算法才能有效解决。

算法是计算机处理信息的基础，因为计算机程序本质上是一个算法，告诉计算机确切的步骤来执行一个指定的任务，如计算职工的工资或打印学生的成绩单。通常，当算法在处理信息时，数据会从输入设备读取，写入输出设备，也可能保存起来供以后使用。

著名计算机科学家沃斯提出了下面的公式：

数据结构 + 算法 = 程序

实际上，一个程序应当采用结构化程序设计方法进行程序设计，并且用某一种计算机语言来表示。因此，可以用下面的公式表示：

程序 = 算法 + 数据结构 + 程序设计方法 + 语言环境

上述公式中的四个方面是一种程序设计语言所应具备的知识。在这四个方面中，算法是灵魂，数据结构是加工对象，语言是工具，编程需要采用合适的方法。其中，算法是用来解决“做什么”和“怎么做”的问题。实际上程序中的操作语句就是算法的体现，所以，不了解算法就谈不上程序设计。数据是操作对象，对操作的描述即是操作步骤，操作的目的是对数据进行加工处理以得到期望的结果。举个通俗点的例子，厨师做菜肴，需要有菜谱。菜谱上一般应包括：①配料（数据）；②操作步骤（算法）。这样，面对同样的原料可以加工出不同风味的菜肴。

2.1.4 认识计算机中的算法

大家应该都知道，做任何事情都需要一定的步骤。计算机虽然功能强大，能够帮助人们解决很多问题，但是计算机在解决问题时，也需要遵循一定的步骤。在编写程序实现某个项目功能时，也需要遵循一定的算法。可以将计算机中的算法分为以下两大类。

① 数值运算算法：求解数值。

② 非数值运算算法：事务管理领域。

假设有一个运算：1×2×3×4×5，为了计算运算结果，最普通的做法是按照以下步骤进行计算。

第 1 步：先计算 1 乘以 2，得到结果 2。

第 2 步：将步骤 1 得到的乘积 2 乘以 3，计算得到结果 6。

第 3 步：将 6 再乘以 4，计算得 24。

第 4 步：将 24 再乘以 5，计算得 120。

最终计算结果是 120，第 1~ 第 4 步的计算过程就是一个算法。如果想用编程的方式来解决上述运算，通常会使用以下算法来实现。

第 1 步：假设定义 t=1。

第 2 步：使 i=2。

第 3 步：使 $t \times i$，乘积仍然放在变量 t 中，可表示为 $t \times i \rightarrow t$。

第 4 步：使 i 的值 +1，即 $i+1 \rightarrow i$。

第 5 步：如果 $i \leqslant 5$，返回重新执行第 3 步以及第 4 步和第 5 步；否则，算法结束。

由此可见，上述算法方式就是数学中的“$n!$”公式。既然有了公式，在具体编程时，只需使用这个公式就可以解决上述运算的问题。

再看下面的一个数学应用问题。

假设有 80 个学生，要求打印输出成绩在 60 分以上的学生。

在此用 n 来表示学生学号，n_i 表示第 i 个学生学号；cheng 表示学生成绩，$cheng_i$ 表示第 i 个学生成绩。根据题目要求，可以写出如下算法。

第 1 步：$1 \rightarrow i$。

第 2 步：如果 $cheng_i \geqslant 60$，则打印输出 n_i 和 $cheng_i$，否则不打印输出。

第 3 步：$i+1 \rightarrow i$。

第 4 步：如果 $i \leqslant 80$，返回第 2 步，否则，结束。

由此可见，算法在计算机中的地位十分重要。所以在面对一个项目应用时，一定不要立即编写程序，而是要仔细思考解决这个问题的算法是什么。想出算法之后，然后以这个算法为指导思想来编程。

2.2 数据结构和算法的关系

可能会有很多初学者要问：学习数据结构与算法有什么用呢？拿一个厨师的厨艺来比较的话，真正的大厨一般不是那种能做各种花样菜式的人，而是能把普通的菜炒出不平凡的效果的人。就像大众菜“酸辣土豆丝”，不同的人炒出来的效果就不一样，从一道简单的菜就可以看出厨师的功底，而数据结构与算法就是程序员的功底。

数据结构操作的对象是数据元素，即它们有相同的属性（属性也取决于观察者的角度），它们之间存在的关系会产生不同的结构，数据元素之间的关系加操作构成了数据类型，对已有的数据类型进行抽象就构成了抽象数据类型（ADT），就是封装了值和操作的模型。而算法能够根据输入设计出可行的计算方法并用有限的可执行步骤描述出来（程序），最终得到确定的输出。

因为在很多数据结构教程中将数据结构的知识和算法掺杂起来讲，所以致使很多初学者认为数据结构就是在讲算法，其实这样理解是不准确的。数据结构和算法之间完全是两个相互独立的学科，如果非说它们有关系，那也只是互利共赢、“1+1>2”的关系。最为明显的例子是，如果你认为数据结构是在讲算法，那么大学我们还学《算法导论》，后者几乎囊括了前者使用的全部算法，有什么必要同时开设这两门课程呢？

我们还可以从分析问题的角度去理清数据结构和算法之间的关系。通常，每个编程问题的解决都需要经过以下两个步骤：

（1）分析问题，从问题中提取出有价值的数据，将其存储；

（2）对存储的数据进行处理，最终得出问题的答案。

数据结构负责解决上面的第一个问题，即数据的存储问题。针对数据不同的逻辑结构和物理结构，可以选出最优的数据存储结构来存储数据。而上面的第二个问题属于算法的职责范围，从表面意思来理解，算法就是解决问题的方法。我们知道，评价一个算法的好坏，取决于在解决相同问题的前提下，哪种算法的效率最高，而这里的效率是指处理数据、分析数据的能力。

基于上述描述我们可以得出这样的结论，数据结构用于解决数据存储问题，而算法用于处理和分析数据，它们是完全不同的两类学科。也正因如此，我们可以认为数据结构和算法存在“互利共赢、1+1>2”的关系。在解决问题的过程中，数据结构要配合算法选择最优的存储结构来存储数据，而算法也要结合数据存储的特点，用最优的策略来分析并处理数据，由此可以最高效地解决问题。

2.3　在计算机中表示算法的方法

在 2.1 节中通过泡茶和计算 1×2×3×4×5 两个算法例子进行了演示，演示的算法都是通过语言描述来体现的。其实除了语言描述之外，还可以通过其他方法来描述算法。下面将简单介绍几种表示算法的方法。

2.3.1　用流程图来表示算法

流程图的描述格式如图 2-1 所示，然后看下面的一个问题：

假设有 80 个学生，要求打印输出成绩在 60 分以上的学生。

针对上述问题，可以使用图 2-2 所示的算法流程图来表示。

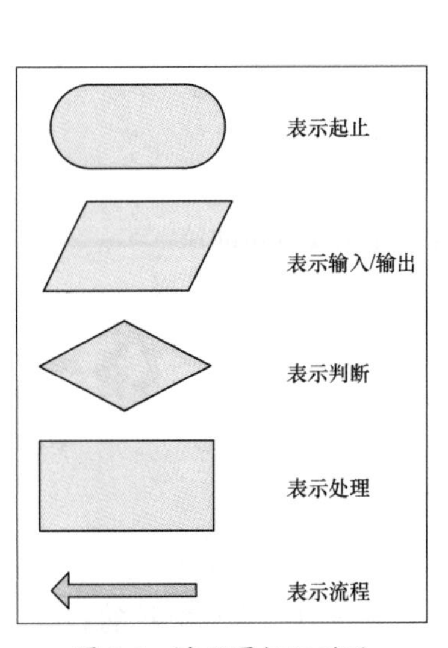

图 2-1　流程图标识说明

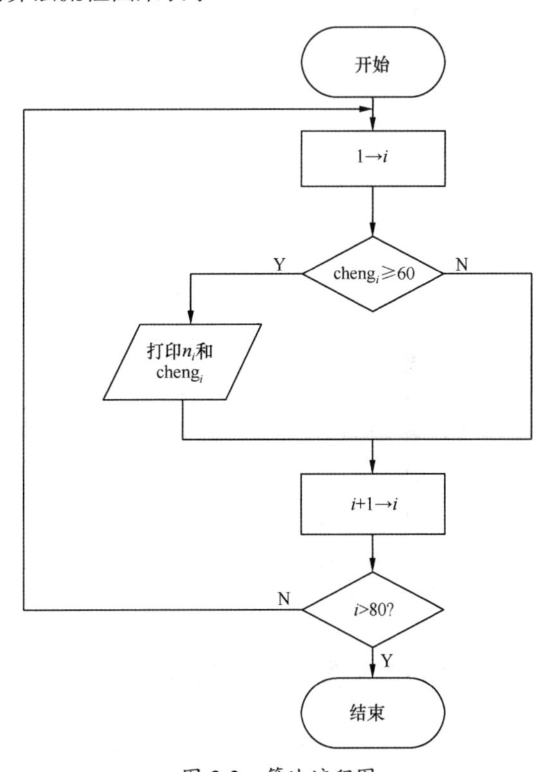

图 2-2　算法流程图

在日常流程设计应用中，通常使用以下三种流程图结构。

（1）顺序结构。顺序结构如图 2-3 所示，其中 A 和 B 两个框是顺序执行的，即在执行完 A 以后再执行 B 的操作。顺序结构是一种基本结构。

（2）选择结构。选择结构也称分支结构，如图 2-4 所示。此结构中必含一个判断框，根据给定的条件是否成立来选择是执行 A 框还是 B 框。无论条件是否成立，只能执行 A 框或B框之一，也就是说A、B两框只有一个，也必须有一个被执行。若两框中有一个框为空，程序仍然按两个分支的方向运行。

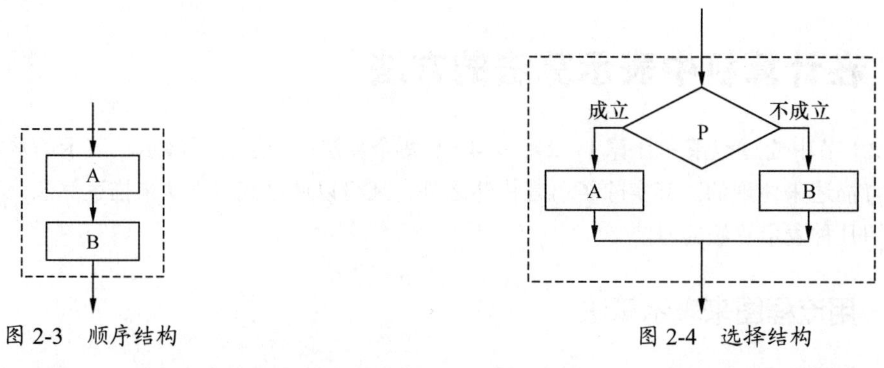

图 2-3 顺序结构　　　　图 2-4 选择结构

（3）循环结构。循环结构分为两种，一种是当型循环，另一种是直到型循环。当型循环是先判断条件P是否成立，成立才执行A操作，如图2-5（a）所示。而直到型循环是先执行A操作再判断条件P是否成立，成立再执行A操作，如图2-5（b）所示。

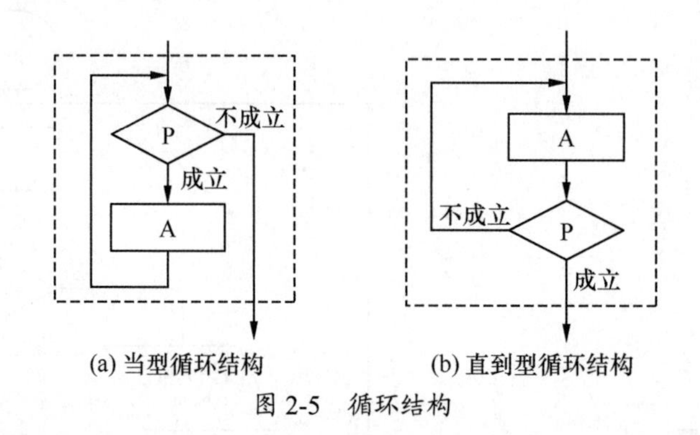

(a) 当型循环结构　　(b) 直到型循环结构

图 2-5 循环结构

这3种基本结构有以下四个特点，这四个特点对于理解算法很有帮助：

（1）只有一个入口；

（2）只有一个出口；

（3）结构内的每一部分都有机会被执行到；

（4）结构内不存在“死循环”。

2.3.2 用 N-S 流程图来表示算法

在1973年，美国学者提出了N-S流程图的概念，通过它可以表示计算机的算法。N-S流程图由一些特定意义的图形、流程线及简要的文字说明构成，能够比较清晰明确地表示程序的运行过程。人们在使用传统流程图的过程中，发现流程线不一定是必需的，所以设计了一种新的流程图，这种新的方式可以把整个程序写在一个大框图内，这个大框图由若干个小的基本框图构成，这种新的流程图简称N-S图。

遵循N-S流程图的特点，N-S流程图的顺序结构如图2-6所示，选择结构如图2-7所示，循环结构如图2-8所示。

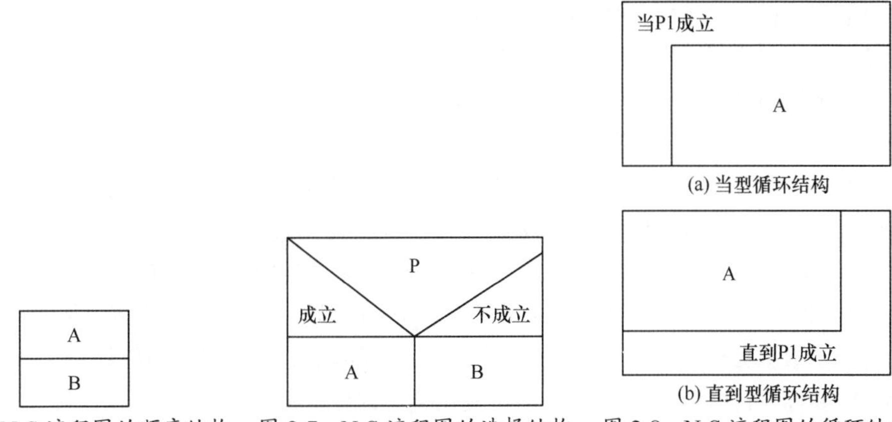

图 2-6　N-S 流程图的顺序结构　图 2-7　N-S 流程图的选择结构　图 2-8　N-S 流程图的循环结构

2.3.3　用计算机语言来表示算法

因为算法可以解决计算机中的编程问题，是计算机程序的灵魂，所以，可以使用计算机语言来表示算法。当用计算机语言表示算法时，必须严格遵循所用语言的语法规则。再次回到 2.1.4 节中的问题：1×2×3×4×5，如果用 Python 语言编程来解决这个问题，可以通过以下代码实现：

```
a = 1
n = 5
for i in range(1,n+1):
    a = a * i
print(a)
```

因为上述代码是用 Python 语言编写的，所以，需要严格遵循 Python 语言的语法，例如严格的程序缩进规则。

2.4　时间复杂度

算法的复杂度分为两种：时间复杂度和空间复杂度。时间复杂度是指执行算法所需的计算工作量，而空间复杂度是指执行这个算法所需的内存空间。在计算机科学中，时间复杂度又称时间复杂性，通常用于检验算法的运行效率。算法的时间复杂度是一个函数，能够定性描述该算法的运行时间。时间复杂度常用符号 O 表述，是一个代表算法输入值的字符串长度的函数，不包括这个函数的低阶项和首项系数。

2.4.1　寻找最优算法

程序是用来解决问题的，由多个步骤或过程组成，这些步骤和过程就是解决问题的算法。一个问题有多种解决方法，也就会对应有多种算法。每一种算法都可以达到解决问题的目的，但花费的成本和时间不尽相同。我们可以从节约成本和时间的角度进行考虑，找出最优的一种算法。那么，究竟如何衡量一个算法的好坏呢？显然，首先必须确保选用的算法应该是正确的（算法的正确性不在此论述）。除此之外，通常还需要从以下三个方面进行考虑：

（1）算法在执行过程中所消耗的时间；

（2）算法在执行过程中所占资源的大小，例如占用内存空间的大小；

（3）算法的易理解性、易实现性和易验证性等。

衡量一个算法的好坏，可以通过上述三个方面进行综合评估。从多个候选算法中找出运行时间短、资源占用少、易理解、易实现的算法。但是现实情况总是不尽如人意，往往是一个看起来很简便的算法，其运行时间要比一个形式上复杂的算法慢得多；而一个运行时间较短的算法往往占用较多的资源。因此，在不同情况下需要选择不同的算法：

（1）在实时系统中，对系统响应时间要求高，则尽量选用执行时间少的算法；

（2）当数据处理量大，而存储空间较少时，则尽量选用节省空间的算法。本书将主要讨论算法的时间特性，并给出算法在时间复杂度上的度量指标。

一个算法在执行过程中所消耗的时间，主要取决于以下因素：

（1）算法所需数据输入的时间；

（2）算法编译为可执行程序的时间；

（3）计算机执行每条指令所需的时间；

（4）算法语句重复执行的次数。

其中，（1）依赖于输入设备的性能，若是脱机输入，则输入数据的时间可以忽略不计。（2）和（3）取决于计算机本身执行的速度和编译程序的性能。因此，习惯上将算法语句重复执行的次数作为算法的时间量度。

2.4.2 常见算法的时间复杂度

在计算机编程语言中，通用的计算时间复杂度的步骤如下。

（1）用常数 1 代替运行时间中的所有加法常数。

（2）修改后的运行次数函数中，只保留最高阶项。

（3）去除最高阶项的系数。

在各种不同的算法中，如果算法语句的执行次数为常数，则算法的时间复杂度为 $O(1)$，按数量级递增排列。在现实应用中，常见算法的时间复杂度如下。

（1）$O(1)$：常量阶，运行时间为常量。

（2）$O(\log n)$：对数阶，如二分搜索算法。

（3）$O(n)$：线性阶，如 n 个数内找最大值。

（4）$O(n\log n)$：对数阶，如快速排序算法。

（5）$O(n^2)$：平方阶，如选择排序，冒泡排序。

（6）$O(n^3)$：立方阶，如两个 n 阶矩阵的乘法运算。

（7）$O(2^n)$：指数阶，如 n 个元素集合的所有子集的算法。

（8）$O(n!)$：阶乘阶，如 n 个元素全部排列的算法。

在表 2-1 中列出了几种主流算法的时间复杂度和空间复杂度。

表 2-1　主流算法的时间复杂度和空间复杂度

排序法	最差时间分析	平均时间复杂度	稳定度	空间复杂度
冒泡排序	$O(n^2)$	$O(n^2)$	稳定	$O(1)$
快速排序	$O(n^2)$	$O(n*\log_2 n)$	不稳定	$O(\log_2 n)$~$O(n)$
选择排序	$O(n^2)$	$O(n^2)$	稳定	$O(1)$
二叉树排序	$O(n^2)$	$O(n*\log_2 n)$	稳定	$O(n)$
插入排序	$O(n^2)$	$O(n^2)$	稳定	$O(1)$
堆排序	$O(n*\log_2 n)$	$O(n*\log_2 n)$	不稳定	$O(1)$
希尔排序	O	O	不稳定	$O(1)$

2.4.3　实战演练——用 Python 体验时间复杂度

因为本书是基于 Python 语言讲解的，所以下面以 Python 代码为基础，演示时间复杂度在程序中的意义。在下面的实例文件 timefu.py 中，标注出 Python 语言中几种常用语句的时间复杂度。

```
print('Hello world')                          # O(1)
print('Hello World')                          # O(1)
print('Hello Python')                         # O(1)
print('Hello Algorithm')                      # O(1)
n=3
for i in range(n):                            # O(n)
 print('Hello world')
for i in range(n):                            # O(n^2)
 for j in range(n):
  print('Hello world')
for i in range(n):                            # O(n^2)
 print('Hello World')
 for j in range(n):
  print('Hello World')
for i in range(n):                            # O(n^2)
 for j in range(i):
print('Hello World')
for i in range(n):
 for j in range(n):
  for k in range(n):
   print('Hello World')                       # O(n^3)
```

在编程语言中，几次循环就是 n 的几次方的时间复杂度，如在上面代码中设置 n 的值是 3。例如，在下面的实例文件 n.py 中，设置 n 的值是 64。

```
n = 64
while n > 1:
 print(n)
 n = n // 2
```

因为 $2^6 = 64$，$\log_2 64 = 6$，所以循环减半的时间复杂度为 $O(\log_2 n)$，即简写为 $O(\log n)$。如果是循环减半的过程，时间复杂度为 $O(\log n)$ 或 $O(\log_2 n)$。常见的时间复杂度由高到低的排序为

$O(1)<O(\log n)<O(n)<O(n\log n)<O(n^2)<O(n^3)<O(2^n)<O(n!)<O(n^n)$

另外，在 Python 语言中有一个内置模块库 timeit，用来检测和比较一小段 Python 代码的运行时间（注意，程序运行的时间也跟计算机的配置有很大的关系）。在 Python 程序中，可以考虑使用 timeit 来计算程序的运行时间，在同一台计算机下，比较各种算法的运行效率。

下面是内置模块库 timeit 的语法格式。

```
class timeit.Timer(stmt='pass', setup='pass', timer=<timer function>)
```

参数解析如下。

- 参数 Timer：是测量小段代码执行速度的类。
- 参数 stmt：是要测试的代码语句（statment）。
- 参数 setup：是运行代码时需要的设置。
- 参数 timer：是一个定时器函数，与平台有关。

请看下面的演示代码，在类 Timer 中测试程序代码执行速度。参数 number 是测试代码时的测试次数，默认为 1 000 000 次。执行后返回当前执行代码的平均耗时，返回结果是一个 float 类型的秒数。

```
timeit.Timer.timeit(number=1000000)
```

在下面的实例文件 shijian.py 中，使用内置模块库 timeit 测试了四个函数 test1()、test2()、test3() 和 test4() 的运行时间。

```
def test1():
    l = []
    for i in range(1000):
        l = l + [i]

def test2():
    l = []
    for i in range(1000):
        l.append(i)

def test3():
    l = [i for i in range(1000)]

def test4():
    l = list(range(1000))

from timeit import Timer

t1 = Timer("test1()", "from __main__ import test1")
print("concat ", t1.timeit(number=1000), "seconds")
t2 = Timer("test2()", "from __main__ import test2")
print("append ", t2.timeit(number=1000), "seconds")
t3 = Timer("test3()", "from __main__ import test3")
print("comprehension ", t3.timeit(number=1000), "seconds")
t4 = Timer("test4()", "from __main__ import test4")
print("list range ", t4.timeit(number=1000), "seconds")
```

在笔者的计算机中运行后会输出下面的结果，这样可以一目了然地查看四个方法的效率。

```
concat  8.5368797 seconds
append  0.5278156000000003 seconds
comprehension  0.31443329999999925 seconds
list range  0.13085580000000085 seconds
```

2.5 常用的算法思想

对于计算机科学而言，算法是一个非常重要的概念；它是程序设计的灵魂，是将实际问题同解决该问题的计算机程序建立起联系的桥梁。算法思想有很多，例如枚举、递归、分治、贪心、试探、动态迭代等。本节将详细讲解几种常用算法思想的基本知识，为步入本书后面实践案例的学习打下基础。

2.5.1　枚举算法思想

枚举算法也称穷举算法，最大特点是在面对任何问题时会尝试每一种解决方法。在进行归纳推理时，如果逐个考查了某类事件的所有可能情况，因而得出一般结论，那么这个结论是可靠的，这种归纳方法称为枚举法。

枚举算法思想是：将问题所有可能的答案一一列举，然后根据条件判断此答案是否合适，保留合适的，丢弃不合适的。在 Python 语言中，枚举算法一般使用 while 循环或 if 语句来实现。使用枚举算法解题的基本思路如下：

（1）确定枚举对象、枚举范围和判定条件；

（2）逐一列举可能的解，验证每个解是否是问题的解。

枚举算法一般按照以下三个步骤进行：

（1）题解的可能范围，不能遗漏任何一个真正解，也要避免有重复；

（2）判断是否是真正解的方法；

（3）使可能解的范围降至最小，以便提高解决问题的效率。

枚举算法的主要流程如图 2-9 所示。

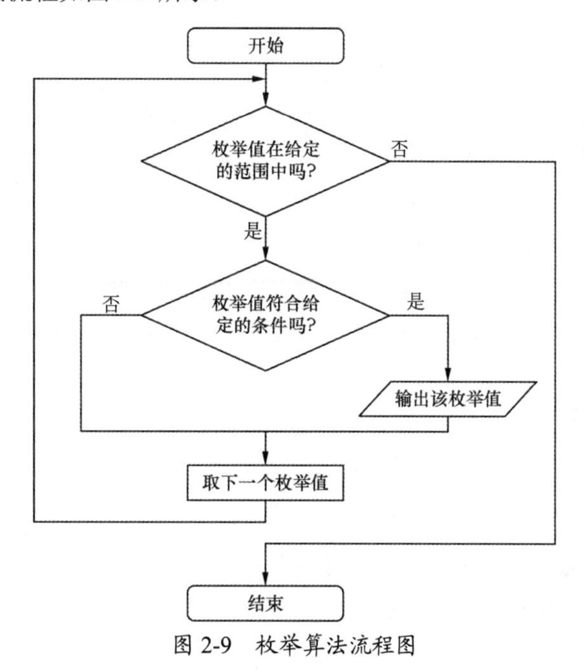

图 2-9　枚举算法流程图

2.5.2　递归算法思想

因为递归算法思想往往用函数的形式来体现，所以递归算法需要预先编写功能函数。这些函数是独立的功能，能够实现解决某个问题的具体功能，当需要时直接调用这个函数即可。在计算机编程应用中，递归算法对解决大多数问题十分有效，它能够使算法的描述变得简洁且易于理解。递归算法有以下三个特点：

（1）递归过程一般通过函数或子过程来实现；

（2）递归算法在函数或子过程的内部，直接或者间接地调用自己的算法；

（3）递归算法实际上是把问题转化为规模缩小了的同类问题的子问题，然后再递归调用函数或过程来表示问题的解。

在使用递归算法时，应注意以下四点：

（1）递归是在过程或函数中调用自身的过程；

（2）在使用递归策略时，必须有一个明确的递归结束条件，这称为递归出口；

（3）递归算法通常显得很简洁，但是运行效率较低，所以一般不提倡用递归算法设计程序；

（4）在递归调用过程中，系统用栈来存储每一层的返回点和局部量。如果递归次数过多，则容易造成栈溢出，所以一般不提倡用递归算法设计程序。

2.5.3 分治算法思想

分治算法也采取了各个击破的方法，将一个规模为 N 的问题分解为 K 个规模较小的子问题，这些子问题相互独立且与原问题性质相同。只要求出子问题的解，就可得到原问题的解。

在编程过程中，经常遇到处理数据相当多、求解过程比较复杂、直接求解法会比较耗时的问题。在求解这类问题时，可以采用各个击破的方法。具体做法是：先把这个问题分解成几个较小的子问题，找到求出这几个子问题的解法后，再找到合适的方法，把它们组合成求整个大问题的解。如果这些子问题还是比较大，还可以继续把它们分成几个更小的子问题，依此类推，直至可以直接求出解为止。这就是分治算法的基本思想。

使用分治算法解题的一般步骤如下：

（1）分解，将要解决的问题划分成若干个规模较小的同类问题；

（2）求解，当子问题划分得足够小时，用较简单的方法解决；

（3）合并，按原问题的要求，将子问题的解逐层合并构成原问题的解。

2.5.4 贪心算法思想

贪心算法也称贪婪算法，它在求解问题时总想用在当前看来是最好的方法来实现。这种算法思想不从整体最优上考虑问题，仅仅是在某种意义上的局部最优求解。虽然贪心算法并不能得到所有问题的整体最优解，但是面对范围相当广泛的许多问题时，能产生整体最优解或者是整体最优解的近似解。由此可见，贪心算法只是追求某个范围内的最优，可以称为“温柔的贪婪”。

贪心算法从问题的某一个初始解出发，逐步逼近给定的目标，以便尽快求出更好的解。当达到算法中的某一步不能再继续前进时，就停止算法，给出一个近似解。由贪心算法的特点和思路可看出，贪心算法存在以下三个问题：

（1）不能保证最后的解是最优的；

（2）不能用来求最大解或最小解问题；

（3）只能求满足某些约束条件可行解的范围。

贪心算法的基本思路如下：

（1）建立数学模型来描述问题；

（2）把求解的问题分成若干个子问题；

（3）对每一子问题求解，得到子问题的局部最优解；

（4）把子问题的局部最优解合并成原来解问题的一个解。

实现该算法的基本过程如下：

（1）从问题的某一初始解出发；

（2）while 能向给定总目标前进一步；

（3）求出可行解的一个解元素；

（4）由所有解元素组合成问题的一个可行解。

2.5.5　试探法算法思想

试探法也称回溯法，试探法的处事方式比较委婉，它先暂时放弃关于问题规模大小的限制，并将问题的候选解按某种顺序逐一进行枚举和检验。当发现当前候选解不可能是正确的解时，就选择下一个候选解。如果当前候选解除了不满足问题规模要求外能够满足所有其他要求时，则继续扩大当前候选解的规模，并继续试探。如果当前候选解满足包括问题规模在内的所有要求时，该候选解就是问题的一个解。在试探算法中，放弃当前候选解，并继续寻找下一个候选解的过程称为回溯。扩大当前候选解的规模，并继续试探的过程称为向前试探。

使用试探算法解题的基本步骤如下：

（1）针对所给问题，定义问题的解空间；

（2）确定易于搜索的解空间结构；

（3）以深度优先方式搜索解空间，并在搜索过程中用剪枝函数避免无效搜索。

试探法为了求得问题的正确解，会先委婉地试探某一种可能的情况。在进行试探的过程中，一旦发现原来选择的假设情况是不正确的，立即会自觉地退回一步重新选择，然后继续向前试探，如此这般反复进行，直至得到解或证明无解时才死心。

假设存在一个可以用试探法求解的问题P，该问题表达为：对于已知的由 n 元组（$y_1, y_2, \cdots, y_n$）组成的一个状态空间 E={（$y_1, y_2, \cdots, y_n$）| $y_i \in S_i$，i=1,2,⋯,n}，给定关于 n 元组中一个分量的一个约束集 D，要求 E 中满足 D 的全部约束条件的所有 n 元组。其中，S_i 是分量 y_i 的定义域，且 $|S_i|$ 有限，i=1，2，⋯，n。E 中满足 D 的全部约束条件的任一 n 元组为问题P的一个解。

解问题P的最简单方法是使用枚举法，即对 E 中的所有 n 元组逐一检测其是否满足 D 的全部约束，如果满足，则为问题P的一个解。但是这种方法的计算量非常大。

对于现实中的许多问题，所给定的约束集 D 具有完备性，即 i 元组（y_1，y_2，⋯，y_i）满足 D 中仅涉及 y_1，y_2，⋯，y_j 的所有约束，这意味着 j（$j<i$）元组（y_1，y_2，⋯，y_j）一定也满足 D 中仅涉及 y_1，y_2，⋯，y_j 的所有约束，i=1，2，⋯，n。换句话说，只要存在 $0 \leqslant j \leqslant n-1$，使得（$y_1$，$y_2$，⋯，$y_j$）违反 D 中仅涉及 y_1，y_2，⋯，y_j 的约束之一，则以（y_1，

y_2，…，y_j）为前缀的任何 n 元组（y_1，y_2，…，y_j，y_{j+1}，…，y_n）一定也违反 D 中仅涉及 y_1，y_2，…，y_i 的一个约束，$n \geqslant i>j$。

因此，对于约束集 D 具有完备性的问题 P，一旦检测断定某个 j 元组（y_1，y_2，…，y_j）违反 D 中仅涉及 y_1，y_2，…，y_j 的一个约束，就可以肯定，以（y_1，y_2，…，y_j）为前缀的任何 n 元组（y_1，y_2，…，y_j，y_{j+1}，…，y_n）都不会是问题 P 的解，因而就不必去搜索、检测它们。试探法是针对这类问题而推出的，比枚举算法的效率更高。

2.5.6 迭代算法

迭代法也称辗转法，是一种不断用变量的旧值递推新值的过程，在解决问题时总是重复利用一种方法。与迭代法相对应的是直接法（或者称为一次解法），即一次性解决问题。迭代法又分为精确迭代和近似迭代。“二分法”和“牛顿迭代法”属于近似迭代法，功能都比较类似。

迭代算法是用计算机解决问题的一种基本方法。它利用计算机运算速度快、适合做重复性操作的特点，让计算机对一组指令（或一定步骤）进行重复执行，在每次执行这组指令（或这些步骤）时，都从变量的原值推出它的一个新值。

在使用迭代算法解决问题时，需要做好以下三个方面的工作：

1．确定迭代变量

在可以使用迭代算法解决的问题中，至少存在一个迭代变量，即直接或间接地不断由旧值递推出新值的变量。

2．建立迭代关系式

迭代关系式是指如何从变量的前一个值推出其下一个值的公式或关系。通常使用递推或倒推的方法来建立迭代关系式，迭代关系式的建立是解决迭代问题的关键。

3．对迭代过程进行控制

在编写迭代程序时，必须确定在什么时候结束迭代过程，不能让迭代过程无休止地重复执行下去。通常可分为以下两种情况来控制迭代过程：

（1）所需的迭代次数是个确定的值，可以计算出来，可以构建一个固定次数的循环来实现对迭代过程的控制；

（2）所需的迭代次数无法确定，需要进一步分析出用来结束迭代过程的条件。

第 3 章

Python 内置的几种数据结构

在 Python 程序中，通过数据结构来保存项目中需要的数据信息。Python 语言为开发者提供了多种内置的数据结构，例如列表、元组、字典和集合等。本章将详细讲解 Python 语言中内置数据结构的核心知识。

3.1 使用列表

在 Python 程序中，列表也称序列，是 Python 语言中最基本的一种数据结构，和其他编程语言（C/C++/Java）中的数组类似。序列中的每个元素都分配一个数字，这个数字表示这个元素的位置或索引，第一个索引是 0，第二个索引是 1，依此类推。

3.1.1 列表的基本用法

在 Python 程序中使用中括号“[]”来表示列表，并用逗号来分隔其中的元素。例如，下面的代码创建一个简单的列表。

```
car = ['audi', 'bmw', 'benchi', 'lingzhi']          #创建一个名为 car 的列表
print(car)                                          #输出列表 car 中的信息
```

在上述代码中，创建一个名为“car”的列表，在列表中存储了 4 个元素，执行后会将列表打印输出，执行效果如图 3-1 所示。

```
========
['audi', 'bmw', 'benchi', 'lingzhi']
>>>
```

图 3-1　执行效果

1. 创建数字列表

在 Python 程序中，可以使用方法 range() 创建数字列表。在下面的实例文件 num.py 中，使用方法 range() 创建一个包含 3 个数字的列表。

```
numbers = list(range(1,4))   #使用方法 range() 创建列表
print(numbers)
```

在上述代码中，一定要注意方法 range() 的结尾参数是 4，才能创建 3 个列表元素。执行效果如图 3-2 所示。

```
[1, 2, 3]
```

图 3-2　执行效果

2．访问列表中的值

在 Python 程序中，因为列表是一个有序集合，所以要想访问列表中的任何元素，只需将该元素的位置或索引告诉 Python 即可。要想访问列表元素，可以指出列表的名称，再指出元素的索引，并将其放在方括号内。例如，下面的代码可以从列表 car 中提取第一款汽车：

```
car = ['audi', 'bmw', 'benchi', 'lingzhi']
print(car[0])
```

上述代码演示了访问列表元素的语法。当发出获取列表中某个元素的请求时，Python 只会返回该元素，而不包括方括号和引号，上述代码执行后只会输出：

```
audi
```

开发者还可以通过方法 title() 获取任何列表元素，获取元素“audi”的代码如下：

```
car = ['audi', 'bmw', 'benchi', 'lingzhi']
print(car[0].title())
```

上述代码执行后的输出结果与前面的代码相同，只是首字母 a 变为大写，上述代码执行后只会输出：

```
Audi
```

在 Python 程序中，字符串还可以通过序号（序号从 0 开始）来取出其中的某个字符，例如 'abcde.[1]' 取得的值是 'b'。

再看下面的实例文件 fang.py，功能是访问并显示列表中元素的值。

```
list1 = ['Google', 'baidu', 1997, 2000]; #定义第 1 个列表“list1”
list2 = [1, 2, 3, 4, 5, 6, 7 ];          #定义第 2 个列表“list2”
print ("list1[0]: ", list1[0])           #输出列表“list1”中的第 1 个元素
print ("list2[1:5]: ", list2[1:5])       #输出列表“list2”中的第 2 个到第 5 个元素
```

在上述代码中，分别定义了两个列表 list1 和 list2，执行效果如图 3-3 所示。

```
list1[0]:  Google
list2[1:5]:  [2, 3, 4, 5]
```

图 3-3　执行效果

在 Python 程序中，第一个列表元素的索引为 0，而不是 1。在大多数编程语言中的数组也是如此，这与列表操作的底层实现相关。自然而然地，第二个列表元素的索引为 1。根据这种简单的计数方式，要访问列表的任何元素，都可将其位置减 1，并将结果作为索引。例如要访问列表中的第 4 个元素，可使用索引 3 实现。在下面的代码中，演示了显示列表中第 2 个和第 4 个元素的方法。

```
car=['audi','bmw','benchi','lingzhi']            #定义一个拥有 4 个元素的列表
print(car[1])                                    #输出列表中的第 2 个元素
print(car[3])                                    #输出列表中的第 4 个元素
```

执行后输出：

```
bmw
lingzhi
```

3.1.2　实战演练——删除列表中的重复元素并保持顺序不变

在 Python 程序中，可以删除列表中重复出现的元素，并且保持剩下元素的显示顺序不变。如果序列中保存的元素是可哈希的，那么上述功能可以使用集合和生成器实现。在下面的实例文件 delshun.py 中，演示了在可哈希情况下的实现过程。在本实例中预先设置了一个列表 a，然后通过 for 循环遍历里面的数据。

```
def dedupe(items):
    seen = set()
    for item in items:
        if item not in seen:
            yield item
            seen.add(item)

if __name__ == '__main__':
    a = [5, 5, 2, 1, 9, 1, 5, 10]
    print(a)
    print(list(dedupe(a)))
```

如果一个对象是可哈希的，那么在它的生存期内必须是不可变的，这需要有一个 __hash__() 方法。在 Python 程序中，整数、浮点数、字符串和元组都是不可变的。在上述代码中，函数 dedupe() 实现了可哈希情况下的删除重复元素功能，并且保持剩下元素的显示顺序不变。执行后的效果如图 3-4 所示。

```
[5, 5, 2, 1, 9, 1, 5, 10]
[5, 2, 1, 9, 10]
```

图 3-4　执行效果

上述实例文件 delshun.py 有一个缺陷，只有当序列中的元素是可哈希时才能这么做。如果想在不可哈希的对象序列中去除重复项，并保持与按顺序不变应如何实现呢？下面的实例文件 buhaxi.py 中，演示了上述功能的实现过程。

```
def buha(items, key=None):
    seen = set()
    for item in items:
        val = item if key is None else key(item)
        if val not in seen:
            yield item
            seen.add(val)

if __name__ == '__main__':
    a = [
        {'x': 2, 'y': 3},
        {'x': 1, 'y': 4},
        {'x': 2, 'y': 3},
        {'x': 2, 'y': 3},
        {'x': 10, 'y': 15}
        ]
    print(a)
    print(list(buha(a, key=lambda a: (a['x'],a['y']))))
```

在上述代码中，函数 buha() 中参数 key 的功能是设置一个函数将序列中的元素转换为可哈希的类型，这样做的目的是检测重复选项。执行效果如图 3-5 所示。

```
[{'x': 2, 'y': 3}, {'x': 1, 'y': 4}, {'x': 2, 'y': 3}, {'x': 2, 'y': 3}, {'x': 10, 'y': 15}]
[{'x': 2, 'y': 3}, {'x': 1, 'y': 4}, {'x': 10, 'y': 15}]
```

图 3-5　执行效果

3.1.3　实战演练——找出列表中出现次数最多的元素

在 Python 程序中，如果想找出列表中出现次数最多的元素，可以考虑使用 collections 模块中的 Counter 类，调用该类中的函数 most_common() 来实现。在下面的实例文件 most.py 中，演示了使用函数 most_common() 找出列表中出现次数最多的元素的过程。

```
words = [
'look', 'into', 'my', 'AAA', 'look', 'into', 'my', 'AAA',
'the', 'AAA', 'the', 'AAA', 'the', 'eyes', 'not', 'BBB', 'the',
'AAA', "don't", 'BBB', 'around', 'the', 'AAA', 'look', 'into',
'BBB', 'AAA', "BBB", 'under'
]
from collections import Counter
word_counts = Counter(words)
top_three = word_counts.most_common(3)
print(top_three)
```

在上述代码中预先定义了一个列表 words，在里面保存了一系列的英文单词，使用函数 most_common() 找出哪些单词出现的次数最多。执行后的效果如图 3-6 所示。

```
[('AAA', 7), ('the', 5), ('BBB', 4)]
```

图 3-6　执行效果

3.1.4　实战演练——排序类定义的实例

在 Python 程序中，可以排序一个类定义的多个实例。使用内置函数 sorted() 可以接受一个用来传递可调用对象（callable）的参数 key，而这个可调用对象会返回待排序对象中的某些值；sorted() 函数则利用这些值来比较对象。假设在程序中存在多个 User 对象的实例，如果想通过属性 user_id 来对这些实例进行排序，则可以提供一个可调用对象将 User 实例作为输入，然后返回 user_id。在下面的实例文件 leishili.py 中，演示了排序上述 User 对象实例的过程。

```
class User:
    def __init__(self, user_id):
        self.user_id = user_id
    def __repr__(self):
        return 'User({})'.format(self.user_id)

# 原来的顺序
users = [User(19), User(17), User(18)]
print(users)

# 根据 user_id 排序
①print(sorted(users, key=lambda u: u.user_id))
from operator import attrgetter
②print(sorted(users, key=attrgetter('user_id')))
```

在上述代码中，在①处使用 lambda 表达式进行了处理，在②处使用内置函数 operator.

attrgetter() 进行了处理。执行效果如图 3-7 所示。

```
[User(19), User(17), User(18)]
[User(17), User(18), User(19)]
[User(17), User(18), User(19)]
```

图 3-7　执行效果

3.1.5　实战演练——使用列表推导式

在 Python 程序中，列表推导式（List Comprehension）是一种简化代码的优美方法。Python 官方文档描述：列表推导式提供了一种创建列表的简洁方法。列表推导能够非常简洁地构造一个新列表，只需用一条简洁的表达式即可对得到的元素进行转换变形。使用 Python 列表推导式的语法格式如下：

```
variable = [out_exp_res for out_exp in input_list if out_exp == 2]
```

参数说明如下。

- out_exp_res：列表生成元素表达式，可以是有返回值的函数。
- for out_exp in input_list：迭代 input_list 将 out_exp 传入 out_exp_res 表达式中。
- if out_exp == 2：根据条件可以过滤哪些值。

例如，想创建一个包含从 1 ～ 10 的平方的列表，在下面的实例文件 chuantong.py 中使用 range() 函数创建了包含 10 个数字的列表，分别演示了传统方法和列表推导式方法的实现过程。

```
①squares = []
for x in range(10):
    squares.append(x**2)
②print(squares)

③squares1 = [x**2 for x in range(10)]
print(squares1)
```

在上述代码中，①～②通过传统方式实现，③和之后的代码通过列表推导式方法实现。执行后将会输出：

```
[0, 1, 4, 9, 16, 25, 36, 49, 64, 81]
[0, 1, 4, 9, 16, 25, 36, 49, 64, 81]
```

再假如想输出 30 内能够整除 3 的整数，使用传统方法的实现代码如下：

```
numbers = []
for x in range(100):
    if x % 3 == 0:
        numbers.append(x)
```

而通过列表推导式方法的实现代码如下：

```
multiples = [i for i in range(30) if i % 3 is 0]
print(multiples)
```

上述两种方式执行后都会输出：

```
[0, 3, 6, 9, 12, 15, 18, 21, 24, 27]
```

再看下面的代码，首先获取 30 内能够整除 3 的整数，然后依次输出获得整数的平方。

```
def squared(x):
```

```
    return x*x
multiples = [squared(i) for i in range(30) if i % 3 is 0]
print (multiples)
```

执行后会输出：

```
[0, 9, 36, 81, 144, 225, 324, 441, 576, 729]
```

在下面的实例文件 shaixuan.py 中，使用列表推导式筛选了列表中 mylist 中大于零和小于零的数据。

```
mylist = [1, 4, -5, 10, -7, 2, 3, -1]

# 所有正值
zheng = [n for n in mylist if n > 0]
print(zheng)

# 所有负值
fu = [n for n in mylist if n < 0]
print(fu)
```

通过上述代码，分别筛选出列表 mylist 中大于零和小于零的元素，执行效果如图 3-8 所示。

```
[1, 4, 10, 2, 3]
[-5, -7, -1]
```

图 3-8　执行效果

在 Python 程序中，有时候筛选的标准无法简单地表示在列表推导式或生成器表达式中，假设筛选过程涉及异常处理或者其他一些复杂的细节。此时可以考虑将处理筛选功能的代码放到单独的功能函数中，然后使用内建的 filter() 函数进行处理。下面的实例文件 dandu.py 演示了这一功能。在本实例中，创建了一个包含多个字符元素的列表 values。

```
values = ['1', '2', '-3', '-', '4', 'N/A', '5']
def is_int(val):
 try:
       x = int(val)
       return True
 except ValueError:
       return False
ivals = list(filter(is_int, values))
print(ivals)
```

在上述代码中，因为使用函数 filter() 创建了一个迭代器，所以如果想要得到一个列表形式的结果，请确保在 filter() 前面加上 list() 函数。执行后会输出：

```
['1', '2', '-3', '4', '5']
```

3.1.6　实战演练——命名切片

在 Python 程序中，有时会发现编写的代码变得杂乱无章而无法阅读，到处都是硬编码的切片索引，此时需要想将它们清理干净。如果代码中存在过多硬编码的索引值，将会降低代码的可读性和可维护性。很多开发者都有这样的经验，几年以后再回过头看自己以前编写的代码，会发现自己当初编写这些代码是多么的幼稚而不合理。

在 Python 程序中，使用函数 slice() 可以实现切片对象，能够在切片操作函数中实现参数传递功能，可以被用在任何允许进行切片操作的地方。使用函数 slice() 的语法格式如下：

```
class slice(stop)
class slice(start, stop[, step])
```

参数说明如下。

- start：起始位置。
- stop：结束位置。
- step：间距。

下面的实例文件 qie.py 演示了使用函数 slice() 实现切片操作的过程。

```
items = [0, 1, 2, 3, 4, 5, 6]
a = slice(2, 4)
print(items[2:4])
print(items[a])
items[a] = [10, 11]
print(items)
print(a.start)
print(a.stop)
print(a.step)
s = 'HelloWorld'
①print(a.indices(len(s)))
for i in range(*a.indices(len(s))):
    print(s[i])
```

在上述代码中，slice 对象实例 s 可以分别通过属性 s.start、s.stop 和 s.step 来获取该对象的信息。在①中，使用 indices(size) 函数将切片映射到特定大小的序列上，这将会返回一个 (start, stop, step) 元组，所有的值都已经正好限制在边界以内，这样当进行索引操作时可以避免出现 IndexError 异常。执行后的效果如图 3-9 所示。

```
[2, 3]
[2, 3]
[0, 1, 10, 11, 4, 5, 6]
2
4
None
(2, 4, 1)
1
1
```

图 3-9　执行效果

3.2　使用元组

在 Python 程序中，可以将元组看作是一种特殊的列表。唯一与列表不同的是，元组内的数据元素不能发生改变。不但不能改变其中的数据项，而且也不能添加和删除数据项。当开发者需要创建一组不可改变的数据时，通常会把这些数据放到一个元组中。

3.2.1 实战演练——创建并访问元组

在 Python 程序中，创建元组的基本形式是以小括号“()”将数据元素括起来，各个元素之间用逗号“,”隔开。例如，下面都是合法的元组。

```
tup1 = ('Google', 'toppr', 1997, 2000);
tup2 = (1, 2, 3, 4, 5 );
```

Python 语言允许创建空元组，例如，下面的代码创建了一个空元组。

```
tup1 = ();
```

在 Python 程序中，当在元组中只包含一个元素时，需要在元素后面添加逗号“,”。例如下面的演示代码：

```
tup1 = (50,);
```

在 Python 程序中，元组与字符串和列表类似，下标索引也是从 0 开始的，并且也可以进行截取和组合等操作。在下面的实例文件 zu.py，演示了创建并访问两个元组的过程。

```
tup1 = ('Google', 'toppr', 1997, 2000)          #创建元组 tup1
tup2 = (1, 2, 3, 4, 5, 6, 7)                    #创建元组 tup2
#显示元组“tup1”中索引为 0 的元素的值
print ("tup1[0]: ", tup1[0])
#显示元组"tup2"中索引从 1 到 4 的元素的值
print ("tup2[1:5]: ", tup2[1:5])
```

在上述代码中定义了两个元组“tup1”和“tup2”，在第 4 行代码中读取了元组“tup1”中索引为 0 的元素的值，然后在第 6 行代码中读取了元组“tup2”中索引从 1～4 的元素的值。执行效果如图 3-10 所示。

```
tup1[0]:  Google
tup2[1:5]:  (2, 3, 4, 5)
```

图 3-10 执行效果

3.2.2 实战演练——连接组合元组

在 Python 程序中，元组一旦创立后就不可被修改。但是在现实程序应用中，开发者可以对元组进行连接组合。在下面的实例文件 lian.py 中，演示了连接组合两个元组并输出新元组中元素值的过程。

```
tup1 = (12, 34.56);                  #定义元组 tup1
tup2 = ('abc', 'xyz')                #定义元组 tup2
# 下面一行代码修改元组元素操作是非法的
# tup1[0] = 100
tup3 = tup1 + tup2;                  #创建一个新的元组 tup3
print (tup3)                         #输出元组 tup3 中的值
```

在上述代码中定义了两个元组“tup1”和“tup2”，然后将这两个元组进行连接组合，将组合后的值赋给新元组“tup3”。执行后输出新元组“tup3”中的元素值，执行效果如图 3-11 所示。

```
(12, 34.56, 'abc', 'xyz')
```

图 3-11 执行效果

3.2.3　实战演练——删除元组

在 Python 程序中，虽然不允许删除一个元组中的元素值，但是可以使用 del 语句来删除整个元组。在下面的实例文件 shan.py 中，演示了使用 del 语句来删除整个元组的过程。

```
#定义元组"tup"
tup = ('Google', 'Toppr', 1997, 2000)
print (tup)                    #输出元组“tup”中的元素
del tup;                       #删除元组“tup”
#因为元组“tup”已经被删除，所以不能显示里面的元素
print ("元组 tup 被删除后，系统会出错！")
print (tup)                    #这行代码会出错
```

在上述代码中定义了一个元组“tup”，然后使用 del 语句来删除整个元组的过程。删除元组“tup”后，最后一行代码中使用“print (tup)”输出元组“tup”的值时会出现系统错误。执行效果如图 3-12 所示。

```
Traceback (most recent call last):
('Google', 'Toppr', 1997, 2000)
  File "H:/daima/2/2-2/shan.py", line 7, in <module>
元组tup被删除后，系统会出错!
    print (tup)          #这行代码会出错
NameError: name 'tup' is not defined
```

图 3-12　执行效果

3.2.4　实战演练——使用内置方法操作元组

在 Python 程序中，可以使用内置方法来操作元组，其中最为常用的方法见表 3-1。

表 3-1

内置方法	说　明
len(tuple)	计算元组元素个数
max(tuple)	返回元组中元素最大值
min(tuple)	返回元组中元素最小值
tuple(seq)	将列表转换为元组

在下面的实例文件 neizhi.py 中，演示了使用以上 4 个内置方法操作元组的过程。

```
car = ['奥迪', '宝马', '奔驰', '雷克萨斯']  #创建列表 car
print(len(car))                  #输出列表 car 的长度
tuple2 = ('5', '4', '8')         #创建元组 tuple2
print(max(tuple2))               #显示元组 tuple2 中元素的最大值
tuple3 = ('5', '4', '8')         #创建元组 tuple3
print(min(tuple3))               #显示元组 tuple3 中元素的最小值
list1= ['Google', 'Taobao', 'Toppr', 'Baidu']  #创建列表 list1
tuple1=tuple(list1)              #将列表 list1 的值赋予元组 tuple1
print(tuple1)                    #再次输出元组 tuple1 中的元素
```

执行后效果如图 3-13 所示。

```
4
8
4
('Google', 'Taobao', 'Toppr', 'Baidu')
```

图 3-13　执行效果

3.2.5 实战演练——将序列分解为单独的变量

在 Python 程序中，可以将一个包含 n 个元素的元组或序列分解为 n 个单独的变量。这是因为 Python 语法允许任何序列（或可迭代的对象）都可以通过一个简单的赋值操作来分解为单独的变量，唯一的要求是变量的总数和结构要与序列相吻合。在下面的实例文件 fenjie.py 中，演示了将序列分解为单独的变量的过程。

```
p = (4, 5)
x, y = p
print(x)
print(y)
data = [ 'ACME', 50, 91.1, (2012, 12, 21) ]
name, shares, price, date = data
print(name)
print(date)
```

执行后的效果如图 3-14 所示。

```
4
5
ACME
(2012, 12, 21)
```

图 3-14 执行效果

如果是分解未知或任意长度的可迭代对象，上述分解操作是为其量身定做的工具。通常在这类可迭代对象中会有一些已知的组件或模式，利用“*”表达式分解可迭代对象后，使得开发者能够轻松利用这些模式，而无须在可迭代对象中做复杂的操作才能得到相关的元素。

在 Python 程序中，“*”表达式在迭代一个变长的元组序列时十分有用。在下面的实例文件 xinghao.py 中，演示了分解一个带标记元组序列的过程。在本实例中，在 records 中设置了分解方式的参考，然后分解并提取了 line 中的部分内容。

```
records = [
    ('AAA', 1, 2),
    ('BBB', 'hello'),
    ('CCC', 5, 3)
]

def do_foo(x, y):
    print('AAA', x, y)

def do_bar(s):
    print('BBB', s)

for tag, *args in records:
    if tag == 'AAA':
        do_foo(*args)
    elif tag == 'BBB':
        do_bar(*args)

line = 'guan:ijing234://wef:678d:guan'
uname, *fields, homedir, sh = line.split(':')
print(uname)
print(homedir)
```

执行后的效果如图 3-15 所示。

```
AAA 1 2
BBB hello
guan
678d
```

图 3-15　执行效果

3.2.6 实战演练——将序列中的最后几项作为历史记录

在 Python 程序中迭代处理列表或元组等序列时，有时需要统计最后几项记录以实现历史记录统计的功能。在下面的实例文件 lishi.py 中，演示了将序列中的最后几项作为历史记录的过程。

```
from _collections import deque
def search(lines, pattern, history=5):
    previous_lines = deque(maxlen=history)

    for line in lines:
        if pattern in line:
            yield line, previous_lines
        previous_lines.append(line)
# Example use on a file
if __name__ == '__main__':
    with open('123.txt') as f:
        for line, prevlines in search(f, 'python', 5):
            for pline in prevlines:
                print(pline)  # print (pline, end='')
            print(line)  # print (pline, end='')
            print('-' * 20)
q = deque(maxlen=3)
q.append(1)
q.append(2)
q.append(3)
print(q)
q.append(4)
print(q)
```

在上述代码中，对一系列文本行实现了简单的文本匹配操作，当发现有合适的匹配时就输出当前的匹配行，以及最后检查过的 *N* 行文本。deque(maxlen=N) 创建了一个固定长度的队列。如果有新记录加入而使得队列变成已满状态时，会自动移除最开始的那条记录。当编写搜索某项记录的代码时，通常会用到含有 yield 关键字的生成器函数，能够将处理搜索过程的代码和使用搜索结果的代码成功解耦。执行后的效果如图 3-16 所示。

```
pythonpythonpythonpython
____________________
deque([1, 2, 3], maxlen=3)
deque([2, 3, 4], maxlen=3)
```

图 3-16　执行效果

3.2.7 实战演练——实现优先级队列

在 Python 程序中，使用内置模块 heapq 可以实现一个简单的优先级队列。在下面的实例文件 youxianpy.py 中，演示了实现一个简单的优先级队列的过程。

```
import heapq
class PriorityQueue:
    def __init__(self):
        self._queue = []
        self._index = 0

    def push(self, item, priority):
        heapq.heappush(self._queue, (-priority, self._index, item))
        self._index += 1

    def pop(self):
        return heapq.heappop(self._queue)[-1]

class Item:
    def __init__(self, name):
        self.name = name

    def __repr__(self):
        return 'Item({!r})'.format(self.name)

q = PriorityQueue()
q.push(Item('AAA'), 1)
q.push(Item('BBB'), 4)
q.push(Item('CCC'), 5)
q.push(Item('DDD'), 1)
print(q.pop())
print(q.pop())
print(q.pop())
```

在上述代码中，利用 heapq 模块实现了一个简单的优先级队列，第一次执行 pop() 操作时返回的元素具有最高的优先级。拥有相同优先级的两个元素（foo 和 grok）返回的顺序，同插入队列时的顺序相同。

函数 heapq.heappush() 和函数 heapq.heappop() 分别将元素从列表 _queue 中实现插入和移除操作，并且保证列表中第一个元素的优先级最低。函数 heappop() 总是返回“最小”的元素，并且因为 push 和 pop 操作的复杂度都是 $O(\log n)$，其中 n 代表堆中元素的数量，因此就算 n 的值很大，这些操作的效率也非常高。

上述代码中的队列以元组 (-priority, index, item) 的形式组成，将 priority 取负值是为了让队列能够按元素的优先级从高到低的顺序排列。这和正常的堆排列顺序相反，在一般情况下，堆是按从小到大的顺序进行排序的。

变量 index 的作用是为了将具有相同优先级的元素以适当的顺序排列。通过维护一个不断递增的索引，元素将以它们入队列时的顺序来排列。但是当 index 在对具有相同优先级的元素间进行比较操作时，同样扮演了一个重要的角色。执行后的效果如图 3-17 所示。

```
Item('CCC')
Item('BBB')
Item('AAA')
```

图 3-17　执行效果

在 Python 程序中，如果以元组 (priority, item) 的形式来存储元素，只要它们的优先级不同，它们就可以进行比较。但是如果两个元组的优先级值相同，在进行比较操作时会失败。这时可以考虑引入一个额外的索引值，以 (prioroty, index, item) 的方式建立元组，因为没有哪两个元组会有相同的 index 值，所以这样就可以完全避免上述问题。一旦比较操作的结果可以确定，Python 就不会再去比较剩下的元组元素了。在下面的实例文件 suoyin.py 中，演示了实现一个简单的优先级队列的过程。

```
import heapq
class PriorityQueue:
    def __init__(self):
        self._queue = []
        self._index = 0

    def push(self, item, priority):
        heapq.heappush(self._queue, (-priority, self._index, item))
        self._index += 1

    def pop(self):
        return heapq.heappop(self._queue)[-1]

class Item:
    def __init__(self, name):
        self.name = name

    def __repr__(self):
        return 'Item({!r})'.format(self.name)

a = Item('AAA') ①
b = Item('BBB') ②
#a < b  错误
a = (1, Item('AAA')) ③
b = (5, Item('BBB'))
print(a < b)
c = (1, Item('CCC'))
#a < c 错误
a = (1, 0, Item('AAA'))
b = (5, 1, Item('BBB'))
c = (1, 2, Item('CCC')) ④
print(a < b)
print(a < c)
```

在上述代码中，因为①～②行代码中没有添加索引，所以如果两个元组的优先级值相同时会出错。而在③～④行代码中添加了索引，这样就不会出错了。执行后的效果如图 3-18 所示。

```
True
True
True
```

图 3-18　执行效果

3.3　使用字典

在 Python 程序中，字典是一种比较特别的数据类型，字典中每个成员是以“键 : 值”对的形式成对存在。字典以大括号“{}”包围，并且以“键 : 值”对的方式声明和存在的数据集合。字典与列表相比，最大的不同在于字典是无序的，其成员位置只是象征性的，在字典中只能通过键来访问成员，而不能通过其位置来访问该成员。

3.3.1 实战演练——创建并访问字典

在 Python 程序中，字典可以存储任意类型对象。字典的每个键值（key:value）对的键值之间必须用冒号“:”分隔，每个键值对之间用逗号“,”分隔，整个字典包括在大括号“{}”中。

例如，某个班级公布了期末考试成绩，其中第一名非常优秀，学校准备给予奖励。下面以字典来保存这名学生的三科成绩，第一个键值对是：' 数学 ': '99'，表示这名学生的数学成绩是“99”。第二个键值对是：' 语文 ': '99'。第三个键值对是：' 英语 ': '99'，分别代表这名学生语文成绩是 99，英语成绩是 99。在 Python 语言中，使用字典来表示这名学生的成绩，具体代码如下：

```
dict = {' 数学 ': '99', ' 语文 ': '99', ' 英语 ': '99' }
```

当然也可以对上述字典中的两个键值对进行分解，通过如下代码创建字典。

```
dict1 = { ' 数学 ': '99' };
dict2 = {' 语文 ': '99' };
dict3 = { ' 英语 ': '99' };
```

在 Python 程序中，要想获取某个键的值，可以通过访问键的方式来显示对应的值。在下面的实例文件 fang.py 中，演示了获取字典中 3 个键值的过程。

```
dict = {' 数学 ': '99', ' 语文 ': '99', ' 英语 ': '99' }          # 创建字典 dict
print (" 语文成绩是: ",dict[' 语文 '])                              # 输出语文成绩
print (" 数学成绩是: ",dict[' 数学 '])                              # 输出数学成绩
print (" 英语成绩是: ",dict[' 英语 '])                              # 输出英语成绩
```

执行后的效果如图 3-19 所示。

```
语文成绩是： 99
数学成绩是： 99
英语成绩是： 99
```

图 3-19　执行效果

如果调用的字典中没有这个键，执行后会输出执行错误的提示。在下面的代码中，字典“dict”中并没有键为“Alice”。

```
dict = {'Name': 'Toppr', 'Age': 7, 'Class': 'First'};      # 创建字典 dict
print ("dict['Alice']: ", dict['Alice'])                    # 输 出 字 典 dict 中 键 为
“Alice”的值
```

所以执行后会输出如下的错误提示：

```
Traceback (most recent call last):
    File "test.py", line 5, in <module>
        print ("dict['Alice']: ", dict['Alice'])
KeyError: 'Alice'
```

3.3.2 实战演练——添加、修改、删除字典中的元素

在实践应用中，对字典中的数据进行添加、修改和删除十分重要；也是需要必须掌握的基本操作；接下来我们通过三个具体的示例向读者演示这三个基本操作。

1. 向字典中添加数据

在 Python 程序中，字典是一种动态结构，可以随时在其中添加“键值”对。在添加“键值”对时，需要首先指定字典名，然后用中括号将键括起来，最后在写明这个键的值。下面

的实例文件 add.py 中定义了字典“dict”，在字典中设置三科的成绩，然后又通过上面介绍的方法添加了两个“键值”对。

```
dict = {'数学': '99', '语文': '99', '英语': '99' }  #创建字典“dict”
dict['物理'] =100                                   #添加字典值 1
dict['化学'] =98                                    #添加字典值 2
print (dict)                                        #输出字典 dict 中的值
print ("物理成绩是: ",dict['物理'])                  #显示物理成绩
print ("化学成绩是: ",dict['化学'])                  #显示化学成绩
```

通过上述代码，向字典中添加两个数据元素，分别表示物理成绩和化学成绩。在第 2 行代码中，在字典“dict”中新增了一个键值对，其中的键为'物理'，而值为 100。而在第 3 行代码中重复了上述操作，设置新添加的键为'化学'，而对应的键值为98。执行后的效果如图3-20所示。

```
{'数学': '99', '语文': '99', '英语': '99', '物理': 100, '化学': 98}
物理成绩是:  100
化学成绩是:  98
```

图 3-20　执行效果

注意：“键值”对的排列顺序与添加顺序不同。Python 不关心键值对的添加顺序，而只是关心键和值之间的关联关系。

2. 修改字典

在 Python 程序中，要想修改字典中的值，需要首先指定字典名，然后使用中括号将要修改的键和新值对应起来。下面的实例文件 xiu.py 中，演示了在字典中实现修改和添加功能的过程。

```
#创建字典"dict"
dict = {'Name': 'Toppr', 'Age': 7, 'Class': 'First'}
dict['Age'] = 8;                                    #更新 Age 的值
dict['School'] = "Python 教程"                      #添加新的键值
print ("dict['Age']: ", dict['Age'])                #输出键“Age”的值
print ("dict['School']: ", dict['School'])          #输出键“School”的值
print (dict)                                        #显示字典“dict”中的元素
```

通过上述代码，更新字典中键“Age”的值为 8，然后新添加了新键“School”。执行后的效果如图 3-21 所示。

```
dict['Age']:  8
dict['School']:  Python教程
```

图 3-21　执行效果

3. 删除字典中的元素

在 Python 程序中，对于字典中不再需要的信息，可以使用 del 语句将相应的“键值”对信息彻底删除。在使用 del 语句时，必须指定字典名和要删除的键。在下面的实例文件 del.py 中，演示了删除字典 dict 中键为“Name”的元素的过程。

```
#创建字典“dict”
dict = {'Name': 'Toppr', 'Age': 7, 'Class': 'First'}
del dict['Name']                  #删除键 'Name'
print (dict)                      #显示字典"dict"中的元素
```

通过上述代码，使用del语句删除了字典中键为“Name”的元素。执行效果如图3-22所示。

```
{'Age': 7, 'Class': 'First'}
```

图3-22 执行效果

3.3.3 实战演练——映射多个值

在Python程序中，可以将某个键（key）映射到多个值的字典，即一键多值字典（multidict）。为了能方便地创建映射多个值的字典，可以使用内置模块collections中的defaultdict类来实现。类defaultdict的一个主要特点是会自动初始化第一个值，这样只需关注添加元素即可。在下面的实例文件yingshe.py中，演示了创建一键多值字典的过程。

```
①d = {
    'a': [1, 2, 3],
    'b': [4, 5]
}

e = {
    'a': {1, 2, 3},
    'b': {4, 5}
②}

from collections import defaultdict
③d = defaultdict(list)
d['a'].append(1)
d['a'].append(2)
④d['a'].append(3)
print(d)

⑤d = defaultdict(set)
d['a'].add(1)
d['a'].add(2)
d['a'].add(3)
⑥print(d)

⑦d = {}
d.setdefault('a', []).append(1)
d.setdefault('a', []).append(2)
d.setdefault('b', []).append(3)
⑧print(d)

d = {}
⑨for key, value in d:  # pairs:
    if key not in d:
        d[key] = []
    d[key].append(value)
d = defaultdict(list)
⑩print(d)

⑪for key, value in d:  # pairs:
    d[key].append(value)
⑫print(d)
```

在上述代码中用到了内置函数setdefault()，如果键不存在于字典中，将会添加键并将值设置为默认值。首先在①～②部分创建一个字典，③～④和⑤～⑥部分分别利用两种方式为字典中的键创建相同的多键值。因为函数defaultdict()会自动创建字典表项以待稍后的访问，所以不想要这个功能，可以在普通的字典上调用函数 setdefault() 来取代 defaultdict()，正如上面⑦ ~ ⑧所示的那样。⑨ ~ ⑩和 ⑪~⑫ 分别演示了两种对一键多值字典中第一个值继续初始化，可以看出 ⑪~⑫ 使用 defaultdict() 函数实现的方式比较清晰明了。执行后的效果如图 3-23 所示。

```
defaultdict(<class 'list'>, {'a': [1, 2, 3]})
defaultdict(<class 'set'>, {'a': {1, 2, 3}})
{'a': [1, 2], 'b': [3]}
defaultdict(<class 'list'>, {})
defaultdict(<class 'list'>, {})
```

图 3-23　执行效果

3.3.4　实战演练——使用 OrderedDict 类创建有序字典

在 Python 程序中创建一个字典后，不但可以对字典进行迭代或序列化操作，而且也能控制其中元素的排列顺序。在下面的实例文件 youxu.py 中，演示了使用 OrderedDict 类创建有序字典的过程。

```
import collections
dic = collections.OrderedDict()
dic['k1'] = 'v1'
dic['k2'] = 'v2'
dic['k3'] = 'v3'
print(dic)
```

执行后会输出：

```
OrderedDict([('k1', 'v1'), ('k2', 'v2'), ('k3', 'v3')])
```

再看下面的实例文件 qingkong.py，演示了清空有序字典中数据的过程。

```
import collections

dic = collections.OrderedDict()
dic['k1'] = 'v1'
dic['k2'] = 'v2'
dic.clear()
print(dic)
```

执行后会输出：

```
OrderedDict()
```

再看下面的实例文件 xianjin.py，功能是使用函数 popitem() 按照后进先出原则，删除最后加入的元素并返回 key-value。

```
import collections

dic = collections.OrderedDict()
dic['k1'] = 'v1'
dic['k2'] = 'v2'
dic['k3'] = 'v3'
print(dic.popitem(),dic)
print(dic.popitem(),dic)
```

执行后会输出：

```
('k3', 'v3') OrderedDict([('k1', 'v1'), ('k2', 'v2')])
('k2', 'v2') OrderedDict([('k1', 'v1')])
```

注意：在 Python 的 OrderedDict 内部维护了一个双向链表，它会根据元素加入的顺序来排列键的位置。第一个新加入的元素被放置在链表的末尾，然后对已存在的键做重新赋值而不会改变键的顺序。开发者需要注意的是，OrderedDict 的大小是普通字典的两倍多，这是由于它额外创建的链表所致。因此，如果想构建一个涉及大量 OrderedDict 实例的数据结构（如从 CSV 文件中读取 100 000 行内容到 OrderedDict 列表中），那么需要认真对应用做需求分析，从而推断出使用 OrderedDict 所带来的好处是否能超越因额外的内存开销所带来的缺点。

3.3.5 实战演练——获取字典中的最大值和最小值

在 Python 程序中，可以对字典中的数据执行各种数学运算，例如求最小值、最大值和排序等。为了能对字典中的内容实现有用的计算操作，通常会利用内置函数 zip() 将字典的键和值反转过来。要对字典中的数据进行排序操作，只需利用函数 zip() 和函数 sorted() 即可实现。

在 Python 程序中，函数 zip() 可以将可迭代的对象作为参数，将对象中对应的元素打包成一个个元组，然后返回由这些元组组成的列表。如果各个迭代器的元素个数不一致，则返回列表长度与最短的对象相同。利用“*”操作符，可以将元组解压为列表。使用函数 zip() 的语法格式如下：

```
zip([iterable, ...])
```

其中，参数 iterable 表示一个或多个迭代器。在下面的实例文件 jisuan.py 中，演示了分别获取字典 price 中最大值和最小值的过程，即找出最贵和最便宜的两款手机及价格。

```
price = {
    '小米': 899,
    '华为': 1999,
    '三星': 3999,
    '谷歌': 4999,
    '酷派': 599,
    'iPhone' : 5000,
}

min_price = min(zip(price.values(), price.keys()))
print(min_price)

max_price = max(zip(price.values(), price.keys()))
print(max_price)

price_sorted = sorted(zip(price.values(), price.keys()))
print(price_sorted)

price_and_names = zip(price.values(), price.keys())
print((min(price_and_names)))

# print (max(price_and_names))  error  zip() 创建了迭代器，内容只能被消费一次
print(min(price))
print(max(price))
print(min(price.values()))
print(max(price.values()))
print(min(price, key=lambda k: price[k]))
print(max(price, key=lambda k: price[k]))
```

执行后的效果如图 3-24 所示。

```
(599, '酷派')
(5000, 'iPhone')
[(599, '酷派'), (899, '小米'), (1999, '华为'), (3999, '三星'), (4999, '谷歌'), (5000, 'iPhone')]
(599, '酷派')
iPhone
酷派
599
5000
酷派
iPhone
```

图 3-24　执行效果

3.3.6　实战演练——获取两个字典中的相同键值对

在 Python 程序中，可以寻找并获取两个字典中相同的键值对，此功能只需通过 keys() 或 items() 两个函数执行基本的集合操作即可实现。

1. 函数 keys()

在 Python 字典中，函数 keys() 能够返回 keys-view 对象，其中暴露了所有的键。字典中的键可以支持常见的集合操作，例如求并集、交集和差集。由此可见，如果需要对字典中的键进行常见的集合操作，可以直接使用 keys-view 对象实现，而无须先将它们转化为集合。

2. 函数 items()

在 Python 字典中，函数 items() 能够返回由 (key,value) 对组成的 items-view 对象。这个对象支持类似的集合操作，用于找出两个字典之间有哪些键值对有相同之处。

在下面的实例文件 same.py 中，演示了获取两个字典中的相同键值对的过程。

```
a = {
    'x': 1,
    'y': 2,
    'z': 3
}

b = {
    'x': 11,
    'y': 2,
    'w': 10
}
①print(a.keys() & b.keys())  # {'x','y'}
print(a.keys() - b.keys())  # {'z'}
②print(a.items() & b.items())  # {('y', 2)}

③c = {key: a[key] for key in a.keys() - {'z', 'w'}}
④print(c)  # {'x':1, 'y':2}
```

在上述代码中，①～②是通过 keys() 和 items() 执行集合操作实现获取两个字典的相同之处。③～④是使用字典推导式实现的，能够修改或过滤掉字典中的内容。如果想创建一个新的字典，在其中可能会去掉某些键。执行效果如图 3-25 所示。

```
{'y', 'x'}
{'z'}
{('y', 2)}
{'y': 2, 'x': 1}
```

图 3-25 执行效果

3.3.7 实战演练——使用函数 itemgetter() 对字典进行排序

在 Python 程序中，如果在一个列表中存在了多个字典，如何根据一个或多个字典中的值来对列表进行排序呢？建议使用 operator 模块中的内置函数 itemgetter()。函数 itemgetter() 的功能是获取对象哪些维度的数据，参数为一些序号（需要获取的数据在对象中的序号）。在下面实例文件 wei.py 中的功能是获取对象中指定域的值。

```
from operator import itemgetter
a = [1,2,3]
b=itemgetter(1)           # 定义函数 b，获取对象的第 1 个域的值
print(b(a))

b=itemgetter(1,0)         # 定义函数 b，获取对象的第 1 个域和第 0 个的值
print(b(a))
```

函数 itemgetter() 获取的不是值，而是定义一个函数，通过该函数作用到对象上才能获取值。执行后输出：

```
2
(2, 1)
```

再看下面的实例文件 pai.py，功能是使用函数 itemgetter() 排序字典中的值。

```
from operator import itemgetter
① rows = [
    {'fname': 'AAA', 'lname': 'ZHANG', 'uid': 1001},
    {'fname': 'BBB', 'lname': 'ZHOU', 'uid': 1002},
    {'fname': 'CCC', 'lname': 'WU', 'uid': 1004},
    {'fname': 'DDD', 'lname': 'LI', 'uid': 1003}
]

② rows_by_fname = sorted(rows, key=itemgetter('fname'))
rows_by_uid = sorted(rows, key=itemgetter('uid'))
print(rows_by_fname)
③ print(rows_by_uid)

④ rows_by_lfname = sorted(rows, key=itemgetter('lname', 'fname'))
print(rows_by_lfname)

⑤ rows_by_fname = sorted(rows, key=lambda r: r['fname'])
⑥ rows_by_lfname = sorted(rows, key=lambda r: (r['fname'], r['lname']))
print(rows_by_fname)
print(rows_by_lfname)
⑦ print(min(rows, key=itemgetter('uid')))
⑧ print(max(rows, key=itemgetter('uid')))
```

以上代码解析如下。

在①中定义了一个保存用户信息的字典 rows。

在②～③中根据所有的字典中共有的字段来对 rows 中的记录进行排序。

在④中的 itemgetter() 函数中接受了多个键。

在⑤～⑥使用 lambda 表达式来代替 itemgetter() 函数的功能。在此提醒读者，少用 lambda 表达式，使用 itemgetter() 函数会运行得更快一些。如果需要考虑程序的性能问题，建议使用 itemgetter() 函数实现。

⑦～⑧中的函数 itemgetter() 同样可以操作 min() 和 max() 函数。

执行后会输出：

```
[{'fname': 'AAA', 'lname': 'ZHANG', 'uid': 1001}, {'fname': 'BBB', 'lname': 'ZHOU', 'uid': 1002}, {'fname': 'CCC', 'lname': 'WU', 'uid': 1004}, {'fname': 'DDD', 'lname': 'LI', 'uid': 1003}]
[{'fname': 'AAA', 'lname': 'ZHANG', 'uid': 1001}, {'fname': 'BBB', 'lname': 'ZHOU', 'uid': 1002}, {'fname': 'DDD', 'lname': 'LI', 'uid': 1003}, {'fname': 'CCC', 'lname': 'WU', 'uid': 1004}]
[{'fname': 'DDD', 'lname': 'LI', 'uid': 1003}, {'fname': 'CCC', 'lname': 'WU', 'uid': 1004}, {'fname': 'AAA', 'lname': 'ZHANG', 'uid': 1001}, {'fname': 'BBB', 'lname': 'ZHOU', 'uid': 1002}]
[{'fname': 'AAA', 'lname': 'ZHANG', 'uid': 1001}, {'fname': 'BBB', 'lname': 'ZHOU', 'uid': 1002}, {'fname': 'CCC', 'lname': 'WU', 'uid': 1004}, {'fname': 'DDD', 'lname': 'LI', 'uid': 1003}]
[{'fname': 'AAA', 'lname': 'ZHANG', 'uid': 1001}, {'fname': 'BBB', 'lname': 'ZHOU', 'uid': 1002}, {'fname': 'CCC', 'lname': 'WU', 'uid': 1004}, {'fname': 'DDD', 'lname': 'LI', 'uid': 1003}]
{'fname': 'AAA', 'lname': 'ZHANG', 'uid': 1001}
{'fname': 'CCC', 'lname': 'WU', 'uid': 1004}
```

3.3.8　使用字典推导式

在 Python 程序中，字典推导和前面讲解的列表推导的用法类似，只是将列表中的中括号修改为字典中的大括号。在下面的实例文件 zitui.py 中，演示了使用字典推导式实现大小写 key 合并的过程。

```
mcase = {'a': 10, 'b': 34, 'A': 7, 'Z': 3}
mcase_frequency = {
    k.lower(): mcase.get(k.lower(), 0) + mcase.get(k.upper(), 0)
    for k in mcase.keys()
    if k.lower() in ['a','b']
}
print (mcase_frequency)
```

执行上述代码后输出：

```
{'a': 17, 'b': 34}
```

再看下面实例文件 ti.py 中，功能是快速更换字典中 key 和 value 的值。

```
mcase = {'a': 10, 'b': 34}
mcase_frequency = {v: k for k, v in mcase.items()}
print(mcase_frequency)
```

执行上述代码后输出：

```
{10: 'a', 34: 'b'}
```

再看下面实例文件 tiqu.py 中，功能是使用字典推导式从字典中提取子集。

```
prices = {'ASP.NET': 49.9, 'Python': 69.9, 'Java': 59.9, 'C语言': 45.9, 'PHP': 79.9}
①p1 = {key: value for key, value in prices.items() if value > 50}
print(p1)
tech_names = {'Python', 'Java', 'C语言'}

②p2 = {key: value for key, value in prices.items() if key in tech_names}
print(p2)
```

```
p3 = dict((key, value) for key, value in prices.items() if value > 50)  # 慢
print(p3)

tech_names = {'Python', 'Java', 'C语言'}
p4 = {key: prices[key] for key in prices.keys() if key in tech_names}  # 慢
print(p4)
```

在 Python 程序中，虽然大部分可以用字典推导式解决的问题也可以通过创建元组序列将它们传给 dict() 函数来完成，例如上述代码中①的做法。但是使用字典推导式的方案更加清晰，而且实际运行起来也要快很多，以上述代码②行中的字典 prices 来测试，效率要提高 2 倍左右。执行上述代码后会输出：

```
{'Python': 69.9, 'Java': 59.9, 'PHP': 79.9}
{'Python': 69.9, 'Java': 59.9, 'C语言': 45.9}
{'Python': 69.9, 'Java': 59.9, 'PHP': 79.9}
{'Python': 69.9, 'Java': 59.9, 'C语言': 45.9}
```

3.3.9 实战演练——根据记录进行分组

在 Python 程序中，可以将字典或对象实例中的信息根据某个特定的字段（如日期）来分组迭代数据。在 Python 的 itertools 模块中提供了内置函数 groupby()，能够方便地对数据进行分组处理。使用函数 groupby() 的语法格式如下：

```
groupby(iterable [,key]):
```

函数 groupby() 能够创建一个迭代器，对 iterable 生成的连续项进行分组，在分组过程中会查找重复项。如果 iterable 在多次连续迭代中生成了同一项，则会定义一个组。如果将函数 groupby() 应用在一个分类列表中，那么分组将定义该列表中的所有唯一项，key（如果已提供）是一个函数，应用于每一项，如果此函数存在返回值，该值将用于后续项而不是该项本身进行比较，此函数返回的迭代器生成元素 (key，group)。其中，key 是分组的键值；group 是迭代器，生成组成该组的所有项。

在下面实例文件 fen.py 中，演示了使用函数 groupby() 对数据进行分组的过程。

```
from itertools import groupby
from operator import itemgetter
things = [('2013-05-21', 11), ('2013-05-21', 3), ('2013-05-22', 10),
          ('2013-05-22', 4), ('2013-05-22', 22),('2013-05-23', 33)]
for key, items in groupby(things, itemgetter(0)):
    print(key)

for subitem in items:
   print(subitem)
print('-' * 20)
```

执行后会输出：

```
2013-05-21
2013-05-22
2013-05-23
('2013-05-23', 33)
```

再看下面的实例文件 fenzu.py，演示了使用函数 groupby() 分组复杂数据的过程。

```
① rows = [
    {'address': '5412 N CLARK', 'data': '07/01/2018'},
    {'address': '5232 N CLARK', 'data': '07/04/2018'},
    {'address': '5542 E 58ARK', 'data': '07/02/2018'},
    {'address': '5152 N CLARK', 'data': '07/03/2018'},
```

```
    {'address': '7412 N CLARK', 'data': '07/02/2018'},
    {'address': '6789 w CLARK', 'data': '07/03/2018'},
    {'address': '9008 N CLARK', 'data': '07/01/2018'},
    {'address': '2227 W CLARK', 'data': '07/04/2018'}
]

② from operator import itemgetter
from itertools import groupby

rows.sort(key=itemgetter('data'))
for data, items in groupby(rows, key=itemgetter('data')):
    print(data)
    for i in items:
③        print(' ', i)

④ from collections import defaultdict
rows_by_date = defaultdict(list)
for row in rows:
⑤    rows_by_date[row['data']].append(row)

⑥ for r in rows_by_date['07/04/2018']:
    print(r)
```

上述代码分析如下：

在①中创建包含时间和地址的一系列字典数据；

在②～③中根据日期以分组的方式迭代数据，首先以目标字段 date 对序列进行排序，然后使用 itertools.groupby() 函数进行分组。这里的重点是首先要根据感兴趣的字段对数据进行排序，因为函数 groupby() 只能检查连续的项，如果不首先排序的话，就会无法按照所想的方式对记录进行分组；

如果只是想简单地根据日期将数据分组到一起，并放进一个大的数据结构中以允许进行随机访问，那么建议像④～⑤那样使用函数 defaultdict() 构建一个一键多值字典；

⑥访问每一个日期的记录。

执行上述代码后会输出：

```
07/01/2018
  {'address': '5412 N CLARK', 'data': '07/01/2018'}
  {'address': '9008 N CLARK', 'data': '07/01/2018'}
07/02/2018
  {'address': '5542 E 58ARK', 'data': '07/02/2018'}
  {'address': '7412 N CLARK', 'data': '07/02/2018'}
07/03/2018
  {'address': '5152 N CLARK', 'data': '07/03/2018'}
  {'address': '6789 w CLARK', 'data': '07/03/2018'}
07/04/2018
  {'address': '5232 N CLARK', 'data': '07/04/2018'}
  {'address': '2227 W CLARK', 'data': '07/04/2018'}
{'address': '5232 N CLARK', 'data': '07/04/2018'}
{'address': '2227 W CLARK', 'data': '07/04/2018'}
```

3.3.10　实战演练——转换并换算数据

在 Python 程序中，可以对字典或列表中的数据同时进行转换和换算操作。此时需要先对数据进行转换或筛选操作，然后调用换算（reduction）函数（如 sum()、min()、max()）进行处理。

（1）函数 sum()：进行求和计算，语法格式如下：

```
sum(iterable[, start])
```

参数解析如下。

- 参数 iterable：可迭代对象，如列表。
- 参数 start：指定相加的参数，如果没有设置这个值，默认为 0。

例如，下面代码展示了使用函数 sum() 的过程。

```
>>>sum([0,1,2])
3
>>> sum((2, 3, 4), 1)        # 元组计算总和后再加 1
10
>>> sum([0,1,2,3,4], 2)      # 列表计算总和后再加 2
12
```

（2）函数 min()：返回给定参数的最小值，参数可以是序列。语法格式如下：

```
min( x, y, z, .... )
```

参数解析如下。

- 参数 x：数值表达式。
- 参数 y：数值表达式。
- 参数 z：数值表达式。

（3）函数 max()：返回给定参数的最大值，参数可以是序列。使用方法和参数说明与 min() 函数相同。

在下面的实例文件 zuixiaoda.py 中，演示了使用函数 max() 和 min() 获取最大和最小值的过程。

```
print ("min(80, 100, 1000) : ", min(80, 100, 1000))
print ("min(-20, 100, 400) : ", min(-20, 100, 400))
print ("min(-80, -20, -10) : ", min(-80, -20, -10))
print ("min(0, 100, -400) : ", min(0, 100, -400))

print ("max(80, 100, 1000) : ", max(80, 100, 1000))
print ("max(-20, 100, 400) : ", max(-20, 100, 400))
print ("max(-80, -20, -10) : ", max(-80, -20, -10))
print ("max(0, 100, -400) : ", max(0, 100, -400))
```

执行后会输出：

```
min(80, 100, 1000) :  80
min(-20, 100, 400) :  -20
min(-80, -20, -10) :  -80
min(0, 100, -400) :  -400
max(80, 100, 1000) :  1000
max(-20, 100, 400) :  400
max(-80, -20, -10) :  -10
max(0, 100, -400) :  100
```

再看下面的实例文件 zuixiaodal.py 中，演示了同时对数据做转换和换算的过程。在本实例中，首先对列表 nums 中的数值进行了处理，然后调用 os 判断某目录是否有 Python 文件，最后提取处理了字典列表 portfolio 中的最小值。

```
nums = [1, 2, 3, 4, 5]
s = sum( x*x for x in nums )
print(s)
import os
files = os.listdir('.idea')
```

```
if any(name.endswith('.py') for name in files):
    print('这是一个 Python 文件！')
else:
    print('这里没有 Python 文件！')
s = ('RMB', 50, 128.88)
print(','.join(str(x) for x in s))

portfolio = [
    {'name': 'AAA', 'shares': 50},
    {'name': 'BBB', 'shares': 65},
    {'name': 'CCC', 'shares': 40},
    {'name': 'DDD', 'shares': 35}
]

min_shares = min(s['shares'] for s in portfolio)
```

在上述代码中，以一种非常优雅的方式将数据换算和转换结合在一起，具体方法是在函数参数中使用生成器表达式。执行后的效果如图 3-26 所示。

```
55
这里没有Python文件！
RMB,50,128.88
35
```

图 3-26　执行效果

3.3.11　实战演练——将多个映射合并为单个映射

如果在 Python 程序中有多个字典或映射，要想在逻辑上将它们合并为一个单独的映射结构，并且以此来执行某些特定的操作，例如查找某个值或检查某个键是否存在。这时，需要考虑将多个映射合并为单个映射。在下面的实例文件 hebing.py 中，演示了将多个映射合并为单个映射的过程。

```
①a = {'x': 1, 'z': 3 }
b = {'y': 2, 'z': 4 }

from collections import ChainMap
c = ChainMap(a,b)

print(c['x']) # Outputs 1 (from a)
print(c['y']) # Outputs 2 (from b)
②print(c['z']) # Outputs 3 (from a)

③print(len(c))
print(list(c.keys()))
④print(list(c.values()))

⑤c['z'] = 10
c['w'] = 40
del c['x']
⑥print(a)
```

①～②在执行查找操作之前必须先检查这两个字典（例如，先在 a 中查找，如果没找到再去 b 中查找）。在上述代码中演示了一种非常简单的方法，就是利用 collections 模块中的 ChainMap 类来解决这个问题。

ChainMap 可以接收多个映射，这样在逻辑上使它们表现为一个单独的映射结构。但是这些映射在字面上并不会合并在一起。相反，ChainMap 只是简单地维护一个记录底层映射关系的列表，然后重定义常见的字典操作来扫描这个列表。上面的③～④演示了这个特性。

⑤～⑥如果有重复的键，那么将会采用第一个映射中所对应的值。所以上述代码中的 c['z'] 总是引用字典 a 中的值，而不是字典 b 中的值。实现修改映射的操作总会作用在列出的第一个映射结构上。

执行后的效果如图 3-27 所示。

```
1
2
3
3
['x', 'y', 'z']
[1, 2, 3]
{'z': 10, 'w': 40}
```

图 3-27　执行效果

第 4 章

线性表

算法都是用来处理数据的，这些被处理的数据必须按照一定的规则进行组织。当这些数据之间存在一种或多种特定关系时，通常将这些关系称为数据结构。在Python语言的数据之间一般存在以下3种数据结构。

- **线性结构：数据元素间是一对一关系。**
- **树形结构：数据元素间是一对多关系。**
- **网状结构：数据元素间是多对多关系。**

本章将详细讲解线性数据结构中线性表的基本知识和具体用法。

4.1 线性表的定义和基本特征

在线性表中，各个数据元素之间是一对一的关系，除了第一个和最后一个数据元素外，其他数据元素都是首尾相接的。因为线性表的逻辑结构简单，便于实现和操作，所以该数据结构在实际应用中被广泛采用。

4.1.1 线性表和线性结构

线性表是一种最基本、最简单、最常用的数据结构。在实际应用中，线性表都是以栈、队列、字符串、数组等特殊线性表的形式来使用的。因为这些特殊线性表都具有自己的特性，所以掌握这些特殊线性表的特性，对于数据运算的可靠性和提高操作效率至关重要。

线性表是一个线性结构，它是一个含有 $n \geqslant 0$ 个节点的有限序列。在节点中，有且仅有一个开始节点，没有前驱并有一个后继节点，有且仅有一个终端节点没有后继并有一个前驱节点，其他的节点都有且仅有一个前驱节点和一个后继节点。通常把一个线性表表示成一个线性序列：k_1，k_2，…，k_n，其中 k_1 是开始节点，k_n 是终端节点。

在编程领域中，线性结构具有以下两个基本特征。

（1）集合中必存在唯一的“第一元素”和唯一的“最后元素”。

（2）除最后元素之外，均有唯一的后继；除第一元素之外，均有唯一的前驱。

由 n（$n \geqslant 0$）个数据元素（节点）a_1，a_2，…，a_n 组成的有限序列，数据元素的个数 n 定义为表的长度。当 n=0 时称为空表，通常将非空的线性表（n>0）记作：($a_1,a_2,\cdots,a_n$)。数据元素 a_i（$1 \leqslant i \leqslant n$）没有特殊含义，不必“刨根问底”地研究它，它只是一个抽象的符号，其具体含义在不同的情况下可以不同。

线性表具有以下结构特点。

（1）均匀性：虽然不同数据表的数据元素是各种各样的，但同一线性表的各数据元素必须有相同的类型和长度。

（2）有序性：各数据元素在线性表中的位置只取决于它们的序。数据元素之前的相对位置是线性的，即存在唯一的“第一个”和“最后一个”数据元素，除了第一个和最后一个外，其他元素前面只有一个数据元素直接前驱，后面只有一个直接后继。

4.1.2 线性表的基本操作过程

线性表虽然只是一对一关系，但是其操作功能非常强大，具备了很多操作技能。线性表的基本操作见表 4-1。

表 4-1 线性表的基本操作

操作	功能
Setnull（L）	置空表
Length（L）	求表长度和表中各元素个数
Get（L，i）	获取表中第 i 个元素（$1 \leqslant i \leqslant n$）
Prior（L，i）	获取 i 的前驱元素
Next（L，i）	获取 i 的后继元素
Locate（L，x）	返回指定元素在表中的位置
Insert（L，i，x）	插入新元素
Delete（L，x）	删除已存在的元素
Empty（L）	判断表是否为空

4.2 顺序表的基本操作

在现实编程应用中，线性表通常被分为两种结构：线性顺序表和线性链式存储结构。在本节中，将详细讲解线性顺序表的基本操作知识和具体用法。

4.2.1 顺序表的定义和操作

顺序表是在计算机内存中以数组的形式保存的线性表，线性表的顺序存储是指用一组地址连续的存储单元依次存储线性表中的各个元素，使得线性表中在逻辑结构上相邻的数据元素存储在相邻的物理存储单元中，即通过数据元素物理存储的相邻关系来反映数据元素之间逻辑上的相邻关系，采用顺序存储结构的线性表通常称为顺序表。顺序表是将表中的节点依次存放在计算机内存中一组地址连续的存储单元中。

顺序表操作是最简单的操作线性表的方法，此方式的主要操作功能有以下几种。

1. 计算顺序表的长度

数组的最小索引是 0，顺序表的长度就是数组中最后一个元素的索引 last 加 1。

2. 清空操作

清空操作是指清除顺序表中的数据元素，最终目的是使顺序表为空，此时 last 等于 -1。

3．判断线性表是否为空

当顺序表的 last 为 −1 时表示顺序表为空，此时会返回 true，否则返回 false，表示不为空。

4．判断顺序表是否为满

当顺序表为满时，last 值等于 MaxSize-1，此时会返回 true，如果不为满则返回 false。

5．附加操作

在顺序表没有满的情况下进行附加操作，在表的末端添加一个新元素，然后使顺序表的 last 加 1。

6．插入操作

在顺序表中插入数据的方法非常简单，只需在顺序表的第 i 个位置插入一个值为 item 的新元素即可。插入新元素后，会使原来长度为 n 的表（a_1，a_2，…，$a_{(i-1)}$，a_i，$a_{(i+1)}$，…，a_n）的长度变为 n+1，也就是变为（a_1，a_2，…，$a_{(i-1)}$，item，a_i，$a_{(i+1)}$，…，a_n）。i 的取值范围为 $1 \leqslant i \leqslant n+1$，当 $i = n+1$ 时，表示在顺序表的末尾插入数据元素。

在顺序表中插入一个新数据元素的基本步骤如下：

（1）判断顺序表的状态，判断是否已满和插入的位置是否正确，当表满或插入的位置不正确时不能插入；

（2）当表未满直插入的位置正确时，将 a_n～a_i 依次向后移动，为新的数据元素空出位置。在算法中用循环来实现；

（3）将新的数据元素插入空出的第 i 个位置上；

（4）修改 last 值以修改表长，使其仍指向顺序表的最后一个数据元素。

顺序表插入数据示意图如图 4-1 所示。

下标	元素
0	A
1	B
2	C
3	D
4	E
5	F
6	G
7	H
	…
MaxSize-1	

插入前

下标	元素
0	A
1	B
2	C
3	D
4	Z
5	E
6	F
7	G
8	H
	…
MaxSize-1	

插入前

图 4-1　顺序表插入数据示意

7．删除操作

可以删除顺序表中的第 i 个数据元素，删除后使原来长度为 n 的表 (a_1，a_2，…，a_{i-1}，a_i，a_{i-1}，…，a_n) 变为长度为（n−1）的表，即 (a_1，a_2，…，a_{i-1}，a_{i+1}，…，a_n)。i 的取值范围

为 $1 \leqslant i \leqslant n$。当 i 为 n 时，表示删除顺序表末尾的数据元素。

在顺序表中删除一个数据元素的基本流程如下：

（1）判断顺序表是否为空，判断删除的位置是否正确，当为空或删除的位置不正确时不能删除；

（2）如果表为空和删除的位置正确，则将 $a_{i+1} \sim a_n$ 依次向前移动，在算法中用循环来实现移动功能；

（3）修改 last 值以修改表长，使它仍指向顺序表的最后一个数据元素。

图 4-2 所示为在一个顺序表中删除一个元素的前后变化过程。图 4-2 中的表原来长度是 8，如果删除第 5 个元素 E，在删除后为了满足顺序表的先后关系，必须将第 6 ～第 8 个元素（下标位 5 ～ 7）向前移动一位。

下标	元素
0	A
1	B
2	C
3	D
4	E
5	F
6	G
7	H
	…
MaxSize-1	

下标	元素
0	A
1	B
2	C
3	D
4	F
5	G
6	H
7	
8	
	…
MaxSize-1	

图 4-2　顺序表中删除一个元素

8．获取表元

通过获取表元运算可以返回顺序表中第 i 个数据元素的值，i 的取值范围是 $1 \leqslant i \leqslant \text{last}+1$。因为表中数据是随机存取的，所以当 i 的取值正确时，获取表元运算的时间复杂度为 $O(1)$。

9．按值查找

所谓按值查找，是指在顺序表中查找满足给定值的数据元素。它就像住址的门牌号一样，这个值必须具体到 ×× 单元 ×× 室，否则会查找不到。按值查找就像 Word 中的搜索功能一样，可以在繁多的文字中找到需要查找的内容。在顺序表中找到一个值的基本流程如下：

（1）从第一个元素起依次与给定值进行比较，如果找到，则返回在顺序表中首次出现与给定值相等的数据元素的序号，称为查找成功；

（2）如果没有找到，在顺序表中没有与给定值匹配的数据元素，返回一个特殊值表示查找失败。

4.2.2　实战演练——建立空的顺序表

顺序表通过一组地址连续的存储单元对线性表中的数据进行存储，相邻的两个元素在物理位置上也是相邻的。比如，第 1 个元素是存储在线性表的起始位置 LOC(1)，那么第 i 个元素即是存储在 LOC(1)+(i−1)*sizeof(ElemType) 位置上。其中，sizeof(ElemType) 表示每一个元素所占的空间。具体结构如图 4-3 所示。

数组下标	顺序表	内存地址
0	a_1	LOC(A)
1	a_2	LOC(A)+sizeof(ElemType)
	⋮	
i-1	a_i	LOC(A)+(i-1)*sizeof(ElemType)
	⋮	
n-1	a_n	LOC(A)+(n-1)*sizeof(ElemType)
	⋮	
MaxSize-1	⋮	LOC(A)+(MaxSize-1)*sizeof(ElemType)

图 4-3　顺序表的结构

在下面的实例文件 empty.py 中，首先定义了线性表类 Lnode，然后通过方法 MakeEmpty() 初始化建立一个空的线性表，最后调用方法 MakeEmpty(10) 创建一个拥有 10 个空值的线性表。代码如下：

```
# 线性表定义
class Lnode(object):
  def __init__(self,last):
    self.data = [None for i in range(100)]
    self.last = last   # 线性表长度 12345


# 1.初始化建立空的线性表
def MakeEmpty(num):
  PtrL = Lnode(num)
  return PtrL

# 测试建立空的线性表
s = MakeEmpty(10)
print(s.data[0:s.last])
print(s.last)
```

执行后会输出：

```
[None, None, None, None, None, None, None, None, None, None]
10
```

4.2.3　实战演练——按值查找

在线性表中可以查找里面某个值的具体位置，在下面的实例文件 search.py 中，可以快速查找列表中某个元素的具体位置。

```
# 线性表定义
class Lnode(object):
```

```
    def __init__(self, last):
        self.data = [None for i in range(100)]
        self.last = last  # 线性表长度 12345
def Find(x, L):
    i = 0
    while (i <= L.last and L.data[i] != x):
        i += 1
    if (i > L.last):
        return -1
    else:
        return i

# 测试查找函数
num = [0, 1, 2, 3, 4, 5, 6, 7, 8, 9]
L = Lnode(10)
for i in range(10):
    L.data[i] = num[i]
print("建立新的线性表")
print(L.data[0:L.last])
print("查找元素 2")
print("下标为：")
print(Find(2, L))
print("查找元素 12")
print("下标为：")
print(Find(12, L))  # 找不到返回 -1
```

执行后会输出：

```
建立新的线性表
[0, 1, 2, 3, 4, 5, 6, 7, 8, 9]
查找元素 2
下标为：
2
查找元素 12
下标为：
-1
```

4.2.4 实战演练——插入新元素

在下面的实例文件 cha.py 中，演示了在线性表顺序存储结构数组 L 中插入新元素“0”的方法。

```
def insert_list(L, i, element):
    L_lenght = len(L)
    if i < 1 or i > L_lenght:
        return False
    if i <= L_lenght:
        for k in range(i-1, L_lenght)[::-1]:
            L[k+1:k+2] = [L[k]]
        L[i-1] = element
    print(L)
    return True
L = [1,2,3,4]
insert_list(L, 2, 0)
```

执行后会在数组 L 中的第二个元素插入元素 0，如下：

```
[1, 0, 2, 3, 4]
```

再看下面的实例文件 insert.py，定义了方法 Insert(x, i, L)，功能是在列表参数 L 的第 $i(0 \leqslant i \leqslant n)$ 位置上插入一个值为 x 的新元素。

```
# 线性表定义
class Lnode(object):
```

```
    def __init__(self,last):
        self.data = [None for i in range(100)]
        self.last = last  # 线性表长度 12345


def Insert(x, i, L):
    if i < 0 or i > L.last:
        print(" 位置不合理 ")
        return
    else:
        for j in range(L.last, i - 1, -1):
            L.data[j + 1] = L.data[j]
        L.data[i] = x
        L.last += 1
    return


# 测试插入函数
num = [0, 1, 2, 3, 4, 5, 6, 7, 8, 9]
L = Lnode(10)
for i in range(10):
    L.data[i] = num[i]
print(" 建立新的线性表 ")
print(L.data[0:L.last])
print(" 在位序 3 插入元素 6")
Insert(6, 3, L)
print(L.data[0:L.last])
```

执行后会输出：

```
建立新的线性表
[0, 1, 2, 3, 4, 5, 6, 7, 8, 9]
在位序 3 插入元素 6
[0, 1, 2, 6, 3, 4, 5, 6, 7, 8, 9]
```

4.2.5　实战演练——删除操作

在下面的实例文件 xian.py 中，演示了在线性表顺序存储结构数组 *L* 中删除数据元素的方法。

```
L=[1,2,3,4,5,7,8]
def delete_list(L,i):
    L_lenght = len(L)
    if i<1 or i>L_lenght:
            return false
    if i<L_lenght:
            del L[i]
            for k in range(i+1,L_lenght-1)[::1]:
                    L[k]= L[k+1]
    print(L)

delete_list(L,5)
```

执行后会删除数组中索引为 5 的值，如下：

```
[1, 2, 3, 4, 5, 8]
```

再看下面的实例文件 del.py，定义了方法 Delete(i, L)，功能是删除列表参数 *L* 中第 $i(0 \leqslant i \leqslant n-1)$ 个位置上的元素。

```
class Lnode(object):
  def __init__(self,last):
    self.data = [None for i in range(100)]
    self.last = last  # 线性表长度 12345
```

```
def Delete(i, L):
    if i < 0 or i >= L.last:
        print(" 不存在该元素 ")
        return
    else:
        for j in range(i, L.last - 1):
            L.data[j] = L.data[j + 1]
        L.last -= 1
        return

# 测试删除函数
num = [0, 1, 2, 3, 4, 5, 6, 7, 8, 9]
L = Lnode(10)
for i in range(10):
    L.data[i] = num[i]
print(" 建立新的线性表 ")
print(L.data[0:L.last])
print(" 删除位序 3 的元素 ")
Delete(3, L)
print(L.data[0:L.last])。
```

执行后会输出：

```
建立新的线性表
[0, 1, 2, 3, 4, 5, 6, 7, 8, 9]
删除位序 3 的元素
[0, 1, 2, 4, 5, 6, 7, 8, 9]
```

4.2.6 实战演练——实现顺序表的插入、检索、删除和反转操作

在下面的实例文件 shun.py 中，演示了实现顺序表基本操作的方法，包括插入、检索、删除和反转等常见操作。

```
class SeqList(object):
    def __init__(self, max=8):
        self.max = max      # 创建默认为 8
        self.num = 0
        self.date = [None] * self.max
        #list() 会默认创建 8 个元素大小的列表，num=0，并有链接关系
        # 用 list 实现 list 有些荒谬，全当练习
        #self.last = len(self.date)
        # 当列表满时，扩建的方式省略
    def is_empty(self):
        return self.num is 0

    def is_full(self):
        return self.num is self.max

    # 获取某个位置的元素
    def __getitem__(self, key):
        if not isinstance(key, int):
            raise TypeError
        if 0<= key < self.num:
            return self.date[key]
        else:
            # 表为空或者索引超出范围都会引发索引错误
            raise IndexError

    # 设置某个位置的元素
    def __setitem__(self, key, value):
        if not isinstance(key, int):
            raise TypeError
```

```
        # 只能访问列表里已有的元素，self.num=0 时，一个都不能访问，self.num=1 时，只能访问 0
        if 0<= key < self.num:
            self.date[key] = value    # 该位置无元素会发生错误
        else:
            raise IndexError

    def clear(self):
        self.__init__()

    def count(self):
        return self.num

    def __len__(self):
        return self.num

    # 加入元素的方法 append() 和 insert()
    def append(self,value):
        if self.is_full():
            # 等下扩建列表
            print("list is full")
            return
        else:
            self.date[self.num] = value
            self.num += 1
    # 实现插入操作
    def insert(self,key,value):
        if not isinstance(key, int):
            raise TypeError
        if key<0:  # 暂时不考虑负数索引
            raise IndexError
        # 当 key 大于元素个数时，默认尾部插入
        if key>=self.num:
            self.append(value)
        else:
            # 移动 key 后的元素
            for i in range(self.num, key, -1):
                self.date[i] = self.date[i-1]
            # 赋值
            self.date[key] = value
            self.num += 1

    # 删除元素的操作
    def pop(self,key=-1):
        if not isinstance(key, int):
            raise   TypeError
        if self.num-1 < 0:
            raise IndexError("pop from empty list")
        elif key == -1:
            # 原来的数还在，但列表不识别它
            self.num -= 1
        else:
            for i in range(key,self.num-1):
                self.date[i] = self.date[i+1]
            self.num -= 1
    # 搜索操作
    def index(self,value,start=0):
        for i in range(start, self.num):
            if self.date[i] == value:
                return i
        # 没找到
        raise ValueError("%d is not in the list" % value)

    # 列表反转
    def reverse(self):
```

```
        i,j = 0, self.num - 1
        while i<j:
            self.date[i], self.date[j] = self.date[j], self.date[i]
            i,j = i+1, j-1

if __name__=="__main__":
    a = SeqList()
    print(a.date)
    #num == 0
    print(a.is_empty())
    a.append(0)
    a.append(1)
    a.append(2)
    print(a.date)
    print(a.num)
    print(a.max)
    a.insert(1,6)
    print(a.date)
    a[1] = 5
    print(a.date)
    print(a.count())

    print("返回值为2(第一次出现)的索引:", a.index(2, 1))
    print("====")
    t = 1
    if t:
        a.pop(1)
        print(a.date)
        print(a.num)
    else:
        a.pop()
        print(a.date)
        print(a.num)
    print("========")
    print(len(a))

    a.reverse()
    print(a.date)

    print(a.is_full())
    a.clear()
    print(a.date)
    print(a.count())
```

执行后会输出：

```
[None, None, None, None, None, None, None, None]
True
[0, 1, 2, None, None, None, None, None]
3
8
[0, 6, 1, 2, None, None, None, None]
[0, 5, 1, 2, None, None, None, None]
4
返回值为2(第一次出现)的索引: 3
====
[0, 1, 2, 2, None, None, None, None]
3
========
3
[2, 1, 0, 2, None, None, Nonc, None]
False
[None, None, None, None, None, None, None, None]
0

Process finished with exit code 0
```

4.3　链表操作

经过对本章前两节内容的了解，线性表分为两种：顺序存储结构和链式存储结构。在 4.2 节已经讲解了顺序存储结构的知识，本节将讲解链式存储结构的知识和具体用法。

注意：在 4.2 节中学习了顺序表的基本知识，了解到顺序表可以利用物理上的相邻关系，表达出逻辑上的前驱和后继关系。顺序表有一个硬性规定，即用连续的存储单元顺序存储线性表中的各元素。根据这条硬性规定，当对顺序表进行插入和删除操作时，必须移动数据元素才能实现线性表逻辑上的相邻关系。但是，这种操作会影响运行效率。要想解决上述影响效率的问题，需要获取链式存储结构的帮助。

4.3.1　什么是链表

链式存储结构不需要用地址连续的存储单元来实现，而是通过“链”建立起数据元素之间的次序关系。所以它不要求逻辑上相邻的两个数据元素在物理结构上也相邻，在插入和删除时无须移动元素，从而提高了运行效率。链式存储结构主要有单链表、循环链表、双向链表、静态链表等几种形式。根据结构的不同，可以将链表分为单向链表、单向循环链表、双向链表、双向循环链表等。

链表像锁链一样，由一节节的节点连在一起，组成一条数据链。链表的节点结构如图 4-4 所示。其中 data 表示自定义的数据，next 表示下一个节点的地址。链表的结构为 head 保存首位节点的地址，如图 4-5 所示。

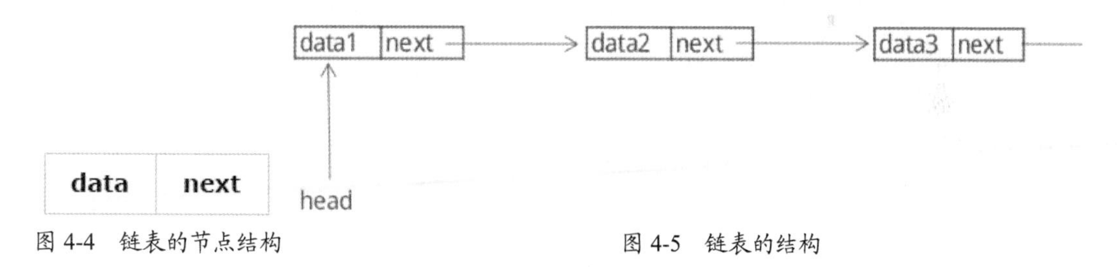

图 4-4　链表的节点结构

图 4-5　链表的结构

4.3.2　实战演练——Python 中的链表操作

在 Python 语言程序中，内置类型 list 底层由 C 语言数组实现，list 在功能上更接近 C++ 的 vector（因为可以动态调整数组大小）。我们都知道，数组是连续列表，链表是链接列表，二者在概念和结构上完全不同，因此 list 不能用于实现链表。在 C/C++ 中，通常采用“指针 + 结构体”来实现链表。而在 Python 中，则可以采用“引用 + 类”来实现链表。下面列出了实现常见链表操作功能的解决方案。

（1）定义节点类 Node，示例代码如下：

```
class Node:
    '''
    data: 节点保存的数据
    _next: 保存下一个节点对象
    '''
```

```
    def __init__(self, data, pnext=None):
        self.data = data
        self._next = pnext

    def __repr__(self):
        '''
        用来定义 Node 的字符输出,
        print 为输出 data
        '''
        return str(self.data)
```

（2）定义链表操作类，例如链表头属性是 head，链表长度属性 length。通过以下方法 isEmpty() 判断链表是否为空：

```
def isEmpty(self):
    return (self.length == 0
```

（3）使用方法 append() 在链表尾增加一个节点，代码如下：

```
def append(self, dataOrNode):
    item = None
    if isinstance(dataOrNode, Node):
        item = dataOrNode
    else:
        item = Node(dataOrNode)

    if not self.head:
        self.head = item
        self.length += 1

    else:
        node = self.head
        while node._next:
            node = node._next
        node._next = item
        self.length += 1
```

（4）通过方法 delete() 删除一个节点，代码如下：

```
    def delete(self, index):
        if self.isEmpty():
            print("this chain table is empty.")
            return

        if index < 0 or index >= self.length:
            print('error: out of index')
            return

        if index == 0:
            self.head = self.head._next
            self.length -= 1
            return

        j = 0
        node = self.head
        prev = self.head
        while node._next and j < index:
            prev = node
            node = node._next
            j += 1

        if j == index:
            prev._next = node._next
            self.length -= 1
```

（5）通过方法 update() 修改一个节点，代码如下：

```
def update(self, index, data):
    if self.isEmpty() or index < 0 or index >= self.length:
        print 'error: out of index'
        return
    j = 0
    node = self.head
    while node._next and j < index:
        node = node._next
        j += 1

    if j == index:
        node.data = data
```

（6）通过方法 getItem() 查找一个节点，代码如下：

```
    def getItem(self, index):
        if self.isEmpty() or index < 0 or index >= self.length:
            print("error: out of index")
            return
        j = 0
        node = self.head
        while node._next and j < index:
            node = node._next
            j += 1

        return node.data
```

（7）通过方法 getIndex() 查找一个节点的索引，代码如下：

```
    def getIndex(self, data):
        j = 0
        if self.isEmpty():
            print("this chain table is empty")
            return
        node = self.head
        while node:
            if node.data == data:
                return j
            node = node._next
            j += 1

        if j == self.length:
            print("%s not found" % str(data))
            return
```

（8）通过方法 insert() 插入一个新的节点，代码如下：

```
    def insert(self, index, dataOrNode):
        if self.isEmpty():
            print("this chain tabale is empty")
            return

        if index < 0 or index >= self.length:
            print("error: out of index")
            return

        item = None
        if isinstance(dataOrNode, Node):
            item = dataOrNode
        else:
            item = Node(dataOrNode)

        if index == 0:
            item._next = self.head
```

```
            self.head = item
            self.length += 1
            return

        j = 0
        node = self.head
        prev = self.head
        while node._next and j < index:
            prev = node
            node = node._next
            j += 1

        if j == index:
            item._next = node
            prev._next = item
            self.length += 1
```

（9）通过方法 clear() 清空链表，代码如下：

```
def clear(self):
    self.head = None
    self.length = 0
```

4.3.3 实战演练——单向链表

单向链表也称单链表，是链表中最简单的一种形式，它的每个节点包含两个域，一个信息域（元素域）和一个链接域。这个链接指向链表中的下一个节点，而最后一个节点的链接域则指向一个空值。单向链表和单向循环链表的结构如图 4-6 所示。

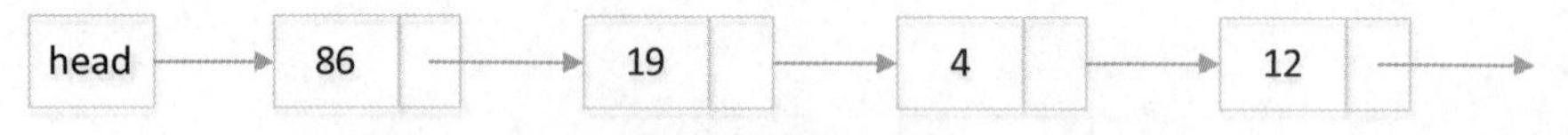

图 4-6　单向链表和单向循环链表的结构

在下面的实例文件 dan.py 中，演示了完整实现单向链表的操作过程。主要包括链表的创建、添加头部元素、添加尾部元素、在指定位置添加元素、遍历元素和删除元素等功能。

```
class SingleNode:
    def __init__(self, data, next=None):
        self.data = data
        # next 指向下一个节点而不是数据
        self.next = next


# 使用链表时只需要传入待存储的数据而不是节点
class SingleLinkedList:
    def __init__(self, data=None):
        node = SingleNode(data)
        self.__head = node if node.data else None

    def is_empty(self):
        return self.__head == None

    def length(self):
        count = 0
        cur = self.__head
        while cur:
            count += 1
            cur = cur.next
        return count
```

```
    # 头部添加元素
    def add(self, data):
        node = SingleNode(data)
        node.next = self.__head
        self.__head = node

    # 尾部添加元素
    def append(self, data):
        node = SingleNode(data)
        if self.is_empty():
            self.__head = node
        else:
            cur = self.__head
            # 最后一个节点的 next 为 None
            while cur.next:
                cur = cur.next
            cur.next = node

    # 指定位置插入
    def insert(self, pos, data):
        node = SingleNode(data)
        cur = self.__head
        count = 0
        if self.length() >= pos >= 0:
            while cur:
                if count + 1 == pos:
                    node.next = cur.next
                    cur.next = node
                    break
                # pos 为 0
                elif count == pos:
                    self.add(data)
                    break
                count += 1
                cur = cur.next
        elif pos < 0:
            self.add(data)
        else:
            self.append(data)
        # 如果列表中插入时没有元素
        if not self.__head:
            self.append(data)

    # 遍历
    def travel(self):
        cur = self.__head
        while cur:
            print(cur.data)
            cur = cur.next

    # 移除出现的第一个元素
    def remove(self, data):
        if self.is_empty():
            return
        node = self.__find(data)
        cur = self.__head
        while cur:
            # 如果要移除的元素是头节点
            if cur.data == node.data:
                self.__head = cur.next
                break
            elif cur.next.data == node.data:
                cur.next = node.next
```

```
                break
            cur = cur.next

    # 私有方法，用于查找节点
    def __find(self, data):
        cur = self.__head
        node = SingleNode(data)
        while cur:
            if cur.data == data:
                node.next = cur.next
                break
            cur = cur.next
        return node

    # 查找，找不到返回 -1，找到则返回索引
    def search(self, data):
        index = -1
        cur = self.__head
        count = 0
        while cur:
            if cur.data == data:
                index = count
                break
            count += 1
            cur = cur.next
        return index


def main():
    ssl = SingleLinkedList()
    print(ssl.is_empty())
    print(ssl.length())
    ssl.append(1)
    ssl.append(100)
    ssl.append(2)
    ssl.append(200)
    # ssl.append(3)
    # ssl.append(4)
    print(ssl.is_empty())
    print(ssl.length())

    # 遍历
    print("*" * 50)
    # ssl.travel()

    ssl.add(100)
    # ssl.travel()
    # 为负数时作为头节点
    ssl.insert(-1, "sss")
    ssl.travel()
    print("*" * 50)
    print(ssl.search("sss"))  # 0
    print("*" * 50)
    ssl.remove(100)
    ssl.travel()


if __name__ == '__main__':
    main()
```

每个节点包含数据区和指向下个节点的链接两个部分，在单向链表的每个节点中包含两部分：数据区与链接区（指向下一个节点），最后一个元素的链接区为 None。单向链表只

要找到头节点后就可以访问全部节点，执行后会输出：

```
True
0
False
4
**************************************************
sss
100
1
100
2
200
**************************************************
0
**************************************************
sss
1
100
2
200
```

而在下面的实例文件 wanlian.py 中，给出了另一种完整实现链表并进行操作测试的过程。在本方案中，也是通过专有方法实现不同操作功能。在下面的具体代码中，对每个方法的具体功能进行了注释。文件 wanlian.py 的主要实现代码如下：

```
    # 清除单链表
    def clear(self):
        LList.__init__(self)

    # 判断单链表是否为空
    def is_empty(self):
        return self._head is None

    # 计算单链表元素的个数 两种方式：遍历列表 或 返回 _num
    def count(self):
        return self._num
        """
        p = self._head
        num = 0
        while p:
            num += 1
            p = p.next
        return num
        """
    def __len__(self):
        p = self._head
        num = 0
        while p:
            num += 1
            p = p.next
        return num

    # 表首端插入元素
    def prepend(self, elem):
        self._head = LNode(elem, self._head)
        self._num += 1

    # 删除表首端元素
    def pop(self):
        if self._head is None:
            raise LinkedListUnderflow("in pop")
        e = self._head.elem
```

```
        self._head = self._head.next
        self._num -= 1
        return e

    # 表末端插入元素
    def append(self, elem):
        if self._head is None:
            self._head = LNode(elem)
            self._num += 1
            return
        p = self._head
        while p.next:
            p = p.next
        p.next = LNode(elem)
        self._num += 1

    # 删除表末端元素
    def pop_last(self):
        if self._head is None:
            raise LinkedListUnderflow("in pop_last")
        p = self._head
        # 表中只有一个元素
        if p.next is None:
            e = p.elem
            self._head = None
            self._num -= 1
            return e
        while p.next.next:
            p = p.next
        e = p.next.elem
        p.next = None
        self._num -= 1
        return e

    # 发现满足条件的第一个表元素
    def find(self, pred):
        p = self._head
        while p:
            if pred(p.elem):
                return p.elem
            p = p.next

    # 发现满足条件的所有元素
    def filter(self, pred):
        p = self._head
        while p:
            if pred(p.elem):
                yield p.elem
            p = p.next

    # 打印显示
    def printall(self):
        p = self._head
        while p:
            print(p.elem, end="")
            if p.next:
                print(", ",end="")
            p = p.next
        print("")

    # 查找某个值，列表有的话返回 True，没有的话返回 False
    def search(self, elem):
        p = self._head
```

```
        foundelem = False
        while p and not foundelem:
            if p.elem == elem:
                foundelem = True
            else:
                p = p.next
        return foundelem

    # 找出元素第一次出现时的位置
    def index(self, elem):
        p = self._head
        num = -1
        found = False
        while p and not found:
            num += 1
            if p.elem == elem:
                found = True
            else:
                p = p.next
        if found:
            return num
        else:
            raise ValueError("%d is not in the list!" % elem)

    # 删除第一个出现的 elem
    def remove(self, elem):
        p = self._head
        pre = None
        while p:
            if p.elem == elem:
                if not pre:
                    self._head = p.next
                else:
                    pre.next = p.next
                break
            else:
                pre = p
                p = p.next
        self._num -= 1

    # 在指定位置插入值
    def insert(self, pos, elem):
        # 当值大于 count 时就默认尾端插入
        if pos >= self.count():
            self.append(elem)
        # 其他情况
        elif 0<=pos<self.count():
            p = self._head
            pre = None
            num = -1
            while p:
                num += 1
                if pos == num:
                    if not pre:
                        self._head = LNode(elem, self._head)
                        self._num += 1
                    else:
                        pre.next = LNode(elem,pre.next)
                        self._num += 1
                    break
                else:
                    pre = p
                    p = p.next
```

```
    else:
        raise IndexError

# 删除表中第 i 个元素
def __delitem__(self, key):
    if key == len(self) - 1:
        #pop_lasy num 自减
        self.pop_last()
    elif 0<=key<len(self)-1:
        p = self._head
        pre = None
        num = -1
        while p:
            num += 1
            if num == key:
                if not pre:
                    self._head = pre.next
                    self._num -= 1
                else:
                    pre.next = p.next
                    self._num -=1
                break
            else:
                pre = p
                p = p.next
    else:
        raise IndexError

# 根据索引获得该位置的元素
def __getitem__(self, key):
    if not isinstance(key, int):
        raise TypeError
    if 0<=key<len(self):
        p = self._head
        num = -1
        while p:
            num += 1
            if key == num:
                return p.elem
            else:
                p = p.next
    else:
        raise IndexError

# ==
def __eq__(self, other):
    # 两个都为空列表，则相等
    if len(self)==0 and len(other)==0:
        return True
    # 两个列表元素个数相等。当每个元素都相等的情况下，两个列表相等
    elif len(self) == len(other):
        for i in range(len(self)):
            if self[i] == other[i]:
                pass
            else:
                return False
        # 全部遍历完后则两个列表相等
        return True
    # 两个列表元素个数不相等 返回 Fasle
    else:
        return False
# !=
def __ne__(self, other):
```

```
        if self.__eq__(other):
            return False
        else:
            return True
    # >
    def __gt__(self, other):
        l1 = len(self)
        l2 = len(other)
        if not isinstance(other, LList):
            raise TypeError
        # 1.len(self) = len(other)
        if l1 == l2:
            for i in range(l1):
                if self[i] == other[i]:
                    continue
                elif self[i] < other[i]:
                    return False
                else:
                    return True
            # 遍历完都相等的话说明两个列表相等 所以返回 False
            return False
        # 2.len(self) > len(other)
        if l1 > l2:
            for i in range(l2):
                if self[i] == other[i]:
                    continue
                elif self[i] < other[i]:
                    return False
                else:
                    return True
            # 遍历完后前面的元素全部相等 则列表个数多的一方大
            #if self[l2-1] == other[l2-1]:
            return True
        # 3.len(self) < len(other)
        if l1 < l2:
            for i in range(l1):
                if self[i] == other[i]:
                    continue
                elif self[i] < other[i]:
                    return False
                else:
                    return True
            # 遍历完后前面的元素全部相等 则列表个数多的一方大
            #if self[l2-1] == other[l2-1]:
            return False
    # <
    def __lt__(self, other):
        # 列表相等情况下 > 会返回 False，则 < 这里判断会返回 True，有错误。所以要考虑在 == 的情
况下也为 False
        if self.__gt__(other) or self.__eq__(other):
            return False
        else:
            return True
    # >=
    def __ge__(self, other):
        """
        if self.__eq__(other) or self.__gt__(other):
            return True
        else:
            return False
        """
        # 大于等于和小于是完全相反的，所以可以依靠小于实现
        if self.__lt__(other):
```

```
                return False
            else:
                return True
        # <=
        def __le__(self, other):
            """
            if self.__eq__(other) or self.__lt__(other):
                return True
            else:
                return False
            """
            ## 小于等于和大于是完全相反的，所以可以依靠大于实现
            if self.__gt__(other):
                return False
            else:
                return True


#example 大于5返回True的函数
def greater_5(n):
    if n>5:
        return True

if __name__=="__main__":
    mlist1 = LList()
    mlist2 = LList()
    mlist1.append(1)
    mlist2.append(1)
    mlist1.append(2)
    mlist2.append(2)
    #mlist1.append(2)
    mlist2.append(6)
    mlist2.append(11)
    mlist2.append(12)
    mlist2.append(14)
    mlist1.printall()
    mlist2.printall()
    #print(mlist1 == mlist2)
    #print(mlist1 != mlist2)
    print(mlist1 <= mlist2)
    mlist2.__delitem__(2)
    mlist2.printall()
```

执行后会输出：

```
1, 2
1, 2, 6, 11, 12, 14
True
1, 2, 11, 12, 14
```

4.3.4 实战演练——单向循环链表

所谓单向循环链表，是指在单向链表的基础上如响尾蛇般将其首尾相连。单向循环链表的结构如图 4-7 所示。单向循环链表操作过程如图 4-8 所示。

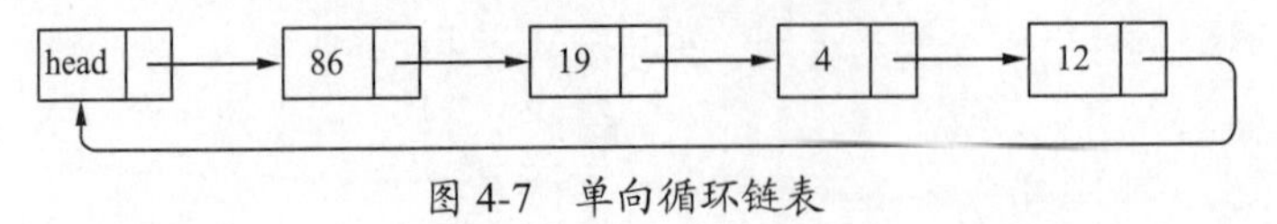

图 4-7 单向循环链表

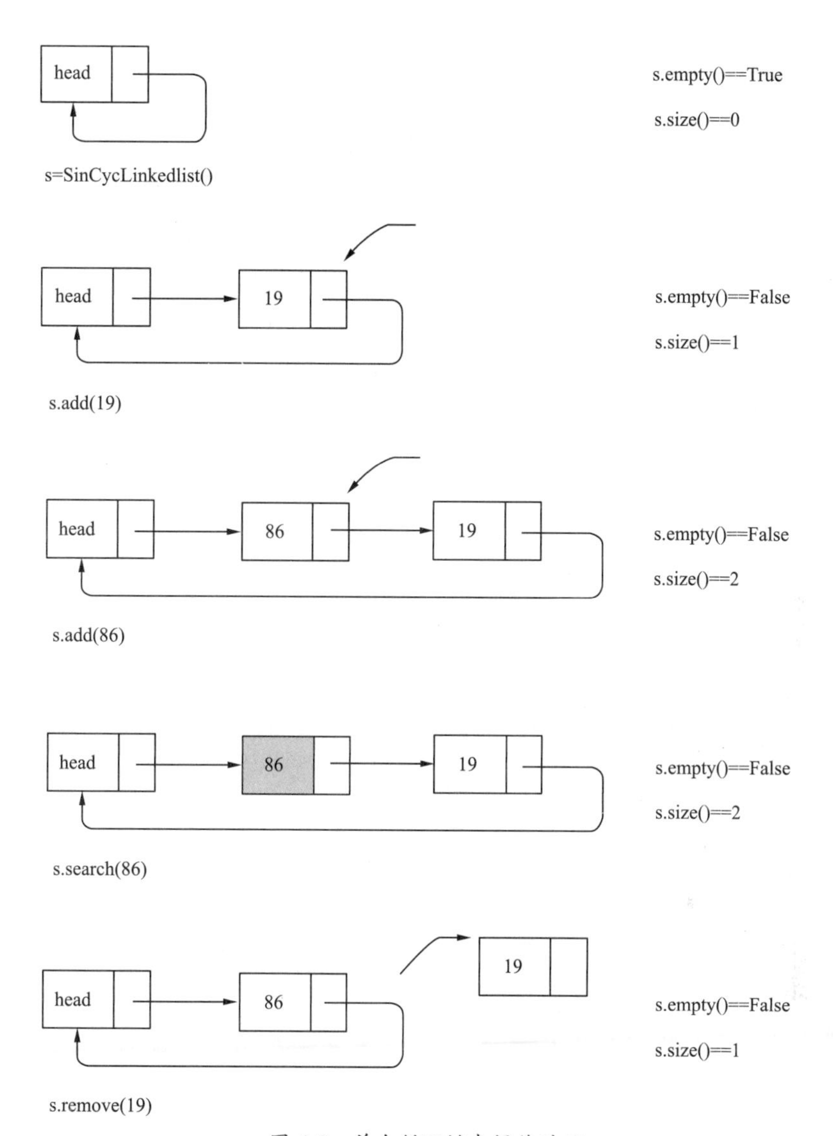

图 4-8　单向循环链表操作过程

在下面的实例文件 danxun.py 中，演示了完整实现单向循环链表功能的过程。主要包括链表的创建、添加头部元素、添加尾部元素、在指定位置添加元素、遍历元素和删除元素等功能。

```
class Node:

    def __init__(self, new_data):
        # 链表有效负载 -- 数据
        self.data = new_data
        # 链表指针
        self.next = None

    def get_data(self):
        return self.data

    def set_data(self, new_data):
        self.data = new_data
```

```
    def get_next(self):
        return self.next

    def set_next(self, new_next):
        self.next = new_next


class SingleCycleList:

    def __init__(self):
        self.head = None

    # 作头插入时，需要先判断是否为空列表，需要注意插入顺序
    def add(self, item):
        # 因为实现单链表时，可以统一方式作头插入，所以需要三行代码
        # 而作双向链表和循环链表时，要区别是否为空链表，所以插入的代码就变化了很多。（简单一行，
复杂多行）
        node = Node(item)
        if self.is_empty():
            # 循环列表，必定首尾相连
            self.head = node
            node.set_next(self.head)
        else:
            # 添加的节点指向 head
            node.set_next(self.head)
            # 移到链表尾部，将尾部节点的 next 指向 node
            current = self.head
            while current.get_next() != self.head:
                current = current.get_next()
            current.set_next(node)
            # head 指向添加 node 的
            self.head = node

    # 作尾插入时，需要先判断是否为空列表
    def append(self, item):
        node = Node(item)
        if self.is_empty():
            # 循环列表，必定首尾相连
            self.head = node
            node.set_next(self.head)
        else:
            # 移到链表尾部，此处不优美，尾插入，要使用 prev，从 head 往前移动一下
            current = self.head
            while current.get_next() != self.head:
                current = current.get_next()
            # 将尾节点指向 node
            current.set_next(node)
            # 将 node 指向头节点 _head
            node.set_next(self.head)

    # 指定位置插入节点
    def insert(self, pos, item):
        # 相当于头插入
        if pos <= 0:
            self.add(item)
        # 相当于尾插入
        elif pos >= self.size():
            self.append(item)
        else:
            node = Node(item)
            count = 0
            current = self.head
            # 移动到指定位置的前一个位置
```

```
            while count < pos - 1:
                count += 1
                current = current.get_next()
            # 由于不是头尾，直接插入即可
            node.set_next(current.get_next())
            current.set_next(node)

    # 删除指定节点数据
    def remove(self, item):
        if self.is_empty():
            return
        previous = None
        current = self.head
        while current.get_next() != self.head:
            # 如果找到待删除节点
            if current.get_data() == item:
                # 在找到节点之后，需要判断是否为首节点
                # 因为首节点时，还没有 Previous 这个变量
                if current == self.head:
                    rear = self.head
                    while rear.get_next() != self.head:
                        rear = rear.get_next()
                    self.head = current.get_next()
                    rear.set_next(self.head)
                # 待删除节点在中间
                else:
                    previous.set_next(current.get_next())
                return
            # 如果还没有找到待删除节点
            else:
                previous = current
                current = current.get_next()
        # 待删除节点在尾部
        if current.get_data() == item:
            # 如果链表中只有一个元素，则此时 prior 为 None，Next 属性就会报错
            # 此时直接使其头部元素为 None 即可
            if current == self.head:
                self.head = None
                return
            previous.set_next(current.get_next())

    # 查找指定数据是否存在
    def search(self, item):
        current = self.head
        found = False
        while current.get_next() != self.head:
            if current.get_data() == item:
                found = True
            current = current.get_next()
        return found

    def is_empty(self):
        return self.head is None

    def __len__(self):
        return self.size()

    def size(self):
        if self.is_empty():
            return 0
        count = 0
        current = self.head
        # 由于是循环单链表，所以需要一个中断循环的机制
```

```
        while current.get_next() != self.head:
            count += 1
            current = current.get_next()
        return count

    def show(self):
        # 因为是循环链表，所以遍历的方式和非循环的不一样
        if self.is_empty():
            return
        current = self.head
        print(current.get_data(), end=' ')
        while current.get_next() != self.head:
            current = current.get_next()
            print(current.get_data(), end=' ')
        print()


if __name__ == '__main__':
    s_list = SingleCycleList()
    print(s_list.is_empty())
    s_list.add(5)
    s_list.add(4)
    s_list.add(76)
    s_list.add(23)
    s_list.show()
    s_list.append(47)
    s_list.show()
    s_list.insert(0, 100)
    s_list.show()
    s_list.insert(99, 345)
    s_list.show()
    s_list.insert(3, 222)
    s_list.show()
    s_list.remove(76)
    s_list.show()
    print(s_list.search(23))
    s_list.show()
    print(s_list.is_empty())
    print(s_list.size())
    print(len(s_list))
```

执行后会输出：

```
True
23 76 4 5
23 76 4 5 47
100 23 76 4 5 47
100 23 76 4 5 47 345
100 23 76 222 4 5 47 345
100 23 222 4 5 47 345
True
100 23 222 4 5 47 345
False
6
6
```

4.3.5 实战演练——双向链表

双向链表也称双链表，它的每个数据节点中都有两个指针，分别指向直接后继和直接前驱。所以，从双向链表中的任意一个节点开始，都可以很方便地访问它的前驱节点和后继节点。在下面的实例文件 double.py 中，实现了现实中常用的双向链表操作。

（1）初始化链表：定义节点结构类 Node，为了方便操作特意添加了 head 和 tail 节点，初始化时的流程是 head.next→tail，tail.pre→next。对应的实现代码如下：

```
""" 节点类 """
class Node(object):
    def __init__(self, data=None):
        self.data = data
        self.pre = None
        self.next = None

""" 初始化双向链表 """

def __init__(self):
    """
    设置头尾，操作比较容易
    头——（next）——》尾
    尾——（pre）——》头
    :return:
    """
    head = Node()
    tail = Node()
    self.head = head
    self.tail = tail
    self.head.next = self.tail
    self.tail.pre = self.head
```

（2）通过方法 __len__() 获取链表长度，起始位置是 head，每当有一个节点 length 的值加 1。对应的实现代码如下：

```
def __len__(self):
    length = 0
    node = self.head
    while node.next != self.tail:
        length += 1
        node = node.next
    return length
```

（3）通过方法 append(self, data) 追加节点，因为有 tail 节点，所以只要找到 tail.pre 节点即可。对应的实现代码如下：

```
def append(self, data):
    """
    :param data:
    :return:
    """
    node = Node(data)
    pre = self.tail.pre
    pre.next = node
    node.pre = pre
    self.tail.pre = node
    node.next = self.tail
    return node
```

（4）通过方法 get(self, index) 获取节点，需要判断 index 的正负值。对应的实现代码如下：

```
def get(self, index):
    """
    获取第 index 个值，若 index>0 正向获取 else 反向获取
    :param index:
    :return:
    """
    length = len(self)
    index = index if index >= 0 else length + index
    if index >= length or index < 0: return None
```

```
        node = self.head.next
        while index:
            node = node.next
            index -= 1
        return node
```

（5）通过方法 set(self, index, data) 设置节点，只需找到当前节点的赋值即可。对应的实现代码如下：

```
    def set(self, index, data):
        node = self.get(index)
        if node:
            node.data = data
        return node
```

（6）通过方法 insert(self, index, data) 实现插入节点功能，需要找到插入节点的前一个节点 pre_node 和后一个节点 next_node（索引 index 的正负值，前一节点不同，需要判断一下），然后将依次：pre_node.next → node，node.pre → pre_node；next_node.pre → node，node.next → next_node。对应的实现代码如下：

```
    def insert(self, index, data):
        """
        因为加了头尾节点，所以获取节点 node 就一定存在 node.next 和 node.pre
        :param index:
        :param data:
        :return:
        """
        length = len(self)
        if abs(index + 1) > length:
            return False
        index = index if index >= 0 else index + 1 + length

        next_node = self.get(index)
        if next_node:
            node = Node(data)
            pre_node = next_node.pre
            pre_node.next = node
            node.pre = pre_node
            node.next = next_node
            next_node.pre = node
            return node
```

（7）通过方法 delete(self, index) 删除节点，需要区分索引的正负值。找到当前节点的前一个节点 pre_node 和后一个节点 next_node，然后将 pre_node.nex→next_node 即可。对应的实现代码如下：

```
    def delete(self, index):
        node = self.get(index)
        if node:
            node.pre.next = node.next
            node.next.pre = node.pre
            return True

        return False
```

（8）通过方法 __reversed__(self) 反转链表，反转链表的实现方式有多种，比较简单的就是生成一个新的链表，此时可以用数组存储所有节点，然后倒序生成新的链表。对应的实现代码如下所示：

```
    def __reversed__(self):
        """
```

```
    1.node.next --> node.pre
      node.pre --> node.next
    2.head.next --> None
      tail.pre --> None
    3.head-->tail
     tail-->head
    :return:
    """
    pre_head = self.head
    tail = self.tail

    def reverse(pre_node, node):
        if node:
            next_node = node.next
            node.next = pre_node
            pre_node.pre = node
            if pre_node is self.head:
                pre_node.next = None
            if node is self.tail:
                node.pre = None
            return reverse(node, next_node)
        else:
            self.head = tail
            self.tail = pre_head

    return reverse(self.head, self.head.next)
```

（9）通过方法 clear(self) 清空链表，只需将头赋为空即可。对应的实现代码如下：

```
""" 清空链表 """
def clear(self):
    self.head.next = self.tail
    self.tail.pre = self.head
```

（10）下面是测试上述方法的代码：

```
if __name__ == '__main__':
    ls = DoublyLinkedList()
    print(len(ls))
    ls.append(1)
    ls.append(2)
    ls.append(3)
    ls.append(4)
    ls.show(1)
    print(len(ls))
    print(ls.get(0).data)
    ls.set(0, 10)
    ls.show()
    ls.insert(1, -2)
    ls.show()
    ls.delete(-2)
    ls.show()
    reversed(ls)
    ls.show()
    ls.clear()
    ls.show()
```

执行后会输出：

```
0
1 2 3 4
4
1
10 2 3 4
10 -2 2 3 4
```

```
10 -2 2 4
4 2 -2 10
```

4.3.6 实战演练——双向循环链表

在双向链表中，因为每个节点需要连接前一个节点和后一个节点，所以需要定义两个指针域，分别指向前一个节点和后一个节点。双向循环链表的过程如图 4-9 所示。

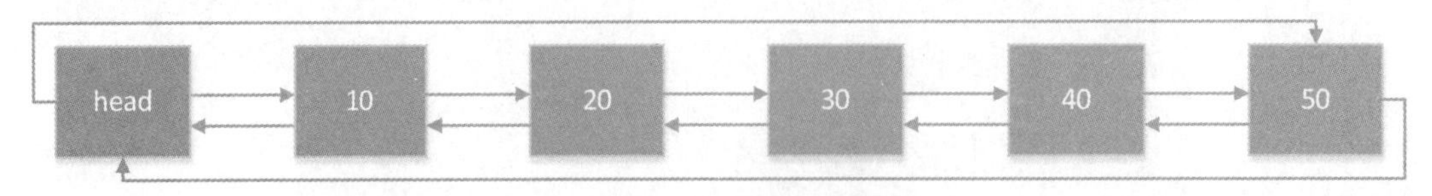

图 4-9　双向循环链表的过程

表头为空，表头的后继节点为“节点 10”（数据为 10 的节点）；“节点 10”的后继节点是“节点 20”，“节点 20”的前继节点是“节点 10”；“节点 20”的后继节点是“节点 30”，“节点 30”的前继节点是“节点 20”；……；末尾节点的后继节点是表头。

双向循环链表删除节点的过程如图 4-10 所示。

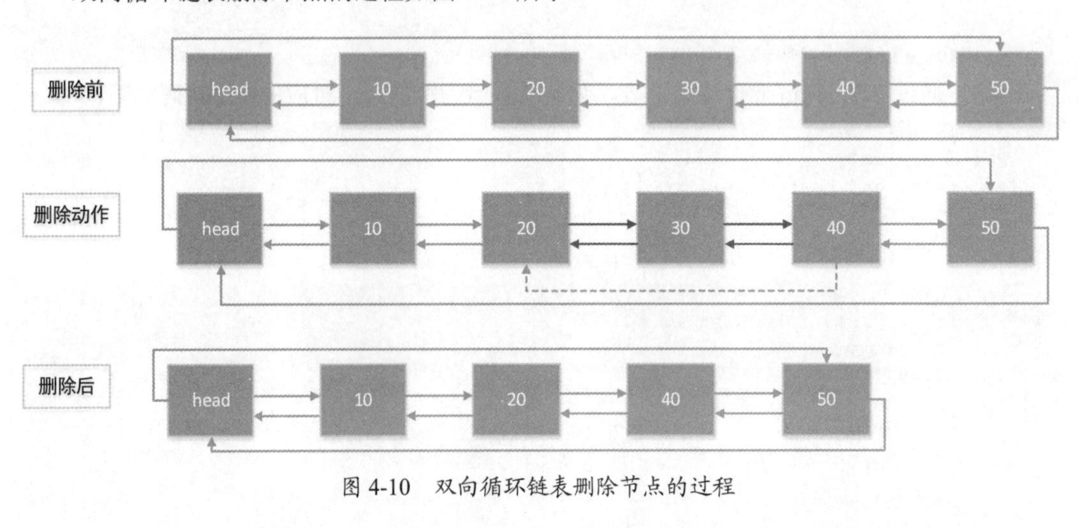

图 4-10　双向循环链表删除节点的过程

表示已有的链接

表示删除的链接

表示新增的链接

上述过程删除了节点 30，具体说明如下：

（1）删除之前：“节点 20”的后继节点为“节点 30”，“节点 30”的前继节点为“节点 20”。“节点 30”的后继节点为“节点 40”，“节点 40”的前继节点为“节点 30”；

（2）删除之后：“节点 20”的后继节点为“节点 40”，“节点 40”的前继节点为“节点 20”。

在双向循环链表添加节点的过程如图 4-11 所示。

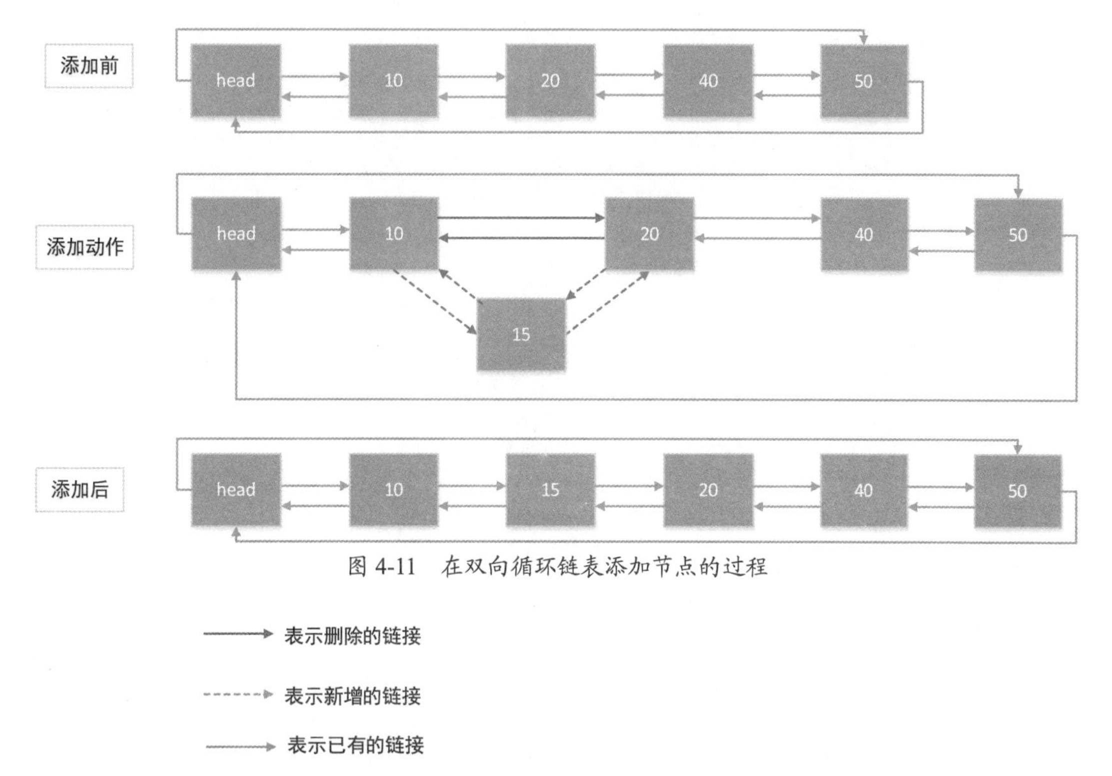

图 4-11　在双向循环链表添加节点的过程

上述过程在节点 10 与节点 20 之间添加了节点 15，具体说明如下：

（1）添加之前：“节点 10”的后继节点为“节点 20”，“节点 20”的前继节点为“节点 10”；

（2）添加之后：“节点 10”的后继节点为“节点 15”，“节点 15”的前继节点为“节点 10”。“节点 15”的后继节点为“节点 20”，“节点 20”的前继节点为“节点 15”。

在下面的实例文件 DoubleCircleLinkList.py 中，实现了现实中常用的双向循环链表的基本操作。具体的实现过程完全遵循了我们上面的描述，其中类 DoubleCircleLinkList 实现了双向循环链表，分别实现了在头部添加元素和在尾部添加元素的方法。

```
class Node(object):
    def __init__(self , item ):
        self.item = item     # 节点数值
        self.prev = None     # 用于指向前一个元素
        self.next = None     # 用于指向后一个元素
# 双向循环链表
class DoubleCircleLinkList(object):
    def __init__(self):
        self.__head = None   # 初始化的时候头节点设为空
    # 判断链表是否为空，head 为 None 的话则链表是空的
    def is_empty(self):
        return self.__head is None
    # 头部添加元素的方法
    def add(self,item):
        node = Node(item)    # 新建一个节点 node 里面的值是 item
        # 如果链表是空的，则 node 的 next 和 prev 都指向自己（因为是双向循环），head 指向 node
        if self.is_empty():
            self.__head = node
            node.next = node
            node.prev = node
```

```
        # 否则链表不空
        else:
            node.next = self.__head #node的next设为现在的head
            node.prev = self.__head.prev #node的prev设为现在head的prev
            self.__head.prev.next = node  #现在head的前一个元素的next设为node
            self.__head.prev = node #现在head的前驱改为node
            self.__head = node #更改头部指针
    #尾部添加元素方法
    def append(self , item):
        #如果当前链表是空的，那就调用头部插入方法
        if self.is_empty():
            self.add(item)
        #否则链表不为空
        else :
            node = Node(item)    #新建一个节点node
            #因为是双向循环链表，所以head的prev其实就是链表的尾部
            node.next = self.__head #node的下一个设为头
            node.prev = self.__head.prev     #node的前驱设为现在头部的前驱
            self.__head.prev.next = node     #头部前驱的后继设为node
            self.__head.prev = node #头部自己的前驱改为node
    #获得链表长度节点个数
    def length(self):
        #如果链表是空的就返回0
        if self.is_empty():
            return 0
        #如果不是空的
        else:
            cur = self.__head    #临时变量cur表示当前位置 初始化设为头head
            count = 1    #设一个计数器count，cur每指向一个节点，count就自增1  目前cur
指向头，所以count初始化为1
             #如果cur.next不是head，说明cur目前不是最后一个元素，那么count就是1，再让
cur后移一位
            while cur.next is not self.__head:
                count += 1
                cur = cur.next
            #跳出循环说明所有元素都被累加了一次，返回count就是一共有多少个元素
            return count
    #遍历链表的功能
    def travel(self):
        #如果当前自己是空的，那就不遍历
        if self.is_empty():
            return
        #链表不空
        else :
            cur = self.__head    #临时变量cur表示当前位置，初始化为链表的头部
              #只要cur的后继不是头说明cur不是最后一个节点，我们就输出当前值，并让cur后移
一个节点
            while cur.next is not self.__head:
                print( cur.item,end=" " )
                cur = cur.next
            #当cur的后继是head的时候跳出循环了，最后一个节点还没有打印值，在这里打印出来
            print( cur.item )

    #置顶位置插入节点
    def insert(self, pos , item ):
        #如果位置<=0 则调用头部插入方法
        if pos <= 0:
            self.add(item)
        #如果位置是最后一个或者更大，就调用尾部插入方法
        elif pos > self.length() - 1 :
            self.append(item)
        #否则插入位置就是链表中间
        else :
```

```
            index = 0    #设置计数器，用于标记我们后移了多少步
            cur = self.__head    #cur标记当前所在位置
             #让index每次自增1 ，cur后移，当index=pos-1的时候说明cur在要插入位置的前
一个元素，这时候停下
            while index < pos - 1 :
                index += 1
                cur = cur.next
            #跳出循环，cur在要插入位置的前一个元素，将node插入cur的后面
            node = Node(item) #新建一个节点
            node.next = cur.next     #node的后继设为cur的后继
            node.prev = cur #node的前驱设为cur
            cur.next.prev = node     #cur后继的前驱改为node
            cur.next = node #cur后继改为node
    #删除节点操作
    def remove(self,item):
        #如果链表为空直接不操作
        if self.is_empty():
            return
        #链表不为空
        else:
            cur = self.__head    #临时变量标记位置，从头开始
            #如果头节点就是要删除的元素
            if cur.item == item:
                #如果只有一个节点链表就空了，head设为None
                if self.length() == 1:
                    self.__head = None
                #如果多个元素
                else:
                    self.__head = cur.next #头指针指向cur的下一个
                    cur.next.prev= cur.prev #cur后继的前驱改为cur的前驱
                    cur.prev.next = cur.next #cur前驱的后继改为cur的后继
            #否则头节点不是要删除的节点，我们要向下遍历
            else:
                cur = cur.next  #把cur后移一个节点
                #循环让cur后移一直到链表尾元素位置，其间如果找得到就删除节点，找不到就跳出
循环

                while cur is not self.__head:
                    #找到了元素cur就是要删除的
                    if cur.item == item:
                        cur.prev.next = cur.next     #cur的前驱的后继改为cur的后继
                        cur.next.prev = cur.prev     #cur的后继的前驱改为cur的前驱
                    cur = cur.next
    #搜索节点是否存在
    def search(self , item):
        #如果链表是空的一定不存在
        if self.is_empty():
            return False
        #否则链表不空
        else:
            cur = self.__head    #设置临时cur从头开始
            # cur不断后移，一直到尾节点为止
            while cur.next is not self.__head:
                #如果期间找到了就返回一个True 结束运行
                if cur.item == item:
                    return True
                cur = cur.next
            # 从循环跳出来cur就指向了尾元素，看一下为元素是不是要找的，是就返回True
            if cur.item ==item:
                return True
            #所有元素都不是，就返回False 没找到
            return False
```

```
if __name__ == "__main__":
    dlcl = DoubleCircleLinkList()
    print(dlcl.search(7))
    dlcl.travel()
    dlcl.remove(1)
    print(dlcl.length())
    print(dlcl.is_empty())
    dlcl.append(55)
    print(dlcl.search(55))
    dlcl.travel()
    dlcl.remove(55)
    dlcl.travel()
    print(dlcl.length())
    dlcl.add(3)
    print(dlcl.is_empty())
    dlcl.travel()
    dlcl.add(4)
    dlcl.add(5)
    dlcl.append(6)
    dlcl.insert(-10,1)
    dlcl.travel()
    print(dlcl.length())
    dlcl.remove(6)
    dlcl.travel()

    print(dlcl.search(7) )
    dlcl.append(55)
    dlcl.travel()
```

执行后会输出：

```
False
0
True
True
55
0
False
3
1 5 4 3 6
5
1 5 4 3
False
1 5 4 3 55
```

4.3.7 实战演练——在链表中增加比较功能

判断元素是否相等的操作符是“==”，可以使用此操作符定义一个单链表的相等比较函数。在下面的实例文件 bijiao.py 中，基于本章上一个实例文件 DoubleCirdeLinkList.py 增加比较操作函数，并且基于字典序的概念为链表定义了大于、小于、大于或等于、小于或等于的判断功能。

```
class LList:

    """
    省略已实现部分
    """

    #根据索引获得该位置的元素
    def __getitem__(self, key):
        if not isinstance(key, int):
```

```
            raise TypeError
        if 0<=key<len(self):
            p = self._head
            num = -1
            while p:
                num += 1
                if key == num:
                    return p.elem
                else:
                    p = p.next
        else:
            raise IndexError

    # 判断两个列表是否相等 ==
    def __eq__(self, other):
        # 两个都为空列表，则相等
        if len(self)==0 and len(other)==0:
            return True
        # 两个列表元素个数相等，当每个元素都相等的情况下，两个列表相等
        elif len(self) == len(other):
            for i in range(len(self)):
                if self[i] == other[i]:
                    pass
                else:
                    return False
            # 全部遍历完后则两个列表相等
            return True
        # 两个列表元素个数不相等，返回 Fasle
        else:
            return False
    # 判断两个列表是否不相等 ！=
    def __ne__(self, other):
        if self.__eq__(other):
            return False
        else:
            return True
    # >
    def __gt__(self, other):
        l1 = len(self)
        l2 = len(other)
        if not isinstance(other, LList):
            raise TypeError
        # 1.len(self) = len(other)
        if l1 == l2:
            for i in range(l1):
                if self[i] == other[i]:
                    continue
                elif self[i] < other[i]:
                    return False
                else:
                    return True
            # 遍历完都相等的话说明两个列表相等，所以返回 False
            return False
        # 2.len(self) > len(other)
        if l1 > l2:
            for i in range(l2):
                if self[i] == other[i]:
                    continue
                elif self[i] < other[i]:
                    return False
                else:
                    return True
            # 遍历完后前面的元素全部相等，则列表个数多的一方大
```

```
            #if self[l2-1] == other[l2-1]:
            return True
        # 3.len(self) < len(other)
        if l1 < l2:
            for i in range(l1):
                if self[i] == other[i]:
                    continue
                elif self[i] < other[i]:
                    return False
                else:
                    return True
            #遍历完后前面的元素全部相等，则列表个数多的一方大
            #if self[l2-1] == other[l2-1]:
            return False
    # <
    def __lt__(self, other):
        #列表相等情况下>会返回False，则<这里判断会返回True，有错误。所以要考虑在==的情
况下也为False
        if self.__gt__(other) or self.__eq__(other):
            return False
        else:
            return True
    # >=
    def __ge__(self, other):
        """
        if self.__eq__(other) or self.__gt__(other):
            return True
        else:
            return False
        """
        #大于或等于和小于是完全相反的，所以可以依靠小于实现
        if self.__lt__(other):
            return False
        else:
            return True
    # <=
    def __le__(self, other):
        """
        if self.__eq__(other) or self.__lt__(other):
            return True
        else:
            return False
        """
        ##小于或等于和大于是完全相反的，所以可以依靠大于实现
        if self.__gt__(other):
            return False
        else:
            return True

if __name__=="__main__":
    mlist1 = LList()
    mlist2 = LList()
    mlist1.append(1)
    mlist2.append(1)
    mlist1.append(2)
    mlist2.append(2)
    #mlist1.append(2)
    mlist2.append(6)
    mlist2.append(11)
    mlist2.append(12)
    mlist2.append(14)
    mlist1.printall()
    mlist2.printall()
```

```
    print(mlist1 == mlist2)
    print(mlist1 != mlist2)
    print(mlist1 <= mlist2)
    print(mlist2.__getitem__(1))
    print(mlist1.__ne__(mlist2))
```

执行后会输出：

```
1, 2
1, 2, 6, 11, 12, 14
False
True
True
2
True
```

4.3.8 实战演练——单链表结构字符串

因为 Python 字符串对象为不变对象，所以其内置方法 replace() 并不会修改替换之前的字符串，而是返回修改后的字符串；而此字符串对象是用单链表结构实现的，在实现替换操作时改变了字符串对象本身的结构。在下面的实例文件 zifuchuan.py 中，演示了实现单链表结构字符串的过程。

（1）定义单链表字符串类 string，对应实现代码如下：

```
class string(single_list):
    def __init__(self, value):
        self.value = str(value)
        single_list.__init__(self)
        for i in range(len(self.value)-1,-1,-1):
            self.prepend(self.value[i])

    def length(self):
        return self._num

    def printall(self):
        p = self._head
        print("字符串结构: ",end="")
        while p:
            print(p.elem, end="")
            if p.next:
                print("-->", end="")
            p = p.next
        print("")
```

（2）定义方法 naive_matching() 实现匹配算法，返回匹配的起始位置。对应代码如下：

```
    def naive_matching(self, p):  #self为目标字符串，p为要查找的字符串
        if not isinstance(self, string) and not isinstance(p, string):
            raise stringTypeError
        m, n = p.length(), self.length()
        i, j = 0, 0
        while i < m and j < n:
            if p.value[i] == self.value[j]:# 字符相同，考虑下一对字符
                i, j = i+1, j+1
            else:                   # 字符不同，考虑p中下一个位置
                i, j = 0, j-i+1
        if i == m:                  #i==m说明找到匹配，返回其下标
            return j-i
        return -1
```

（3）定义方法 matching_KMP() 实现 KMP 匹配算法，返回匹配的起始位置。对应实现代码如下：

```
    def matching_KMP(self, p):
        j, i = 0, 0
        n, m = self.length(), p.length()
        while j < n and i < m:
            if i == -1 or self.value[j] == p.value[i]:
                j, i = j + 1, i + 1
            else:
                i = string.gen_next(p)[i]
        if i == m:
            return j - i
        return -1
```

（4）定义方法 gen_next() 生成 pnext 表，对应实现代码如下：

```
    @staticmethod
    def gen_next(p):
        i, k, m = 0, -1, p.length()
        pnext = [-1] * m
        while i < m - 1:
            if k == -1 or p.value[i] == p.value[k]:
                i, k = i + 1, k + 1
                pnext[i] = k
            else:
                k = pnext[k]
        return pnext
```

（5）定义方法 replace() 把 old 字符串出现的位置换成 new 字符串。对应实现代码如下：

```
    def replace(self, old, new):
        if not isinstance(self, string) and not isinstance(old, string) \
                and not isinstance(new, string):
            raise stringTypeError

        # 删除匹配的旧字符串
        start = self.matching_KMP(old)
        for i in range(old.length()):
            self.delitem(start)
        # 末尾情况下时 append 追加的，顺序为正；而前面的地方插入为前插；所以要分情况
        if start<self.length():
            for i in range(new.length()-1, -1, -1):
                self.insert(start,new.value[i])
        else:
            for i in range(new.length()):
                self.insert(start,new.value[i])
if __name__=="__main__":

    a = string("abcda")
    print("字符串长度：",a.length())
    a.printall()
    b = string("abcabaabcdabdabcda")
    print("字符串长度：", b.length())
    b.printall()
    print("朴素算法_匹配的起始位置：",b.naive_matching(a),end=" ")
    print("KMP 算法_匹配的起始位置：",b.matching_KMP(a))
    c = string("xu")
    print("==")
    b.replace(a,c)
    print("替换后的字符串是：")
    b.printall()
```

上述解决方案有一个缺陷，在初始化字符串 string 对象时使用的是 self.value = str(value),

而当在后面使用匹配算法时，无论是朴素匹配还是 KMP 匹配，都使用对象的 value 值作为比较。所以对象在实现 replace() 方法后的 start =b.mathcing_KMP(a) 后依旧不会发生变化，会一直为 6。原因在于使用的是 self.value 进行匹配，所以 replace 后的单链表字符串里的值并没有被利用，从而发生严重的错误。执行后会输出：

```
字符串长度： 5
字符串结构：a-->b-->c-->d-->a
字符串长度： 18
字符串结构：a-->b-->c-->a-->b-->a-->a-->b-->c-->d-->a-->b-->d-->a-->b-->c-->d-->a
朴素算法 _ 匹配的起始位置： 6 KMP 算法 _ 匹配的起始位置： 6
==
替换后的字符串是：
字符串结构：a-->b-->c-->a-->b-->a-->x-->u-->b-->d-->a-->b-->c-->d-->a
```

4.3.9　实战演练——改进后的多次匹配操作

在下面的实例文件 gaijin.py 中，基于上面的实例文件 zifuchuan.py 进行了改进，通过 replace() 实现了字符串类的多次匹配操作。在本实例中，通过函数 naive_matching() 返回匹配的起始位置，然后通过函数 replace() 将旧位置字符串出现的位置换成了新的字符串。文件 gaijin.py 的主要实现代码如下：

```
class string(single_list):
    def __init__(self, value):
        self.value = str(value)
        single_list.__init__(self)
        for i in range(len(self.value)-1,-1,-1):
            self.prepend(self.value[i])

    def length(self):
        return self._num

    # 获取字符串对象值的列表，方便下面使用
    def get_value_list(self):
        l = []
        p = self._head
        while p:
            l.append(p.elem)
            p = p.next
        return l

    def printall(self):
        p = self._head
        print("字符串结构：",end="")
        while p:
            print(p.elem, end="")
            if p.next:
                print("-->", end="")
            p = p.next
        print("")

    # 朴素的串匹配算法，返回匹配的起始位置
    def naive_matching(self, p):  # self 为目标字符串，t 为要查找的字符串
        if not isinstance(self, string) and not isinstance(p, string):
            raise stringTypeError
        m, n = p.length(), self.length()
        i, j = 0, 0
        while i < m and j < n:
            if p.get_value_list()[i] == self.get_value_list()[j]:# 字符相同，考虑下
一对字符
```

```
                i, j = i+1, j+1
            else:               # 字符不同，考虑 t 中下一个位置
                i, j = 0, j-i+1
        if i == m:              # i==m 说明找到匹配，返回其下标
            return j-i
        return -1

    # kmp 匹配算法，返回匹配的起始位置
    def matching_KMP(self, p):
        j, i = 0, 0
        n, m = self.length(), p.length()
        while j < n and i < m:
            if i == -1 or self.get_value_list()[j] == p.get_value_list()[i]:
                j, i = j + 1, i + 1
            else:
                i = string.gen_next(p)[i]
        if i == m:
            return j - i
        return -1

    # 生成 pnext 表
    @staticmethod
    def gen_next(p):
        i, k, m = 0, -1, p.length()
        pnext = [-1] * m
        while i < m - 1:
            if k == -1 or p.get_value_list()[i] == p.get_value_list()[k]:
                i, k = i + 1, k + 1
                pnext[i] = k
            else:
                k = pnext[k]
        return pnext

    # 把 old 字符串出现的位置换成 new 字符串
    def replace(self, old, new):
        if not isinstance(self, string) and not isinstance(old, string) \
                and not isinstance(new, string):
            raise stringTypeError

        while self.matching_KMP(old) >= 0:
            # 删除匹配的旧字符串
            start = self.matching_KMP(old)
            print("依次发现的位置：",start)
            for i in range(old.length()):
                self.delitem(start)
            # 末尾情况下时 append 追加的，顺序为正；而前面的地方插入为前插；所以要分情况
            if start<self.length():
                for i in range(new.length()-1, -1, -1):
                    self.insert(start,new.value[i])
            else:
                for i in range(new.length()):
                    self.insert(start,new.value[i])

if __name__=="__main__":

    a = string("abc")
    print("字符串长度：",a.length())
    a.printall()
    b = string("abcbccdabc")
    print("字符串长度：", b.length())
    b.printall()
    print("朴素算法_匹配的起始位置：",b.naive_matching(a),end=" ")
    print("KMP 算法_匹配的起始位置：",b.matching_KMP(a))
```

```
    c = string("xu")
    print("==")
    b.replace(a,c)
    print("替换后的字符串是：")
    b.printall()
    print(b.get_value_list())
```

其实上述方案依然有缺陷，因为 Python 字符串对象是一个不变对象，所以 replace() 方法并不会修改原先的字符串，而只是返回修改后的字符串。而此字符串对象是用单链表结构实现，在实现 replace() 时改变了字符串对象本身的结构。

执行上述代码后会输出：

```
字符串长度： 3
字符串结构：a-->b-->c
字符串长度： 10
字符串结构：a-->b-->c-->b-->c-->c-->d-->a-->b-->c
朴素算法 _ 匹配的起始位置： 0 KMP 算法 _ 匹配的起始位置： 0
==
依次发现的位置 : 0
依次发现的位置 : 6
替换后的字符串是：
字符串结构：x-->u-->b-->c-->c-->d-->x-->u
['x', 'u', 'b', 'c', 'c', 'd', 'x', 'u']
```

第5章 队列和栈

除了在第4章中介绍的线性表和和链表外，在线性结构中还有两种十分重要的数据结构，分别是队列和栈。本章将详细讲解线性数据结构中队列和栈的基本知识和具体用法。

5.1 队列

队列是一种列表，不同的是队列只能在队尾插入元素，在队首删除元素。队列用于存储按顺序排列的数据，先进先出，所以很多人将队列称为先进先出的队列。这一点和栈不一样，在栈中，最后入栈的元素反而被优先处理。可以将队列想象成在银行前排队的人群，排在最前面的人第一个办理业务，新来的人只能在后面排队，直到轮到他们为止。

5.1.1 什么是队列

队列严格按照“先来先得”原则，这一点和排队差不多。例如，购买火车票时需要排队，早来的先获得买票资格。计算机算法中的队列是一种特殊的线性表，它只允许在表的前端进行删除操作，在表的后端进行插入操作。队列是一种比较有意思的数据结构，最先插入的元素是最先被删除的；反之，最后插入的元素是最后被删除的，因此队列又称“先进先出”（first in-first out，FIFO）的线性表。进行插入操作的端称为队尾，进行删除操作的端称为队头。队列中没有元素时，被称为空队列。

队列的主要作用有两个，一个是解耦，使程序实现松耦合（一个模块修改不会影响其他模块）；另一个是提高程序的效率。

队列和栈一样，只允许在断点处插入和删除元素，循环队的入队算法如下：

（1）tail=tail+1；

（2）如果 tail=n+1，则 tail=1；

（3）如果 head=tai，即尾指针与头指针重合，则表示元素已装满队列，会施行“上溢”出错处理；否则 Q(tail)=X，结束整个过程，其中 X 表示新的入出元素。

队列的抽象数据类型定义是 ADT Queue，具体格式如下：

```
ADT Queue{
D={ai |ai ∈ ElemSet, i=1,2,…,n,  n ≥ 0}//数据对象
```

```
R={R1},R1={<ai-1,ai>|ai-1,ai ∈ D, i=2,3,…,n }// 数据关系
…基本操作
}ADT Queue
```

队列的基本操作如下。

（1）InitQueue(&Q)

操作结果：构造一个空队列 Q。

（2）DestroyQueue(&Q)

初始条件：队列 Q 已存在。

操作结果：销毁队列 Q。

（3）ClearQueue(&Q)

初始条件：队列 Q 已存在。

操作结果：将队列 Q 重置为空队列。

（4）QueueEmpty(Q)

初始条件：队列 Q 已存在。

操作结果：若 Q 为空队列，则返回 TRUE，否则返回 FALSE。

（5）QueueLength(Q)

初始条件：队列 Q 已存在。

操作结果：返回队列 Q 中数据元素的个数。

（6）GetHead(Q,&e)

初始条件：队列 Q 已存在且非空。

操作结果：用 e 返回 Q 中队头元素。

（7）EnQueue(&Q, e)

初始条件：队列 Q 已存在。

操作结果：插入元素 e 为 Q 的新的队尾元素。

（8）DeQueue(&Q, &e)

初始条件：队列 Q 已存在且非空。

操作结果：删除 Q 的队头元素，并用 e 返回其值。

（9）QueueTraverse(Q, visit())

初始条件：队列 Q 已存在且非空。

操作结果：从队头到队尾依次对 Q 的每个数据元素调用函数 visit()，一旦 visit() 失败，则操作失败。

5.1.2　Python 内置的队列操作方法

在 Python 语言的内置模块 queue 中，提供了多个操作队列的方法，具体说明如下。

（1）Queue()：定义一个空队列。无参数，返回值是空队列。

（2）enqueue(item)：在队列尾部加入一个数据项。参数是数据项，无返回值。

（3）dequeue()：删除队列头部的数据项。不需要参数，返回值是被删除的数据，队列本身有变化。

（4）isEmpty()：检测队列是否为空。无参数，返回布尔值。

（5）size()：返回队列数据项的数量。无参数，返回一个整数。

5.1.3 实战演练——基于内置模块 queue 的队列

队列具有先进先出（FIFO）和后进先出（LIFO）等特性。在 Python 程序中，可以使用内置模块 queue 实现队列操作。

（1）FIFO（先进先出）：可以通过以下内置方法实现。

```
queue.Queue(maxsize=0)
```

例如，在下面的实例文件 queue01.py 中，使用 Python 内置模块 queue 实现了 FIFO（先进先出）队列操作。

```
import queue

q = queue.Queue()
q.put(1)
q.put(2)
q.put(3)

print(q.get())
print(q.get())
print(q.get())
```

执行后会输出下面的结果，这说明实现了先进先出功能。

```
1
2
3
```

（2）LIFO（后进先出）：可以通过以下内置方法实现。

```
queue.LifoQueue()
```

例如，在下面的实例文件 queue02.py 中，使用 Python 内置模块 queue.LifoQueue 实现了先进后出的队列操作。

```
import queue
q = queue.LifoQueue()
q.put(1)
q.put(2)
q.put(3)

print(q.get())
print(q.get())
print(q.get())
```

执行后会输出下面的结果，这说明实现了后进先出功能。

```
3
2
1
```

（3）PriorityQueue（数据可设置优先级）：可以通过以下内置方法实现。

```
queue.PriorityQueue()
```

queue.PriorityQueue() 可以设置数据的优先级，同优先级的按照 ASCII 顺序进行排序。在下面的实例文件 queue03.py 中，使用 Python 内置模块 queue.LifoQueue 设置了队列的数据优先级。

```
import queue

q = queue.PriorityQueue()
q.put((2, '2'))
q.put((1, '1'))
q.put((3, '3'))
q.put((1, 'a'))

print(q.get())
print(q.get())
print(q.get())
print(q.get())
```

执行后会输出：

```
(1, '1')
(1, 'a')
(2, '2')
(3, '3')
```

（4）向任务已经完成的队列发送一个信号：可以通过以下内置方法实现。

```
Queue.task_done()
```

每次调用 get() 方法从队列中获取任务，如果任务处理完毕，则调用方法 task_done() 告知等待的队列（queue.join() 这里在等待）任务的处理已完成。如果 join() 当前正在阻塞，则它将在所有项目都已处理后恢复（这意味着每个已被放入队列的元素接收到 task_done() 调用）。如果调用的次数超过队列中放置的项目，则会引发 ValueError 错误。在下面的实例文件 queue04.py 中，使用 Python 内置模块 queue 向任务已经完成的队列发送一个信号。

```
import queue
import threading
import time


def q_put():
    for i in range(10):
        q.put('1')
    while True:
        q.put('2')
        time.sleep(1)


def q_get():
    while True:
        temp = q.get()
        q.task_done()
        print(temp)
        time.sleep(0.3)


q = queue.Queue()
t1 = threading.Thread(target=q_put)
t2 = threading.Thread(target=q_get)
t1.start()
t2.start()
q.join()
print('queue is empty now')
```

执行后会输出下面的结果，这说明当主线程执行到 q.join() 时就开始阻塞，当 t2 线程将队列中的数据全部取出之后，才继续执行主线程。如果将 task_done() 这行代码注释掉，主线程就永远阻塞在 q.join，不会再继续向下执行。

```
1
1
1
1
1
1
1
1
1
1
2
2
2
queue is empty now
2
2
2
2
# 省略后面的代码
```

（5）生产者和消费者模型。

在开发 Python 多线程程序的过程中，如果生产线程处理速度很快，而消费线程处理速度很慢，那么生产线程就必须等待消费线程处理完，才能继续生产数据。同理，如果消费线程的处理能力大于生产线程，那么消费线程就必须等待生产线程。为了解决这个问题于是引入了生产者和消费者模式。

生产者和消费者模式的主要目的是，通过一个容器解决生产者和消费者的强耦合问题。生产者和消费者彼此之间不直接通信，而通过阻塞队列来进行通信，所以生产者生产完数据之后不用等待消费者处理，直接扔给阻塞队列，消费者不找生产者要数据，而是直接从阻塞队列里取，阻塞队列就相当于一个缓冲区，平衡了生产者和消费者的处理能力。

在下面的实例文件 queue05.py 中，使用 Python 内置模块 queue 实现了一个典型的生产者和消费者模型。

```
import threading
import time
import queue

def producer():
    count = 1
    while 1:
        q.put('No.%i' % count)
        print('Producer put No.%i' % count)
        time.sleep(1)
        count += 1

def customer(name):
    while 1:
        print('%s get %s' % (name, q.get()))
        time.sleep(1.5)

q = queue.Queue(maxsize=5)
p = threading.Thread(target=producer, )
c = threading.Thread(target=customer, args=('jack', ))
p.start()
c.start()
```

执行后会输出：

```
Producer put No.1
jack get No.1
Producer put No.2
jack get No.2
Producer put No.3
jack get No.3
Producer put No.4
Producer put No.5
jack get No.4
Producer put No.6
jack get No.5
Producer put No.7
Producer put No.8
jack get No.6
Producer put No.9
jack get No.7
Producer put No.10
Producer put No.11
jack get No.8
Producer put No.12
jack get No.9
Producer put No.13
Producer put No.14
jack get No.10
Producer put No.15
jack get No.11
Producer put No.16
jack get No.12Producer put No.17

# 省略后面的
```

（6）完整的顺序队列的操作。

在下面的实例文件 duilie.py 中，使用 Python 内置模块 queue 实现了四种常见队列操作。在本实例中，四种队列是相互独立的，每一个队列的创建都是从使用 import 导入对应内置队列模块开始的，都重新创建了对应的队列实例对象。

```
from queue import Queue #LILO 队列
q = Queue()                                  # 创建队列对象
q.put(0)                                     # 在队列尾部插入元素
q.put(1)
q.put(2)
print('LILO 队列 ',q.queue)                  # 查看队列中的所有元素
print(q.get())                               # 返回并删除队列头部元素
print(q.queue)

from queue import LifoQueue #LIFO 队列
lifoQueue = LifoQueue()
lifoQueue.put(1)
lifoQueue.put(2)
lifoQueue.put(3)
print('LIFO 队列 ',lifoQueue.queue)
lifoQueue.get()                              # 返回并删除队列尾部元素
lifoQueue.get()
print(lifoQueue.queue)

from queue import PriorityQueue              # 优先队列
priorityQueue = PriorityQueue()              # 创建优先队列对象
priorityQueue.put(3)                         # 插入元素
priorityQueue.put(78)                        # 插入元素
priorityQueue.put(100)                       # 插入元素
```

```
print(priorityQueue.queue)                                    # 查看优先级队列中的所有元素
priorityQueue.put(1)                                          # 插入元素
priorityQueue.put(2)                                          # 插入元素
print('优先级队列 :',priorityQueue.queue)                      # 查看优先级队列中的所有元素
priorityQueue.get()                                           # 返回并删除优先级最低的元素
print('删除后剩余元素 ',priorityQueue.queue)
priorityQueue.get()                                           # 返回并删除优先级最低的元素
print('删除后剩余元素 ',priorityQueue.queue)                   # 删除后剩余元素
priorityQueue.get()                                           # 返回并删除优先级最低的元素
print('删除后剩余元素 ',priorityQueue.queue)                   # 删除后剩余元素
priorityQueue.get()                                           # 返回并删除优先级最低的元素
print('删除后剩余元素 ',priorityQueue.queue)                   # 删除后剩余元素
priorityQueue.get()                                           # 返回并删除优先级最低的元素
print('全部被删除后 :',priorityQueue.queue)                    # 查看优先级队列中的所有元素

from collections import deque                                 # 双端队列
dequeQueue = deque(['Eric','John','Smith'])
print(dequeQueue)
dequeQueue.append('Tom')                                      # 在右侧插入新元素
dequeQueue.appendleft('Terry')                                # 在左侧插入新元素
print(dequeQueue)
dequeQueue.rotate(2)                                          # 循环右移 2 次
print('循环右移 2 次后的队列 ',dequeQueue)
dequeQueue.popleft()                                          # 返回并删除队列最左端元素
print('删除最左端元素后的队列: ',dequeQueue)
dequeQueue.pop()                                              # 返回并删除队列最右端元素
print('删除最右端元素后的队列: ',dequeQueue)
```

执行后会输出：

```
LILO 队列 deque([0, 1, 2])
0
deque([1, 2])
LIFO 队列 [1, 2, 3]
[1]
[3, 78, 100]
优先级队列 : [1, 2, 100, 78, 3]
删除后剩余元素 [2, 3, 100, 78]
删除后剩余元素 [3, 78, 100]
删除后剩余元素 [78, 100]
删除后剩余元素 [100]
全部被删除后 : []
deque(['Eric', 'John', 'Smith'])
deque(['Terry', 'Eric', 'John', 'Smith', 'Tom'])
循环右移 2 次后的队列 deque(['Smith', 'Tom', 'Terry', 'Eric', 'John'])
删除最左端元素后的队列:  deque(['Tom', 'Terry', 'Eric', 'John'])
删除最右端元素后的队列:  deque(['Tom', 'Terry', 'Eric'])
```

5.1.4 实战演练——基于列表自定义实现的优先队列

在下面的实例文件 youdui.py 中，演示了基于 list 实现优先队列的过程。在本实例中，我们设置队列中的元素从大到小进行排序，确保虽然末尾值最小，但是其优先级最高；这样做的好处是方便实现出队列操作，并且时间复杂度为 $O(1)$。

```
class ListPriQueueValueError(ValueError):
    pass

class List_Pri_Queue(object):
    def __init__(self, elems = []):
        self._elems = list(elems)
        #从大到小排序，末尾值最小，但优先级最高，方便弹出且效率为 O(1)
        self._elems.sort(reverse=True)
```

```
    # 判断队列是否为空
    def is_empty(self):
        return self._elems is []

    # 查看最高优先级 O(1)
    def peek(self):
        if self.is_empty():
            raise ListPriQueueValueError("in pop")
        return self._elems[-1]

    # 弹出最高优先级 O(1)
    def dequeue(self):
        if self.is_empty():
            raise ListPriQueueValueError("in pop")
        return self._elems.pop()

    # 入队新的优先级 O(n)
    def enqueue(self, e):
        i = len(self._elems) - 1
        while i>=0:
            if self._elems[i] < e:
                i -= 1
            else:
                break
        self._elems.insert(i+1, e)

if __name__=="__main__":
    l = List_Pri_Queue([4,6,1,3,9,7,2,8])
    print(l._elems)
    print(l.peek())
    l.dequeue()
    print(l._elems)
    l.enqueue(5)
    print(l._elems)
    l.enqueue(1)
    print(l._elems)
```

执行后会输出：

```
[9, 8, 7, 6, 4, 3, 2, 1]
1
[9, 8, 7, 6, 4, 3, 2]
[9, 8, 7, 6, 5, 4, 3, 2]
[9, 8, 7, 6, 5, 4, 3, 2, 1]
```

在下面的实例文件 dui02.py 中，分别实现了队列的进队、出队、计算大小和判断返回是否为空的功能。

```
class Queue(object):

    def __init__(self):
        self.__item = []

    def is_empty(self):
        """ 判断队列是否为空 """
        return self.__item == []

    def in_queue(self, item):
        """ 进队 """
        self.__item.append(item)

    def out_queue(self):
        """ 出队 """
```

```
            return self.__item.pop(0)

        def size(self):
            """ 返回大小 """
            return self.__item.__len__()


if __name__ == '__main__':
    q = Queue()
    print(q.is_empty())

    q.in_queue(1)
    q.in_queue(2)
    q.in_queue(3)
    q.in_queue(4)
    print(q.is_empty())
    print(q.size())
    print(q.out_queue())
    print(q.out_queue())
    print(q.size())
```

执行后会输出：

```
True
False
4
1
2
2
```

5.1.5 实战演练——基于堆实现的优先队列

在现实应用中，还经常使用堆实现的优先队列。因为堆是用数组实现的二叉树，所以它没有使用父指针或者子指针。二叉树的知识将在第 6 章进行讲解。在下面的实例文件 dui1.py 中，演示了基于堆 Heap 实现优先队列的过程。首先判断要操作对象是否为空，然后将新的优先级加入到队列的末尾，将堆顶值最小优先级最高的元素出队，确保在弹出元素后仍然维持堆的顺序，并将最后的元素放在堆顶。

```
class Heap_Pri_Queue(object):
    def __init__(self, elems = []):
        self._elems = list(elems)
        if self._elems:
            self.buildheap()

    # 判断是否为空
    def is_empty(self):
        return self._elems is []

    # 查看堆顶元素，即优先级最低元素
    def peek(self):
        if self.is_empty():
            raise HeapPriQueueError("in pop")
        return self._elems[0]

    # 将新的优先级加入队列 O(logn)
    def enqueue(self, e):
        # 在队列末尾创建一个空元素
        self._elems.append(None)
        self.siftup(e, len(self._elems) - 1)
```

```
    # 新的优先级默认放在末尾，因此失去堆序，进行 siftup 构建堆序
    # 将 e 位移到正确的位置
    def siftup(self, e, last):
        elems, i, j = self._elems, last, (last-1)//2 #j 为 i 的父节点
        while i>0 and e < elems[j]:
            elems[i] = elems[j]
            i, j = j, (j-1)//2
        elems[i] = e

    # 堆顶值最小优先级最高的出队，确保弹出元素后仍然维持堆序
    # 将最后的元素放在堆顶，然后进行 siftdown
    #  O(logn)
    def dequeue(self):
        if self.is_empty():
            raise HeapPriQueueError("in pop")
        elems = self._elems
        e0 = elems[0]
        e = elems.pop()
        if len(elems)>0:
            self.siftdown(e, 0, len(elems))
        return e0

    def siftdown(self, e, begin, end):
        elems, i, j = self._elems, begin, begin*2 + 1
        while j < end:
            if j+1 < end and elems[j] > elems[j+1]:
                j += 1
            if e < elems[j]:
                break
            elems[i] = elems[j]
            i, j = j, j*2+1
        elems[i] = e

    # 构建堆序 O(n)
    def buildheap(self):
        end = len(self._elems)
        for i in range(end//2, -1, -1):
            self.siftdown(self._elems[i], i, end)


if __name__=="__main__":
    l = Heap_Pri_Queue([5,6,1,2,4,8,9,0,3,7])
    print(l._elems)
    #[0, 2, 1, 3, 4, 8, 9, 6, 5, 7]
    l.dequeue()
    print(l._elems)
    #[1, 2, 7, 3, 4, 8, 9, 6, 5]
    print(l.is_empty())
    l.enqueue(0)
    print(l._elems)
    print(l.peek())
```

执行后会输出：

```
[0, 2, 1, 3, 4, 8, 9, 6, 5, 7]
[1, 2, 7, 3, 4, 8, 9, 6, 5]
False
[0, 1, 7, 3, 2, 8, 9, 6, 5, 4]
0
```

5.1.6 实战演练——双端队列

双端队列（Deque，全名 Double-Ended Queue），是一种具有队列和栈的性质的数据结构。双端队列中的元素可以从两端弹出，其限定插入和删除操作在表的两端进行。双端队列可以在队列任意一端入队和出队，如图 5-1 所示。

图 5-1 双端队列

双端队列和普通队列相比，差别在于双端队列的两端都可以出入元素，因此普通队列中的获取队列大小、清空队列、队列判空、获取队列中的所有元素这些方法同样存在于双端队列中且实现代码与之相同。在下面的实例文件 double.py 中，演示了实现双端队列功能的过程，主要创建考虑如下功能的类和方法，具体见表 5-1。

表 5-1

类和方法	说　明
类 Deque()	创建一个空的双端队列
方法 add_front(item)	从队头加入一个 item 元素
方法 add_rear(item)	从队尾加入一个 item 元素
方法 remove_front()	从队头删除一个元素
方法 remove_rear()	从队尾删除一个元素
方法 is_empty()	判断双端队列是否为空
方法 size()	返回队列的大小

```
class Deque:
    """ 双端队列 """
    def __init__(self):
        self.items = []

    def add_front(self, item):
        """从队头加入一个元素 """
        self.items.insert(0, item)

    def add_rear(self, item):
        """ 从队尾加入一个元素 """
        self.items.append(item)

    def remove_front(self):
        """ 从队头删除一个元素 """
        return self.items.pop(0)

    def remove_rear(self):
        """ 从队尾删除一个元素 """
        return self.items.pop()

    def is_empty(self):
        """ 是否为空 """
```

```
            return self.items == []

        def size(self):
            """ 队列长度 """
            return len(self.items)


    if __name__ == "__main__":
        deque = Deque()
        deque.add_front(1)
        deque.add_front(2)
        deque.add_rear(3)
        deque.add_rear(4)
        print(deque.size())              # 4
        print(deque.remove_front())      # 2
        print(deque.remove_front())      # 1
        print(deque.remove_rear())       # 4
        print(deque.remove_rear())       # 3
```

执行后会输出：

```
4
2
1
4
3
```

5.1.7　实战演练——银行业务队列简单模拟

1．问题描述

设某银行有 A、B 两个业务窗口，且处理业务的速度不一样，其中 A 窗口处理速度是 B 窗口的两倍——当 A 窗口每处理完两个客户业务时，B 窗口处理完一个顾客业务。给定到达银行的客户序列，请按业务完成的顺序输出客户序列。假定不考虑客户先后到达的时间间隔，并且当不同窗口同时处理完两个客户业务时，A 窗口客户优先输出。

（1）输入格式。

输入为一行正整数，其中第 1 个数字 n（$n \leqslant 1000$）为客户总数，后面跟着 n 位客户的编号。编号为奇数的客户需要到 A 窗口办理业务，为偶数的客户则去 B 窗口。数字间以空格分隔。

（2）输出格式。

按业务处理完成的顺序输出客户的编号。数字间以空格分隔，但最后一个编号后不能有多余的空格。

（3）输入样例为

8 2 1 3 9 4 11 13 15

（4）输出样例为

1 3 2 9 11 4 13 15

2．具体实现

在下面的实例文件 bank.py 中，模拟实现了银行业务办理队列的过程。首先设置使用列表 list_info 存储用户输入的数据，并将奇偶数分别存储在列表 ji_list 和 ou_list 中，然后遍历在列表 list_info 中存储的输入数据。

```
# 输入数据用列表存储

list_info = list(map(int, input().split()))

# 将奇偶数分别存储在两个列表中
# 定义两个空列表
ji_list = []
ou_list = []

# 循环 append
for i in range(1, len(list_info)):
    if list_info[i] % 2 == 1:
        ji_list.append(list_info[i])
    else:
        ou_list.append(list_info[i])

# 测试数组
# print(ji_list)
# print(ou_list)
# 测试正确

# 获取奇偶列表的长度
ji_len = len(ji_list)
ou_len = len(ou_list)

# 创建两个索引
ji_index = 0
ou_index = 0

# 定义一个 flag 控制空格输出
flag_space = 0

# 格式化输出
while ji_index < ji_len or ou_index < ou_len:

    # 两次 A 窗口
    if ji_index < ji_len:
        if flag_space:
            print(" ", end="")
        print(ji_list[ji_index], end="")
        ji_index += 1
        flag_space += 1

    if ji_index < ji_len:
        if flag_space:
            print(" ", end="")
        print(ji_list[ji_index], end="")
        flag_space += 1
        ji_index += 1

    # 一次 B 窗口
    if ou_index < ou_len:
        if flag_space:
            print(" ", end="")
        print(ou_list[ou_index], end="")
        ou_index += 1
```

执行后如果输入：

```
8 2 1 3 9 4 11 13 15
```

按下回车键后将会输出：

```
1 3 2 9 11 4 13 15
```

5.2　栈

栈（Stack）又称堆栈，是一种运算受限的线性表，限定只能在表尾进行插入和删除操作的线性表。这一端被称为栈顶，把另一端称为栈底。向一个栈插入新元素又称进栈、入栈或压栈，它是把新元素放到栈顶元素的上面，使之成为新的栈顶元素；从一个栈删除元素又称出栈或退栈，它是把栈顶元素删除，使其相邻的元素成为新的栈顶元素。

5.2.1　什么是栈

前面曾经说过“先进先出”是一种规则，其实在很多时候“后进先出”也是一种规则，如图 5-2 所示。

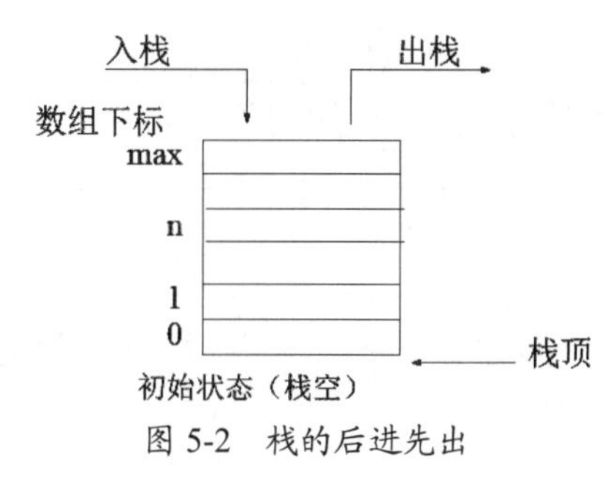

图 5-2　栈的后进先出

以银行排队办理业务为例，假设银行工作人员通知说：今天的营业时间就要到了，还能办理 xx 号到 yy 号的业务，请 yy 号以后的客户明天再来办理。也就是说因为时间关系，排队队伍中的后来几位需要自觉退出，等第二天再来办理。本节将要讲的“栈”就遵循这一规则。栈（Stack）是一种数据结构，是只能在某一端进行插入或删除操作的特殊线性表。栈按照后进先出的原则存储数据，先进的数据被压入栈底，最后进入的数据在栈顶。当需要读数据时，从栈顶开始弹出数据，最后一个数据被第一个读出来。栈通常也称为后进先出表。

栈允许在同一端进行插入和删除操作，允许进行插入和删除操作的一端称为栈顶（top），另一端称为栈底（bottom）。栈底是固定的，而栈顶是浮动的；如果栈中元素个数为零，则被称为空栈。插入操作一般被称为入栈（Push），删除操作一般被称为出栈（Pop）。

5.2.2　实战演练——入栈和出栈

在栈中有两种基本操作，分别是入栈和出栈。

1．入栈（Push）

将数据保存到栈顶。在进行入栈操作前，先修改栈顶指针，使其向上移一个元素位置，然后将数据保存到栈顶指针所指的位置。入栈操作的算法如下。

（1）如果 TOP $\geqslant n$，则给出溢出信息，进行出错处理。在进栈前首先检查栈是否已满，若满，则溢出；若不满，则进入步骤（2）。

（2）设置 TOP=TOP+1，使栈指针加 1，指向进栈地址。

（3）S(TOP)=X，结束操作，X 为新进栈的元素。

2．出栈（Pop）

将栈顶的数据弹出，然后修改栈顶指针，使其指向栈中的下一个元素。出栈操作的算法如下。

（1）如果 TOP ≤ 0，则输出下溢信息，并进行出错处理。在退栈之前先检查是否已为空栈，如果是空，则下溢信息，如果不空，则进入步骤（2）。

（2）X=S(TOP)，退栈后的元素赋给 X。

（3）TOP=TOP−1，结束操作，栈指针减 1，指向栈顶。

在 Python 语言中，常见的栈操作见表 5-2。

表 5-2

栈操作	说　明
Stack()	建立一个空的栈对象
push()	把一个元素添加到栈的最顶层
pop()	删除栈顶层的元素，并返回这个元素
peek()	返回顶层的元素，并不删除它
isEmpty()	判断栈是否为空
size()	返回栈中元素的个数

在下面的实例文件 stack01.py 中，分别编写了入栈和出栈函数，并分别实现了入栈 4 个整数和出栈 4 个整数的操作过程。

```
class Stack(object):
    """ 栈 """

    def __init__(self):
        self._list = []

    def push(self, item):
        """ 添加一个新的元素 item 到栈顶 """
        self._list.append(item)


    def pop(self):
        """ 弹出栈顶元素 """
        return self._list.pop()


    def peek(self):
        """ 返回栈顶元素 """
        if self._list:
            return self._list[-1]
        else:
            return None


    def is_empty(self):
        """ 判断栈是否为空 """
        return self._list == []


    def size(self):
        """ 返回栈的元素个数 """
        return len(self._list)
```

```
if __name__ == "__main__":
    s = Stack()
    s.push(1)
    s.push(2)
    s.push(3)
    s.push(4)
    print(s.pop())
    print(s.pop())
    print(s.pop())
    print(s.pop())
```

执行后会输出：

```
4
3
2
1
```

注意：在上述代码中，初始化方法 __init__ 是 Python 语言的固定方法，固定格式是以双下画线开头且以双下画线结尾，它们会在特定的时机被触发执行。__init__ 就是其中之一，它会在实例化之后自动被调用，以完成实例的初始化功能。

5.2.3　实战演练——顺序栈

顺序栈是使用顺序表排序的存储结构的简称，是一个运算受限的顺序表，在此需要注意如下 3 点：

（1）顺序栈中元素用向量存放；

（2）栈底位置是固定不变的，可以设置在向量两端的任意一个端点；

（3）栈顶位置是随着进栈和退栈操作而变化的，用一个整型量 top（通常称 top 为栈顶指针）来指示当前栈顶位置。

1．顺序栈的基本操作

（1）进栈操作。

进栈时，需要将 S->top 加 1。

注意：S->top= =StackSize-1 表示栈满；进行“上溢”现象，即当栈满时，再进行进栈运算产生空间溢出的现象。上溢是一种出错状态，应设法避免。

（2）退栈操作。

在退栈时，需要将 S->top 减 1。其中 S->top<0 表示此栈是一个空栈。当栈为空时，如果进行退栈运算，则将会产生溢出现象。下溢是一种正常的现象，常用作程序控制转移的条件。

2．顺序栈运算

（1）使用 Python 判断栈是否为空的算法代码如下：

```
# 判断栈是否为空，返回布尔值
def is_empty(self):
    return self.items == []
```

（2）使用 Python 返回栈顶元素的算法代码如下：

```
def peek(self):
    return self.items[len(self.items) - 1]
```

（3）使用 Python 返回栈的大小的算法代码如下：

```
def size(self):
```

```
        return len(self.items)
```

（4）使用 Python 把新的元素堆进栈里面（也称压栈、入栈或进栈）的算法代码如下：

```
    def push(self, item):
        self.items.append(item)
```

（5）使用 Python 把栈顶元素丢出去（也被称为出栈）的算法代码如下：

```
    def pop(self, item):
        return self.items.pop()
```

在下面的实例文件 shunxu.py 中，根据上面介绍的思路，利用顺序栈运算函数演示了使用顺序表实现栈的基本操作的过程。

```
class Stack(object):
    # 初始化栈为空列表
    def __init__(self):
        self.items = []

    # 判断栈是否为空，返回布尔值
    def is_empty(self):
        return self.items == []

    # 返回栈顶元素
    def peek(self):
        return self.items[len(self.items) - 1]

    # 返回栈的大小
    def size(self):
        return len(self.items)

    # 把新的元素堆进栈里面（程序员喜欢把这个过程叫作压栈，入栈，进栈……）
    def push(self, item):
        self.items.append(item)

    # 把栈顶元素丢出去（程序员喜欢把这个过程叫作出栈……）
    def pop(self, item):
        return self.items.pop()


if __name__=="__main__":
    # 初始化一个栈对象
    my_stack = Stack()
    # 把'h'丢进栈里
    my_stack.push('h')
    # 把'a'丢进栈里
    my_stack.push('a')
    my_stack.push('c')
    my_stack.push('d')
    my_stack.push('e')
    # 看一下栈的大小（有几个元素）
    print(my_stack.size())
    # 打印栈顶元素
    print(my_stack.peek())
    # 把栈顶元素丢出去，并打印出来
    #print(my_stack.pop())
    # 再看一下栈顶元素是谁
    print(my_stack.peek())
    # 这个时候栈的大小是多少？
    print(my_stack.size())
    # 再丢一个栈顶元素
    #print(my_stack.pop())
    # 看一下栈的大小
    print(my_stack.size)
```

```
    # 栈是不是空了？
    print(my_stack.is_empty())
```

执行后会输出：

```
5
e
e
5
<bound method Stack.size of <__main__.Stack object at 0x000001CFD9410080>>
False
```

5.2.4　实战演练——链栈

在 Python 程序中，不但可以用顺序表方式实现栈，而且也可以用链表方式实现栈。因为 Python 的内建数据结构太强大，可以用 list 直接实现栈，这个方法比较简单快捷。链栈是指栈的链式存储结构，是没有附加头节点的、运算受限的单链表，栈顶指针是链表的头指针。在进行链栈操作时需要注意如下两点：

（1）定义 LinkStack 结构类型的目的是为了更加便于在函数体中修改指针 top；

（2）如果要记录栈中元素个数，可以将元素的各个属性放在 LinkStack 类型中定义。

常用的链栈操作运算有四种，具体说明如下：

（1）使用 Python 判断链栈是否为空。

其算法代码如下：

```
    def is_empty(self):
        return self._top is None
```

（2）使用 Python 返回栈顶元素。

其算法代码如下：

```
    def top(self):
        if self.is_empty():
            raise StackUnderflow("in LStack.top()")
        return self._top.elem
```

（3）使用 Python 把新的元素放进栈里面。

其算法代码如下：

```
    def push(self, elem):
        self._top = Node(elem, self._top)
```

（4）使用 Python 把栈顶元素丢出去（也称出栈）。

其算法代码如下：

```
    def pop(self):
        if self.is_empty():
            raise StackUnderflow("in LStack.pop()")
        result = self._top.elem
        self._top = self._top.next
        return result
```

在下面的实例文件 liazhan.py 中，演示了分别使用顺序表方法和单链表方法实现栈的过程。其中顺序表是采用顺序存储结构的线性表，整个操作比较简单。而单链表是由一系列节点组成的，通过指针域把节点按照线性表中的逻辑元素连接在一起。为了能正确表示节点之间的逻辑关系，在存储每个节点值的同时，还必须存储指示其后继节点的地址（或位置）信息。

```
#链表节点
```

```
class Node(object):
    def __init__(self, elem, next_ = None):
        self.elem = elem
        self.next = next_

#顺序表实现栈
class SStack(object):
    def __init__(self):
        self._elems = []

    def is_empty(self):
        return self._elems == []

    def top(self):
        if self.is_empty():
            raise StackUnderflow
        return self._elems[-1]

    def push(self, elem):
        self._elems.append(elem)

    def pop(self):
        if self.is_empty():
            raise StackUnderflow
        return self._elems.pop()

#链表实现栈
class LStack(object):
    def __init__(self):
        self._top = None

    def is_empty(self):
        return self._top is None

    def top(self):
        if self.is_empty():
            raise StackUnderflow("in LStack.top()")
        return self._top.elem

    def push(self, elem):
        self._top = Node(elem, self._top)

    def pop(self):
        if self.is_empty():
            raise StackUnderflow("in LStack.pop()")
        result = self._top.elem
        self._top = self._top.next
        return result


if __name__=="__main__":
    st1 = SStack()
    st1.push(3)
    st1.push(5)
    while not st1.is_empty():
        print(st1.pop())

    print("============")
    st2 = LStack()
    st2.push(3)
    st2.push(5)
    while not st2.is_empty():
        print(st2.pop())
```

执行后会输出：

```
5
3
============
5
3
```

5.2.5　实战演练——检查小括号是否成对

请看下面的一个问题：使用一个堆栈检查括号字符串是否成对，有效括号字符串需满足以下三个条件：

（1）左括号必须用相同类型的右括号闭合；

（2）左括号必须以正确的顺序闭合；

（3）空字符串可被认为是有效字符串。

举例：

```
((())): True

((()): False

(())): False
```

编写实例文件 kuo.py 中，使用一个堆栈作为数据结构，检查小括号字符串是否完全成对匹配。实例文件 kuo.py 的具体实现流程如下：

（1）创建一个栈类 Stack，对栈进行初始化参数设计，具体实现代码如下：

```
class Stack(object):
    def __init__(self, limit=10):
        self.stack = [] #存放元素
        self.limit = limit #栈容量极限
```

（2）编写进栈方法 push()，将新元素放在栈顶。当新元素入栈时，栈顶上移，新元素放在栈顶。具体实现代码如下：

```
def push(self, data):
     if len(self.stack) >= self.limit: #判断栈是否溢出
         print('StackOverflowError')
         pass
     self.stack.append(data)
```

（3）编写出栈方法 pop()，从栈顶移出一个数据，将栈顶元素复制出来。栈顶下移，将复制出来的栈顶作为函数返回值。具体实现代码如下：

```
def pop(self):
    if self.stack:
        return self.stack.pop()
    else:
        raise IndexError('pop from an empty stack') #空栈不能被弹出
```

（4）编写其他方法如下。

① peek()：查看堆栈最上面的元素。

② is_empty()：判断栈是否为空。

③ size()：返回栈的大小。

④ balanced_parentheses()：检测括号是否完全匹配。

具体实现代码如下：

```
def peek(self):
    if self.stack:
        return self.stack[-1]
def is_empty(self):
    return not bool(self.stack)
def size(self):
    return len(self.stack)

def balanced_parentheses(parentheses):
    stack = Stack(len(parentheses))
    for parenthesis in parentheses:
        if parenthesis == '(':
            stack.push(parenthesis)
        elif parenthesis == ')':
            if stack.is_empty():
                return False
            stack.pop()
    return stack.is_empty()
```

（5）最后编写的测试代码如下：

```
if __name__ == '__main__':
    examples = ['((()))', '((())', '(()))']
    print('Balanced parentheses demonstration:\n')
    for example in examples:
        print(example + ': ' + str(balanced_parentheses(example)))
```

执行后会检测 ['((()))', '((())', '(()))'] 中的三组小括号是否成对：

```
Balanced parentheses demonstration:

((())): True
((()): False
(())): False
```

第6章 树

“树”原来是对一类植物的统称，主要由根、干、枝、叶组成。随着计算机的发展，在数据结构中，“树”被引申为由一个集合以及在该集合上定义的一种关系，包括根节点和若干棵子树。本章将介绍“树”这种数据结构的基本知识和具体用法。

6.1 树的基础知识

在计算机领域中，树是一种很常见的数据结构之一，这是一种非线性的数据结构。树能够把数据按照等级模式存储起来，例如树干中的数据比较重要，而小分支中的数据功能一般比较次要。“树”这种数据结构的内容比较“博大”，即使是这方面的专家也不敢声称完全掌握了“树”。所以本书将只研究最常用的二叉树结构，并且讲解二叉树的一种实现——二叉查找树的基本知识。

6.1.1 什么是树

在学习二叉树的结构和行为之前，需要先给树下一个定义。数据结构中“树”的概念比较笼统，以下对树的递归定义最易于读者理解。

单个节点是一棵树，树根就是该节点本身。设 T_1，T_2，…，T_k 是树，它们的根节点分别为 n_1，n_2，…，n_k。如果用一个新节点 n 作为 n_1，n_2，…，n_k 的父亲，得到一棵新树，节点 n 就是新树的根。称 n_1，n_2，…，n_k 为一组兄弟节点，它们都是节点 n 的子节点，称 n_1，n_2，…，n_k 为节点 n 的子树。

一个典型的树的基本结构如图 6-1 所示。

由此可见，树是由边连接起来的一系列节点，树的一个实例就是公司的组织机构图。如图 6-2 所示为一家软件公司的组织结构。

图 6-2 展示了公司的结构，在图中每个方框是一个节点，连接方框的线是边。很显然，节点表示的实体（人）构成了一个组织，而边表示实体之间的关系。例如，技术总监直接向董事长汇报工作，所以在这两个节点之间有一条边。销售总监和技术总监之间没有直接用边来连接，所以这两个实体之间没有直接的关系。

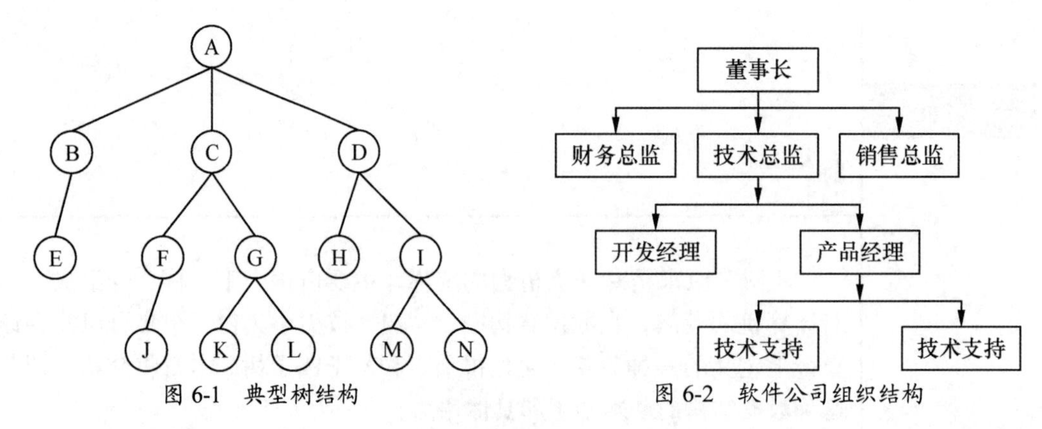

图 6-1　典型树结构　　　图 6-2　软件公司组织结构

由此可见，树是 n（$n \geqslant 0$）个节点的有限集，作为一棵"树"需要满足如下两个条件：

（1）有且仅有一个特定的称为根的节点。

（2）其余的节点可分为 m 个互不相交的有限集合 T_1，T_2，…，T_m，其中，每个集合又都是一棵树（子树）。

6.1.2　树的相关概念

学习编程的一大秘诀：永远不要打无把握之仗。例如在学习 C 语言算法时，必须先学好 C 语言的基本用法，包括基本语法、指针、结构体等知识。这一秘诀同样适用于学习"树"这种数据结构，在学习之前需要先了解与"树"相关的几个概念，见表 6-1。

表 6-1

概　念	说　明
节点的度	是指一个节点的子树个数
树的度	一棵树中节点度的最大值
叶子（终端节点）	度为 0 的节点
分支节点（非终端节点）	度不为 0 的节点
内部节点	除根节点之外的分支节点
孩子	将树中某个节点的子树的根称为这个节点的孩子
双亲	某个节点的上层节点称为该节点的双亲
兄弟	同一个双亲的孩子
路径	如果在树中存在一个节点序列 k_1, k_2, …, k_j, 使得 k_i 是 k_i+1 的双亲（$1 \leqslant i<j$），称该节点序列是从 k_1 到 k_j 的一条路径
祖先	如果树中节点 k 到 k_s 之间存在一条路径，则称 k 是 k_s 的祖先
子孙	k_s 是 k 的子孙
层次	节点的层次是从根开始算起，第 1 层为根
高度	树中节点的最大层次称为树的高度或深度
有序树	将树中每个节点的各子树看成是从左到右有秩序的
无序树	有序树之外的称为无序树
森林	是 n（$n \geqslant 0$）棵互不相交的树的集合

注意：可以使用树中节点之间的父子关系来描述树形结构的逻辑特征。

图 6-3 展示了一个完整的树形结构图。

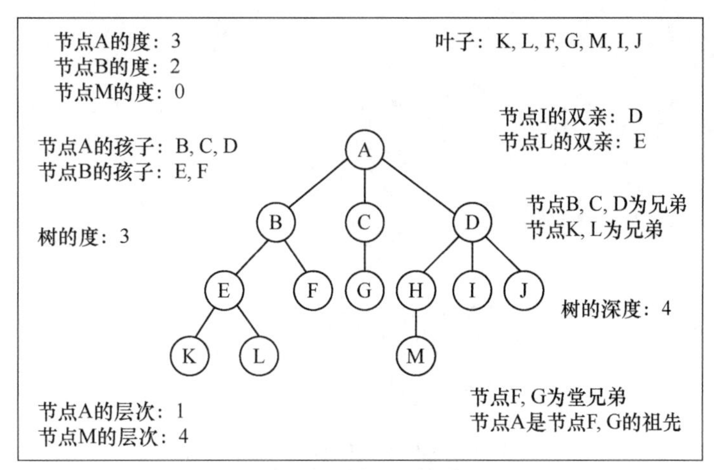

图 6-3　树形结构图

6.2　使用列表构建树

因为列表为提供了一个简单的递归数据结构，所以可以直接使用列表构建树。在列表树的列表中，将根节点的值存储为列表的第一个元素。列表的第二个元素本身将是一个表示左子树的列表，列表的第三个元素将是表示右子树的另一个列表。

6.2.1　实战演练——实现一个简单的树

图 6-4 所示为一个简单的树以及相应的列表实现。我们可以使用索引来访问列表的子树。树的根是 myTree[0]，根的左子树是 myTree[1]，右子树是 myTree[2]。

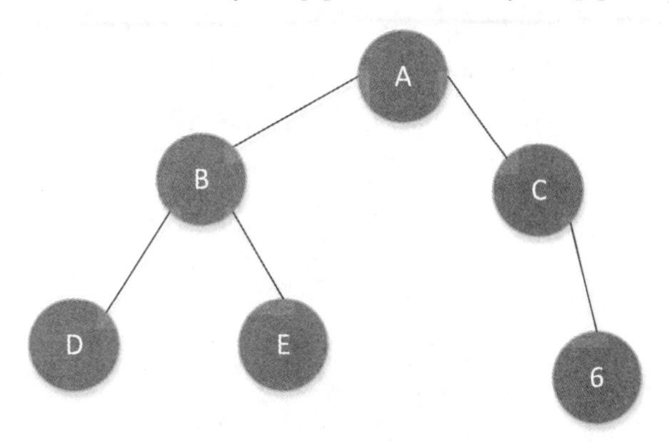

图 6-4　一个简单的树

在下面的实例文件 shu.py 中，演示了使用列表创建简单树的过程。一旦树被构建，我们可以访问根和左、右子树。嵌套列表法一个非常好的特性就是子树的结构与树相同，本身是递归的。子树具有根节点和两个表示叶节点的空列表。

```
myTree = ['a',
      ['b',
```

```
        ['d',[], []],
        ['e', [], []] ],
       ['c',  #right subtree
        ['f' ,[], []],
        [] ]
     ]
myTree = ['a', ['b', ['d',[],[]], ['e',[],[]] ], ['c', ['f',[],[]], []] ]
print(myTree)
print('left subtree = ', myTree[1])
print('root = ', myTree[0])
print('right subtree = ', myTree[2])
```

执行后会输出：

```
['a', ['b', ['d', [], []], ['e', [], []]], ['c', ['f', [], []], []]]
left subtree =  ['b', ['d', [], []], ['e', [], []]]
root =  a
right subtree =  ['c', ['f', [], []], []]
```

6.2.2 实战演练——使用列表创建二叉树

在 Python 程序中，使用列表构建树的另一个优点是它容易扩展到多叉树。在树不仅仅是一个二叉树的情况下，另一个子树只是另一个列表。在下面的实例文件 two.py 中，演示了使用列表创建简单二叉树的过程。有关二叉树的详细知识，将在 6.2.3 节中进行讲解。

```
def BinaryTree(r):
    return [r, [], []]

def insertLeft(root, newBranch):
    t = root.pop(1)
    if len(t) > 1:
        root.insert(1, [newBranch, t, []])
    else:
        root.insert(1, [newBranch, [], []])
    return root

def insertRight(root, newBranch):
    t = root.pop(2)
    if len(t) > 1:
        root.insert(2, [newBranch, [], t])
    else:
        root.insert(2, [newBranch, [], []])
    return root

# 得到根节点
def getRootVal(root):
    return root[0]

# 设立根节点
def setRootVal(root, newVal):
    root[0] = newVal

# 得到左子树
def getLeftChild(root):
    return root[1]

#得到右子树
def getRightChild(root):
    return root[2]

# 建立一个空树
tree = BinaryTree("")
```

```
print(tree)

# 插入根节点 a
setRootVal(tree, "a")
print(tree)

# 建立以 a 为根节点，左右子树均为空的树
tree1 = BinaryTree("a")
print(tree1)

# 获得树的根节点
print(getRootVal(tree))
print(getRootVal(tree1))

# 树 tree 左子树插入 b 节点 ，左右子树均为空
insertLeft(tree, "b")
print(tree)

# 树 tree 右子树插入 b 节点 ，左右子树均为空
insertRight(tree, "c")
print(tree)

# 得到左子树
print(getLeftChild(tree))

# 得到右子树
print(getRightChild(tree))
```

执行后会输出：

```
['', [], []]
['a', [], []]
['a', [], []]
a
a
['a', ['b', [], []], []]
['a', ['b', [], []], ['c', [], []]]
['b', [], []]
['c', [], []]
```

6.3　二叉树

二叉树是指每个节点最多有两个子树的有序树，通常将其两个子树的根分别称作“左子树”（left subtree）和“右子树”（right subtree）。本节将详细讲解二叉树的基本知识和具体用法。

6.3.1　二叉树的定义

二叉树是节点的有限集，可以是空集，也可以由一个根节点及两棵不相交的子树组成，通常将这两棵不相交的子树分别称为这个根的左子树和右子树。二叉树的主要特点如下：

（1）每个节点至多只有两棵子树，即不存在度大于 2 的节点；

（2）二叉树的子树有左右之分，次序不能颠倒；

（3）二叉树的第 i 层最多有 2^{i-1} 个节点；

（4）深度为 k 的二叉树至多有 2^k-1 个节点；

（5）对任何一棵二叉树 T，如果其终端节点数（叶子节点数）为 n_0，度为 2 的节点数

为 n_2，则 $n_0= n_2+1$。

如图 6-5 所示，二叉树有以下五种基本形态：

（1）空二叉树；

（2）只有一个根节点的二叉树；

（3）右子树为空的二叉树；

（4）左子树为空的二叉树；

（5）完全二叉树。

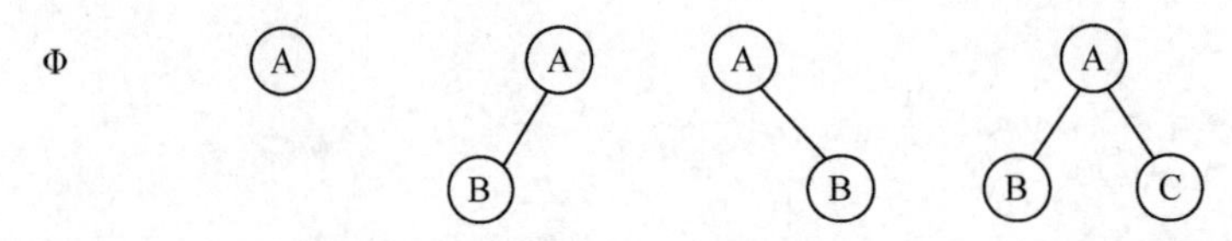

图 6-5 二叉树的五种形态

另外，还存在两种特殊的二叉树形态：满二叉树和完全二叉树，如图 6-6 所示。

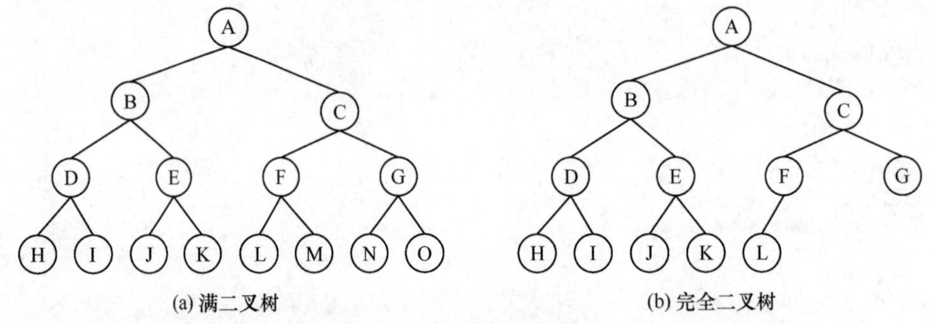

图 6-6 二叉树的特殊形态

（1）满二叉树：除了叶节点外，每一个节点都有左右子叶，并且叶节点都处在底层的二叉树。

（2）完全二叉树：只有最下面的两层节点度小于 2，并且最下面一层的节点都集中在该层最左边若干位置的二叉树。

6.3.2 二叉树的性质

二叉树具有如下性质。

（1）在二叉树中，第 i 层的节点总数不超过 2^i-1。

（2）深度为 h 的二叉树最少有 h 个节点，最多有 2^h-1 个节点（$h \geqslant 1$）。

（3）对于任意一棵二叉树来说，如果叶节点数为 n_0，且度数为 2 的节点总数为 n_2，则 $n_0=n_2+1$。

（4）有 n 个节点的完全二叉树的深度为 $\text{int}(\log_2 n)+1$。

（5）存在一个有 n 个节点的完全二叉树，如果各节点用顺序方式存储，则在节点之间有以下关系。

① 如果 $i=1$，则节点 i 为根，无父节点；如果 $i>1$，则其父节点编号为 $\text{trunc}(n/2)$。

② 如果 $2i \leqslant n$，则其左儿子（左子树的根节点）的编号为 $2i$；如果 $2\times i>n$，则无左儿子。

③ 如果 $2i+1 \leqslant n$，则其右儿子的节点编号为 $2i+1$；如果 $2i+1>n$，则无右儿子。

（6）假设有 n 个节点，能构成 $h(n)$ 种不同的二叉树，则 $h(n)$ 为卡特兰数的第 n 项，$h(n)=C(n,2n)/(n+1)$。

树和二叉树相比，主要有以下两个差别：

（1）树中节点的最大度数没有限制，而二叉树节点的最大度数为 2；

（2）树的节点没有左、右之分，而二叉树的节点有左、右之分。

在程序员的日常编程应用中，通常将二叉树用作二叉排序树和二叉堆。

1．二叉排序树

二叉排序树（Binary Sort Tree）又称二叉查找树，它或者是一棵空树，或者是具有下列性质的二叉树：

（1）若左子树不空，则左子树上所有节点的值均小于它的根节点的值；

（2）若右子树不空，则右子树上所有节点的值均大于它的根节点的值；

（3）左、右子树也分别为二叉排序树。

2．二叉堆

二叉堆是一种特殊的堆，是完全二叉树或者是近似完全二叉树，是节点的一个有限集合，该集合或者为空，或者是由一个根节点和两棵分别称为左子树和右子树的、互不相交的二叉树组成。二叉堆满足堆特性：父节点的键值总是大于或等于任何一个子节点的键值。二叉堆一般用数组来表示。

6.3.3　二叉树存储

既然二叉树是一种数据结构，就得始终明白其任务——存储数据。在使用二叉树存储数据时，一定要体现二叉树中各个节点之间的逻辑关系，即双亲和孩子之间的关系，只有这样，才能向外人展示其独有功能。在应用中，会要求从任何一个节点能直接访问到其孩子，或直接访问到其双亲，或同时访问其双亲和孩子。

1．顺序存储结构

二叉树的顺序存储结构是指用一维数组存储二叉树中的节点，并且节点的存储位置（下标）应该能体现节点之间的逻辑关系，即父子关系。因为二叉树本身不具有顺序关系，所以二叉树的顺序存储结构需要利用数组下标来反映节点之间的父子关系。由 5.3.2 节中介绍的二叉树的性质（5）可知，使用完全二叉树中节点的层序编号可以反映出节点之间的逻辑关系，并且这种反映是唯一的。对于一般的二叉树来说，可以增添一些并不存在的空节点，使之成为一棵完全二叉树的形式，然后再用一维数组顺序存储。

二叉树顺序存储的具体步骤如下。

（1）将二叉树按完全二叉树编号。根节点的编号为 1，如果某节点 i 有左孩子，则其左孩子的编号为 $2i$；如果某节点 i 有右孩子，则其右孩子的编号为 $2i+1$。

（2）以编号作为下标，将二叉树中的节点存储到一维数组中。

图 6-7 所示为将一棵二叉树改造为完全二叉树和其顺序存储的示意图。

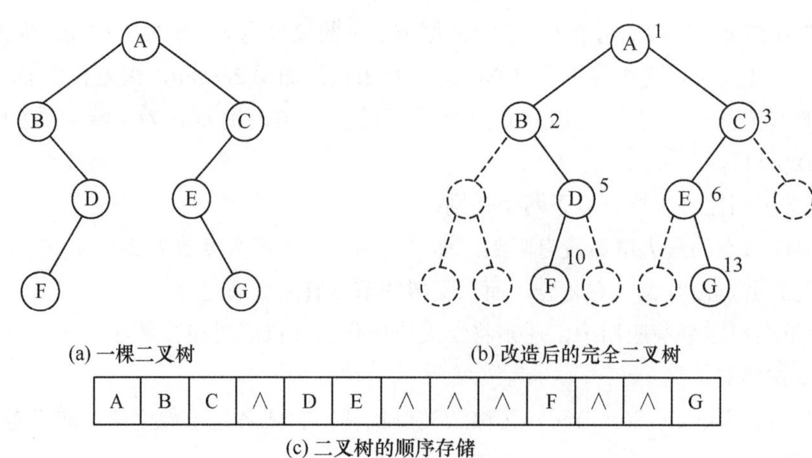

(a) 一棵二叉树　　(b) 改造后的完全二叉树

(c) 二叉树的顺序存储

图 6-7　二叉树及其顺序存储示意

因为二叉树的顺序存储结构一般仅适用于存储完全二叉树，所以如果使用上述存储方法会有一个缺点——造成存储空间的浪费或形成右斜树。例如在图 6-8 中，一棵深度为 *k* 的右斜树，只有 *k* 个节点，却需分配 2*k*–1 个存储单元。

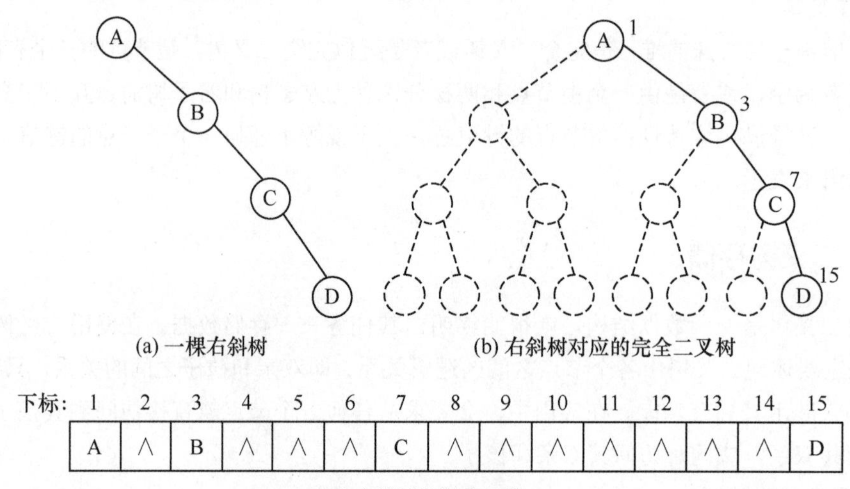

(a) 一棵右斜树　　(b) 右斜树对应的完全二叉树

(c) 右斜树的顺序存储

图 6-8　右斜树及其顺序存储示意

使用 Python 定义二叉树顺序存储结构数据的格式如下：

```
class BinaryTreeNode(object):
    def __init__(self, data=None, left=None, right=None):
        self.data = data
        self.left = left
        self.right = right

class BinaryTree(object):
    def __init__(self, root=None):
        self.root = root
```

2. 链式存储结构

链式存储结构有两种，分别是二叉链存储结构和三叉链存储结构。二叉树的链式存储结构又称二叉链表，是指用一个链表来存储一棵二叉树。在二叉树中，每一个节点用链表中的一个链节点来存储。二叉树中标准存储方式的节点结构如图 6-9 所示。

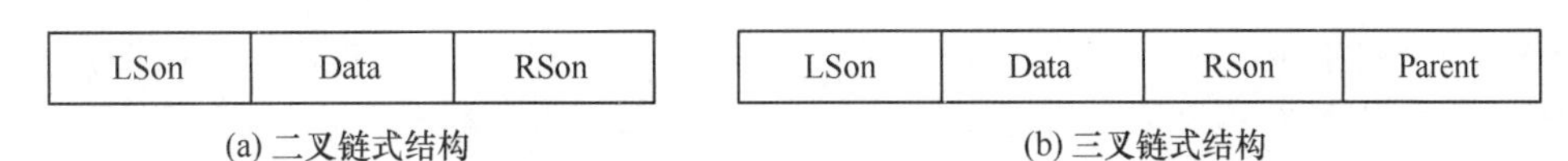

图 6-9　链式存储结构

Data 表示值域，目的是存储对应的数据元素；

LSon 和 Rson 分别表示左指针域和右指针域，分别用于存储左子节点和右子节点（左、右子树的根节点）的存储位置（指针）

图 6-10 所示的二叉树对应的二叉链表如图 6-11 所示。

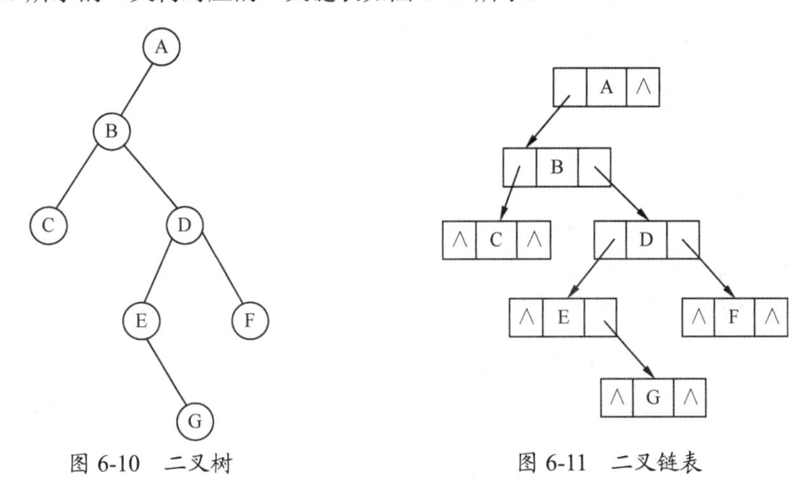

图 6-10　二叉树　　　　图 6-11　二叉链表

图 6-12 展示了二叉树及其对应的三叉链表。

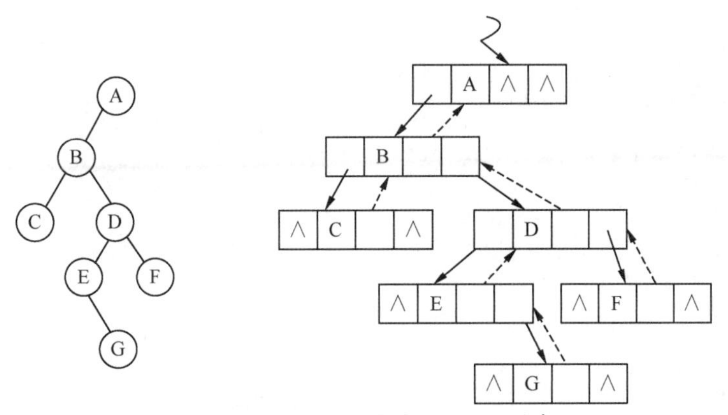

图 6-12　二叉树及其对应的三叉链表

6.3.4　实战演练——使用嵌套列表构建树

当使用列表实现树时，我们将存储根节点的值作为列表的第一个元素。列表的第二个元素是一个表示其左子树的列表，第三个元素是表示其右子树的另一个列表。嵌套列表法的一个非常好的特性是子树的结构与树相同，这个结构本身是递归的。在下面的实例文件 qian.py 中，演示了使用嵌套列表表示树的过程。

（1）通过以下代码构建二叉树，该二叉树只是构建了一个根节点和两个空子节点的列表。

左子树添加到树的根，我们需要插入一个新的列表到根列表的第二个位置。必须注意，如果列表中已经有值在第二个位置，我们需要跟踪它，将新节点插入树中作为其直接的左子节点。Listing 1 显示了插入左子节点。

```
def BinaryTree(r):
    return [r, [], []]
```

（2）通过以下代码插入一个左子节点，首先获取对应于当前左子节点的列表（可能是空的）。然后，添加新的左子节点，将原来的左子节点作为新节点的左子节点。这时能够将新节点插入树中的任何位置。对于 insertRight 的代码类似于 insertLeft，如 Listing 2 中。

```
def insertLeft(root,newBranch):
    t = root.pop(1)
    if len(t) > 1:
        root.insert(1,[newBranch,t,[]])
    else:
        root.insert(1,[newBranch, [], []])
    return root
```

（3）通过以下代码插入一个右子节点，具体原理和上面的插入左子节点相同。

```
def insertRight(root,newBranch):
    t = root.pop(2)
    if len(t) > 1:
        root.insert(2,[newBranch,[],t])
    else:
        root.insert(2,[newBranch,[],[]])
    return root
```

（4）为了完善树的实现，编写以下几个用于获取和设置根值的函数，以及获得左边或右边子树的函数。

```
def getRootVal(root):
    return root[0]

def setRootVal(root,newVal):
    root[0] = newVal

def getLeftChild(root):
    return root[1]

def getRightChild(root):
    return root[2]
```

（5）通过以下代码进行测试：

```
r = BinaryTree('a')
print(r.getRootVal())
print(r.getLeftChild())
r.insertLeft('b')
print(r.getLeftChild())
print(r.getLeftChild().getRootVal())
r.insertRight('c')
print(r.getRightChild())
print(r.getRightChild().getRootVal())
r.getRightChild().setRootVal('hello')
print(r.getRightChild().getRootVal())
```

执行后会输出：

```
a
None
<__main__.BinaryTree object at 0x00000221FC779AC8>
b
```

```
<__main__.BinaryTree object at 0x00000221FC779B00>
c
hello
```

6.3.5　实战演练——把二叉树的任何子节点当成二叉树进行处理

我们可以使用节点和引用来表示树，这时将定义具有根以及左右子树属性的类。使用节点和引用，我们认为该树的结构类似于图 6-13。

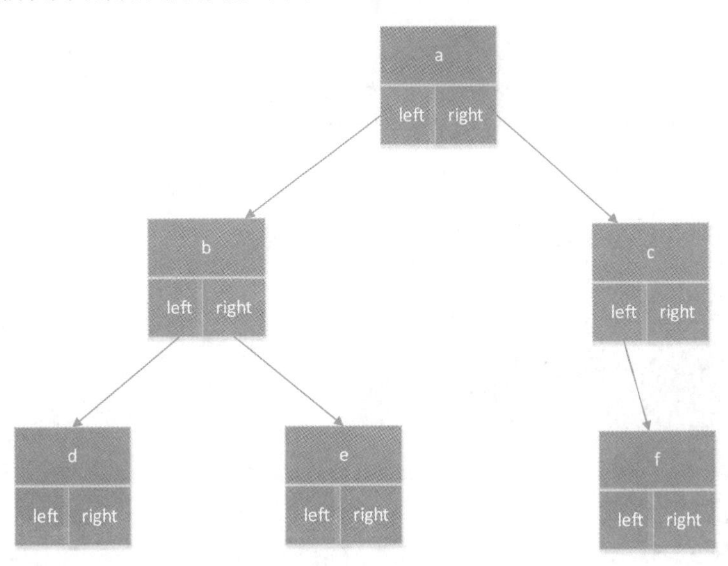

图 6-13　使用节点和引用表示简单树

在下面的实例文件 jie.py 中，演示了把一个二叉树的任何子节点当成二叉树进行处理的过程。在创建树的过程中并存储一些键值，为左、右子节点赋值。注意，左、右子节点和根都是同一个二叉树类的不同对象。我们能够把一个二叉树的任何子节点当成二叉树来做处理。

（1）定义构造函数，定义需要得到的类型的对象存储在根中。就像可以在列表中存储我们喜欢的任何一种类型一样，树的根对象可以指向任何一种类型。在 6.3.4 节的例子中，我们将存储节点设置为根值的名称。使用节点和引用来表示图 6-2 中的树，我们将创建二叉树类的 6 个实例。

```
class BinaryTree:
    def __init__(self,rootObj):
        self.key = rootObj
        self.leftChild = None
        self.rightChild = None
```

（2）接下来看一下需要构建的根节点以外的函数。为了添加左子节点，我们将创建一个新的二叉树，并设置根的左属性以指向这个新对象。添加左子节点的代码如下：

```
def insertLeft(self,newNode):
    if self.leftChild == None:
        self.leftChild = BinaryTree(newNode)
    else:
        t = BinaryTree(newNode)
        t.leftChild = self.leftChild
        self.leftChild = t
```

我们必须考虑两种情况进行插入。第一种情况是没有左子节点，当没有左子节点时，将新节点添加即可；第二种情况的特征是当前存在左子节点。在第二种情况下，插入一个节点并将之前的子节点降一级。第二种情况是由上面的 else 语句进行处理。

（3）对于 insertRight 的代码必须考虑一个对称的情况。要么没有右子节点，要么必须插入根和现有的右子节点之间。插入代码如下：

```
def insertRight(self,newNode):
    if self.rightChild == None:
        self.rightChild = BinaryTree(newNode)
    else:
        t = BinaryTree(newNode)
        t.rightChild = self.rightChild
        self.rightChild = t
```

（4）为了完成一个简单的二叉树数据结构的定义，实现以下访问左右子节点和根值的方法：

```
def getRightChild(self):
    return self.rightChild

def getLeftChild(self):
    return self.leftChild

def setRootVal(self,obj):
    self.key = obj

def getRootVal(self):
    return self.key
```

（5）通过以下代码进行测试：

```
r = BinaryTree('a')
print(r.getRootVal())
print(r.getLeftChild())
r.insertLeft('b')
print(r.getLeftChild())
print(r.getLeftChild().getRootVal())
r.insertRight('c')
print(r.getRightChild())
print(r.getRightChild().getRootVal())
r.getRightChild().setRootVal('hello')
print(r.getRightChild().getRootVal())
```

执行后会输出：

```
a
None
<__main__.BinaryTree object at 0x00000221FC779AC8>
b
<__main__.BinaryTree object at 0x00000221FC779B00>
c
hello
```

6.3.6 实战演练——实现二叉搜索树查找操作

二叉搜索树（又称二叉查找树）是指在二叉树中查找数据，在查找时需要遍历二叉树的所有节点，然后逐个比较数据是否是所要找的对象，当找到目标数据时将返回该数据所在节点的指针。

在 Python 语言中，实现二叉树查找操作的主要成员见表 6-2。

表 6-2

主要成员	说　　明
Map()	创建一个新的空 Map 集合
put(key,val)	在 Map 中增加了一个新的键值对。如果这个键已经在这个 Map 中，那么就用新的值来代替旧的值
get(key)	提供一个键，返回 Map 中保存的数据，或者返回 None
del	使用 del map[key] 语句从 Map 中删除键值对
len()	返回 Map 中保存的键：值对的数目
in	如果所给的键在 Map 中，使用 key in map 语句返回 True

一个二叉搜索树，如果具有左子树中的键值都小于父节点，而右子树中的键值都大于父节点的属性，我们将这种树称为 BST 搜索树。当实现 Map 时，二叉搜索方法将引导我们实现这一点。图 6-14 展示了二叉搜索树的这一特性，显示的键没有关联任何的值。注意，这种属性适用于每个父节点和子节点。所有在左子树的键值都小于根节点的键值，所有右子树的键值都大于根节点的键值。

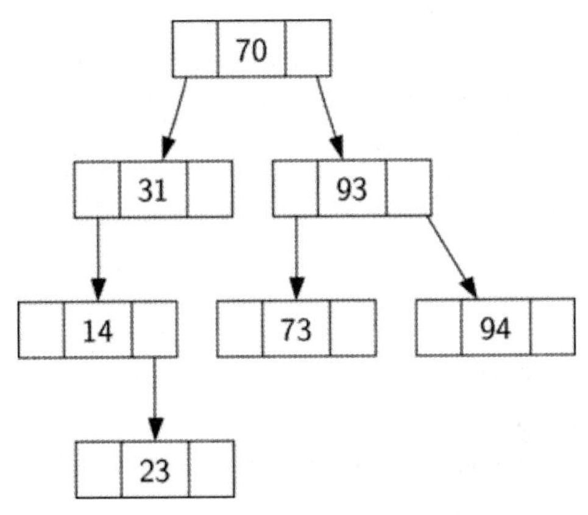

图 6-14　一个简单的二叉搜索树

接下来再来看如何构造一个二叉搜索树，在搜索树中按图 6-14 显示的节点顺序插入这些键值，图 6-14 搜索树存在的节点：70，31，93，94，14，23，73。因为 70 是第一个被插入树的值，它是根节点。接下来，31＜70，因此是 70 的左子树。接下来，93＞70，因此是 70 的右子树。我们现在填充了该树的两层，所以下一个键值，将会是 31 或者 93 的左子树或右子树。由于 94>70 和 93，就变成了 93 的右子树。同样，14＜70 和 31，因此成为 31 的左子树。23 也小于 31，因此必须是 31 的左子树。然而，它大于 14，所以是 14 的右子树。

为了实现二叉搜索树，我们将使用节点和引用的方法，这类似于实现链表和表达式树的过程。因为我们必须能够创建和使用一个空的二叉搜索树，所以将使用两个类来实现，分别命名为 BinarySearchTree 和 TreeNode。

1．类 BinarySearchTree

类 BinarySearchTree 有一个 TreeNode 类的引用作为二叉搜索树的根，在大多数情况下，外部类定义的外部方法只需检查树是否为空，如果在树上有节点，要求 BinarySearchTree 类中含有私有方法把根定义为参数。在这种情况下，如果树是空的或者想删除树的根，就必须采用特殊操作。类 BinarySearchTree 的构造函数以及一些其他函数的代码如下：

```
class BinarySearchTree:

    def __init__(self):
        self.root = None
        self.size = 0

    def length(self):
        return self.size

    def __len__(self):
        return self.size

    def __iter__(self):
        return self.root.__iter__()
```

2. 类 TreeNode

类 TreeNode 提供了许多辅助函数，使得 BinarySearchTree 类的方法更容易实现过程。在以下的代码中，一个树节点的结构是由这些辅助函数实现的。正如我们看到的那样，这些辅助函数可以根据自己的位置来划分一个节点作为左或右孩子和该子节点的类型。TreeNode 类非常清楚地跟踪了每个父节点的属性。

```
class TreeNode:
   def __init__(self,key,val,left=None,right=None,
                                        parent=None):
        self.key = key
        self.payload = val
        self.leftChild = left
        self.rightChild = right
        self.parent = parent

    def hasLeftChild(self):
        return self.leftChild

    def hasRightChild(self):
        return self.rightChild

    def isLeftChild(self):
        return self.parent and self.parent.leftChild == self

    def isRightChild(self):
        return self.parent and self.parent.rightChild == self

    def isRoot(self):
        return not self.parent

    def isLeaf(self):
        return not (self.rightChild or self.leftChild)

    def hasAnyChildren(self):
        return self.rightChild or self.leftChild

    def hasBothChildren(self):
        return self.rightChild and self.leftChild

    def replaceNodeData(self,key,value,lc,rc):
        self.key = key
        self.payload = value
        self.leftChild = lc
        self.rightChild = rc
        if self.hasLeftChild():
            self.leftChild.parent = self
```

```
        if self.hasRightChild():
            self.rightChild.parent = self
```

在上述代码中有一个有趣的地方，使用了 Python 的可选参数。通过使用可选参数，可以很容易地在几种不同的情况下创建一个树节点，有时我们想创建一个新的树节点，即使已经有了父节点和子节点。与现有的父节点和子节点一样，可以通过父节点和子节点作为参数。有时我们也会创建一个包含键：值对的树，不会传递父节点或子节点的任何参数。在这种情况下，将使用可选参数的默认值。

现在已经实现了 BinarySearchTree 和 TreeNode 类，接下来可以编写一个 put() 方法使我们能够建立二叉搜索树。put() 方法是 BinarySearchTree 类的一个方法，该方法将检查这棵树是否已经有根。如果没有，则创建一个新的树节点，并把它设置为树的根。如果已经有一个根节点，就调用它自己进行递归，辅助函数 _put() 会按照以下算法来搜索树：

（1）从树的根节点开始，通过搜索二叉树来比较新的键值和当前节点的键值，如果新的键值小于当前节点，则搜索左子树。如果新的键值大于当前节点，则搜索右子树；

（2）当搜索不到左（或右）子树，我们在树中所处的位置就是设置新节点的位置；

（3）向树中添加一个节点，创建一个新的 TreeNode 对象，并在这个点的上一个节点中插入这个对象。

以下代码显示了在树中插入新节点的 Python 代码。_put() 函数要按照上述步骤编写递归算法。注意，当一个新的子树插入时，当前节点（CurrentNode）作为父节点传递给新的树。

```
def put(self,key,val):
    if self.root:
        self._put(key,val,self.root)
    else:
        self.root = TreeNode(key,val)
    self.size = self.size + 1

def _put(self,key,val,currentNode):
    if key < currentNode.key:
        if currentNode.hasLeftChild():
               self._put(key,val,currentNode.leftChild)
        else:
               currentNode.leftChild = TreeNode(key,val,parent=currentNode)
    else:
        if currentNode.hasRightChild():
               self._put(key,val,currentNode.rightChild)
        else:
               currentNode.rightChild = TreeNode(key,val,parent=currentNode)
```

在实现 put() 方法后，我们可以很容易地通过 __setitem__ 方法重载 [] 作为操作符来调用 put() 方法，例如下面的实现代码。这使我们能够编写像 myZipTree['Plymouth'] = 55446 一样的 python 语句，这看上去就像 Python 的字典。

```
def __setitem__(self,k,v):
    self.put(k,v)
```

图 6-15 说明了将新节点插入一个二叉搜索树的过程。灰色节点显示了插入过程中遍历树节点顺序。

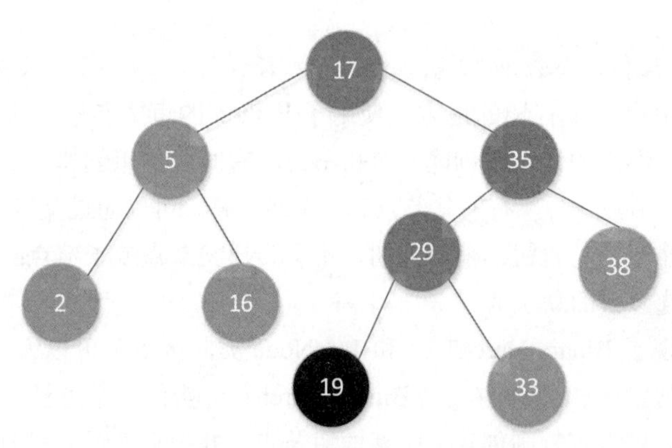

图 6-15　插入一个键值为 19 的节点

树被构造完毕后，接下来的任务是为一个给定的键值实现检索操作。get() 方法比 put() 方法更容易，因为它只需递归搜索树，直到发现不匹配的叶节点或找到一个匹配的键值为止。当找到一个匹配的键值后，就会返回节点中的值。

下面的演示代码实现了 get()、_get() 和 __getitem__()。用 _get 方法搜索的方式与使用 put() 方法具有相同的选择左或右子树的逻辑。需要注意的是，_get() 方法返回 TreeNode 中 get 的值，_get() 就可以作为一个灵活有效的方式，为 BinarySearchTree 的其他可能需要使用 TreeNode 里的数据的方法提供参数。

```
def get(self,key):
    if self.root:
        res = self._get(key,self.root)
        if res:
               return res.payload
        else:
               return None
    else:
        return None

def _get(self,key,currentNode):
    if not currentNode:
        return None
    elif currentNode.key == key:
        return currentNode
    elif key < currentNode.key:
        return self._get(key,currentNode.leftChild)
    else:
        return self._get(key,currentNode.rightChild)

def __getitem__(self,key):
    return self.get(key)
```

通过实现 __getitem__() 方法，我们可以写一个看起来就像我们访问字典一样的 Python 语句，而事实上我们只是操作二叉搜索树，例如 Z = myziptree ['fargo']。正如你所看到的，__getitem__() 方法都在调用 get()。通过使用 get()，我们可以通过写一个 BinarySearchTree 的 __contains__() 方法来实现操作，__contains__() 方法简单地调用了 get() 方法，如果它有返回值，就返回 True；如果它是 None，就返回 False。具体代码如下：

```
def __contains__(self,key):
    if self._get(key,self.root):
        return True
```

```
    else:
        return False
```

在实现二叉搜索树时，由于二叉搜索树是二叉树的进化型，其特点就是前序遍历得到的数组是递增关系，通俗点就是左孩子最小，父节点次之，右孩子最大。在下面的实例文件 chashu.py 中，演示了实现二叉搜索树的过程。

```
class TreeNode:
    def __init__(self, val):
        self.val = val;
        self.left = None;
        self.right = None;

def insert(root, val):
    if root is None:
        root = TreeNode(val);
    else:
        if val < root.val:
            root.left = insert(root.left, val);          # 递归地插入元素
        elif val > root.val:
            root.right = insert(root.right, val);
    return root;

def query(root, val):
    if root is None:
        return;
    if root.val is val:
        return 1;
    if root.val < val:
        return query(root.right, val);                   # 递归地查询
    else:
        return query(root.left, val);

def findmin(root):
    if root.left:
        return findmin(root.left);
    else:
        return root;

def delnum(root, val):
    if root is None:
        return;
    if val < root.val:
        return delnum(root.left, val);
    elif val > root.val:
        return delnum(root.right, val);
    else:  # 删除要区分左右孩子是否为空的情况
        if (root.left and root.right):

            tmp = finmin(root.right);                    # 找到后继节点
            root.val = tmp.val;
            root.right = delnum(root.right, val);        # 实际删除的是这个后继节点

        else:
            if root.left is None:
                root = root.right;
            elif root.right is None:
                root = root.left;
    return root;


# 测试代码
```

```
root = TreeNode(3);
root = insert(root, 2);
root = insert(root, 1);
root = insert(root, 4);

# print query(root,3);
print(query(root, 1))

root = delnum(root, 1);
print(query(root, 1))
```

执行后会输出：

```
1
None
```

注意：二叉查找树最左边的节点即为最小值，要查找最小值。仅仅需遍历左子树的节点直到为空为止。同理，最右边的节点结尾最大值。要查找最大值，仅仅需遍历右子树的节点直到为空为止。

6.3.7 实战演练——实现二叉搜索树的删除操作

二叉搜索树的插入查找和删除都是通过递归的方式来实现的，删除一个节点时，先找到这个节点 S，假设这个节点左右孩子都不为空，这时并非真正地删除这个节点 S，而是在其右子树找到后继节点，将后继节点的值付给 S，然后删除这个后继节点即可。假设节点 S 的左孩子或者右孩子为空，能够直接删除这个节点 S。

在二叉搜索树中删除一个键值的首要任务是找到搜索树中要删除的节点。如果树有一个以上的节点，我们使用 _get() 方法找到需要删除的节点。如果树只有一个节点，这意味着我们要删除树的根，但是我们仍然要检查根的键值是否与要删除的键值匹配。在以上两种情况下，如果没有找到该键，del 操作就会报错。

具体实现代码如下：

```
def delete(self,key):
   if self.size > 1:
      nodeToRemove = self._get(key,self.root)
      if nodeToRemove:
          self.remove(nodeToRemove)
          self.size = self.size-1
      else:
          raise KeyError('Error, key not in tree')
   elif self.size == 1 and self.root.key == key:
      self.root = None
      self.size = self.size - 1
   else:
      raise KeyError('Error, key not in tree')

def __delitem__(self,key):
    self.delete(key)
```

一旦找到包含要删除的节点，必须考虑以下三种情况：

第一种，要删除的节点没有孩子，如图 6-16 所示。

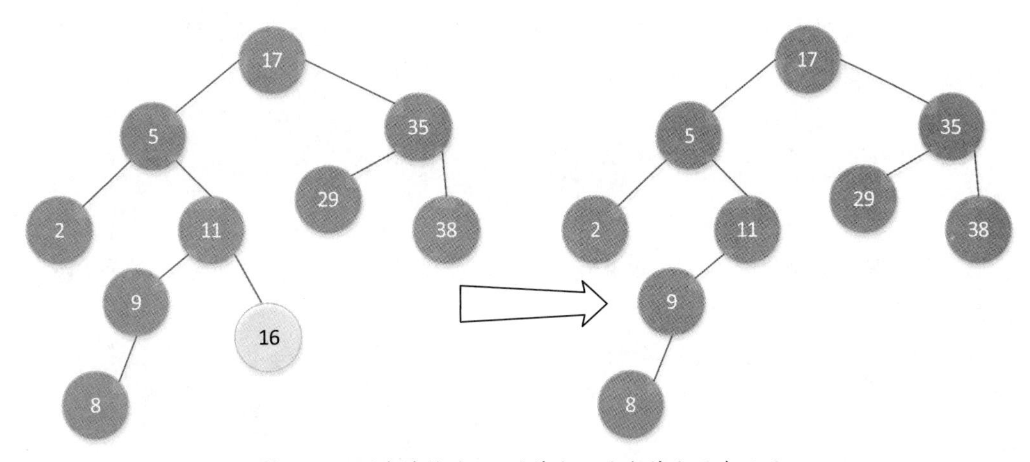

图 6-16　删除键值为 16 的节点，这个节点没有孩子

第二种，要删除的节点只有一个孩子，如图 6-17 所示。

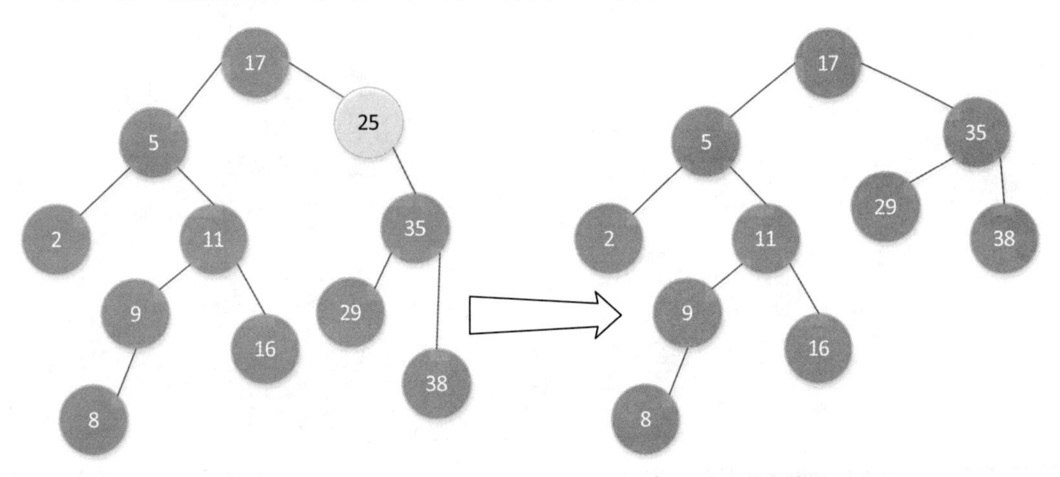

图 6-17　删除键值为 25 的节点，它是只有一个孩子的节点

第三种，要删除的节点有两个孩子，如图 6-18 所示。

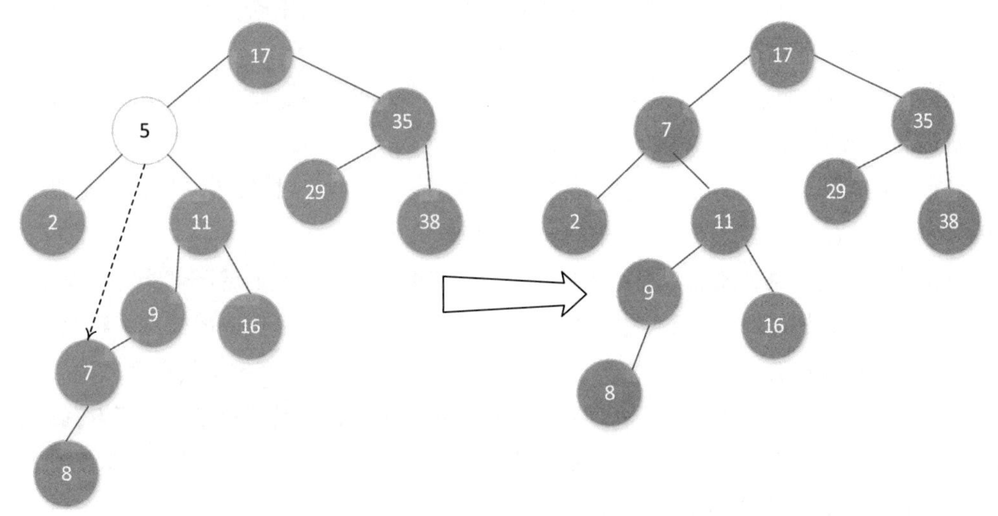

图 6-18　删除键值为 5 的节点，它是有两个孩子的节点

其中，第一种情况最简单。如果当前节点没有孩子，那么需要做的就只是引用删除该节点并删除父节点的引用。具体代码如下：

```
if currentNode.isLeaf():
    if currentNode == currentNode.parent.leftChild:
        currentNode.parent.leftChild = None
    else:
        currentNode.parent.rightChild = None
```

第二种情况会稍微复杂一些，如果节点只有一个孩子，那么可以简单地让孩子替换它父母的位置具体实现代码如下：

```
else: # this node has one child
   if currentNode.hasLeftChild():
      if currentNode.isLeftChild():
          currentNode.leftChild.parent = currentNode.parent
          currentNode.parent.leftChild = currentNode.leftChild
      elif currentNode.isRightChild():
          currentNode.leftChild.parent = currentNode.parent
          currentNode.parent.rightChild = currentNode.leftChild
      else:
          currentNode.replaceNodeData(currentNode.leftChild.key,
                             currentNode.leftChild.payload,
                             currentNode.leftChild.leftChild,
                             currentNode.leftChild.rightChild)
   else:
      if currentNode.isLeftChild():
          currentNode.rightChild.parent = currentNode.parent
          currentNode.parent.leftChild = currentNode.rightChild
      elif currentNode.isRightChild():
          currentNode.rightChild.parent = currentNode.parent
          currentNode.parent.rightChild = currentNode.rightChild
      else:
          currentNode.replaceNodeData(currentNode.rightChild.key,
                             currentNode.rightChild.payload,
                             currentNode.rightChild.leftChild,
                             currentNode.rightChild.rightChild)
```

看到这段代码，就会发现有 6 种情况要考虑。由于是具有左子树还是右子树的情况，我们只讨论当前节点只有左子树的情况。具体过程如下：

（1）如果当前节点是左子树，那么只需更新左子树的引用指向当前节点的父节点，然后更新父节点的左子树引用指向当前节点的左子树；

（2）如果当前节点是右子树，那么只需更新右子树的引用指向当前节点的父节点，然后更新父节点的右子树引用指向当前节点的右子树；

（3）如果当前节点没有父节点，它一定是根。这种情况下，只需通过调用 replaceNodeData() 方法把键替换为左子树和右子树里的数据。

第 3 种情况是最难处理的情况。如果一个节点有两个孩子，我们就不可能简单地让其中一个替换节点的位置，我们需要寻找一个节点，用来替换这个将要删除的节点，我们需要的这个节点能够保持现有二叉搜索树的左、右子树的关系。这个节点在树中具有第二大的键值。我们称这个节点为后继节点，我们将一路寻找这个后继节点，后继节点必须保证没有一个以上的孩子，既然我们已经知道如何处理这两种情况，我们就可以实现。一旦后继节点被删除，我们把它放在树中将被删除的树节点处。具体实现代码如下：

```
elif currentNode.hasBothChildren(): #interior
        succ = currentNode.findSuccessor()
        succ.spliceOut()
        currentNode.key = succ.key
        currentNode.payload = succ.payload
```

找到后继节点的代码如下，从中我们可以看到 TreeNode 类的一个实现方法。

```
def findSuccessor(self):
    succ = None
    if self.hasRightChild():
        succ = self.rightChild.findMin()
    else:
        if self.parent:
               if self.isLeftChild():
                   succ = self.parent
               else:
                   self.parent.rightChild = None
                   succ = self.parent.findSuccessor()
                   self.parent.rightChild = self
    return succ

def findMin(self):
    current = self
    while current.hasLeftChild():
        current = current.leftChild
    return current

def spliceOut(self):
    if self.isLeaf():
        if self.isLeftChild():
               self.parent.leftChild = None
        else:
               self.parent.rightChild = None
    elif self.hasAnyChildren():
        if self.hasLeftChild():
               if self.isLeftChild():
                  self.parent.leftChild = self.leftChild
               else:
                  self.parent.rightChild = self.leftChild
               self.leftChild.parent = self.parent
        else:
               if self.isLeftChild():
                  self.parent.leftChild = self.rightChild
               else:
                  self.parent.rightChild = self.rightChild
               self.rightChild.parent = self.parent
```

上述代码利用二叉搜索树中序遍历的性质，从最小到最大打印出树中的节点。当寻找后继节点时需要考虑以下三种情况：

（1）如果节点有右子节点，那么后继节点是右子树中最小的关键节点；

（2）如果节点没有右子节点，是其父节点的左子树，那么父节点是后继节点；

（3）如果节点是其父节点的右子节点，而本身无右子节点，那么这个节点的后继节点是其父节点的后继节点，但不包括这个节点。

现在首要的问题是从二叉搜索树中删除一个节点，其中 findMin() 方法用来找到子树中最小的节点。因为最小值在任何二叉搜索树中都是树最左边的孩子节点，因此 findMin() 方法只需简单地追踪左子树，直到找到没有左子树的叶节点为止。

另外还需要看看二叉搜索树的最后一个接口，假设已经按顺序简单地遍历了子树上所有的键值，这肯定是用字典实现的。此时肯定会有读者要问：为什么不是树？我们已经知道如何使用中序遍历二叉树的算法，然而写一个迭代器需要更多的操作，因为每次调用迭代器时，一个迭代器只返回一个节点。

Python 提供了一个创建迭代器非常强大的功能。这个功能就是 yield。yield 类似于 return，返回一个值给调用者。然而 yield 也需要额外的步骤来暂停函数的执行，以便下次调用函数继续执行时作准备。它的功能是创建可迭代的对象，称为生成器。实现二叉树迭代器的代码如下。因为通过 __iter__() 重写了 for x in 的操作符进行迭代，所以整个过程是递归，这是 __iter__() 方法在 TreeNode 类中定义的 TreeNode 的实例递归。

```
def __iter__(self):
   if self:
      if self.hasLeftChild():
             for elem in self.leftChiLd:
                yield elem
      yield self.key
      if self.hasRightChild():
             for elem in self.rightChild:
                yield elem
```

在下面的实例文件 erwan.py 中，演示了完整实现二叉查找树的过程，包括查找、插入、获取和删除键值等功能。

```
class TreeNode:
    def __init__(self, key, val, left=None, right=None, parent=None):
        self.key = key
        self.payload = val
        self.leftChild = left
        self.rightChild = right
        self.parent = parent

    def hasLeftChild(self):
        return self.leftChild

    def hasRightChild(self):
        return self.rightChild

    def isLeftChild(self):
        return self.parent and self.parent.leftChild == self

    def isRightChild(self):
        return self.parent and self.parent.rightChild == self

    def isRoot(self):
        return not self.parent

    def isLeaf(self):
        return not (self.rightChild or self.leftChild)

    def hasAnyChildren(self):
        return self.rightChild or self.leftChild

    def hasBothChildren(self):
        return self.rightChild and self.leftChild

    def replaceNodeData(self, key, value, lc, rc):
        self.key = key
```

```
        self.payload = value
        self.leftChild = lc
        self.rightChild = rc
        if self.hasLeftChild():
            self.leftChild.parent = self
        if self.hasRightChild():
            self.rightChild.parent = self


class BinarySearchTree:

    def __init__(self):
        self.root = None
        self.size = 0

    def length(self):
        return self.size

    def __len__(self):
        return self.size

    def put(self, key, val):
        if self.root:
            self._put(key, val, self.root)
        else:
            self.root = TreeNode(key, val)
        self.size = self.size + 1

    def _put(self, key, val, currentNode):
        if key < currentNode.key:
            if currentNode.hasLeftChild():
                self._put(key, val, currentNode.leftChild)
            else:
                currentNode.leftChild = TreeNode(key, val, parent=currentNode)
        else:
            if currentNode.hasRightChild():
                self._put(key, val, currentNode.rightChild)
            else:
                currentNode.rightChild = TreeNode(key, val, parent=currentNode)

    def __setitem__(self, k, v):
        self.put(k, v)

    def get(self, key):
        if self.root:
            res = self._get(key, self.root)
            if res:
                return res.payload
            else:
                return None
        else:
            return None

    def _get(self, key, currentNode):
        if not currentNode:
            return None
        elif currentNode.key == key:
            return currentNode
        elif key < currentNode.key:
            return self._get(key, currentNode.leftChild)
        else:
            return self._get(key, currentNode.rightChild)
```

```
    def __getitem__(self, key):
        return self.get(key)

    def __contains__(self, key):
        if self._get(key, self.root):
            return True
        else:
            return False

    def delete(self, key):
        if self.size > 1:
            nodeToRemove = self._get(key, self.root)
            if nodeToRemove:
                self.remove(nodeToRemove)
                self.size = self.size - 1
            else:
                raise KeyError('Error, key not in tree')
        elif self.size == 1 and self.root.key == key:
            self.root = None
            self.size = self.size - 1
        else:
            raise KeyError('Error, key not in tree')

    def __delitem__(self, key):
        self.delete(key)

    def spliceOut(self):
        if self.isLeaf():
            if self.isLeftChild():
                self.parent.leftChild = None
            else:
                self.parent.rightChild = None
        elif self.hasAnyChildren():
            if self.hasLeftChild():
                if self.isLeftChild():
                    self.parent.leftChild = self.leftChild
                else:
                    self.parent.rightChild = self.leftChild
                self.leftChild.parent = self.parent
            else:
                if self.isLeftChild():
                    self.parent.leftChild = self.rightChild
                else:
                    self.parent.rightChild = self.rightChild
                self.rightChild.parent = self.parent

    def findSuccessor(self):
        succ = None
        if self.hasRightChild():
            succ = self.rightChild.findMin()
        else:
            if self.parent:
                if self.isLeftChild():
                    succ = self.parent
                else:
                    self.parent.rightChild = None
                    succ = self.parent.findSuccessor()
                    self.parent.rightChild = self
        return succ

    def findMin(self):
        current = self
        while current.hasLeftChild():
```

```
            current = current.leftChild
        return current

    def remove(self, currentNode):
        if currentNode.isLeaf():  # leaf
            if currentNode == currentNode.parent.leftChild:
                currentNode.parent.leftChild = None
            else:
                currentNode.parent.rightChild = None
        elif currentNode.hasBothChildren():  # interior
            succ = currentNode.findSuccessor()
            succ.spliceOut()
            currentNode.key = succ.key
            currentNode.payload = succ.payload

        else:  # this node has one child
            if currentNode.hasLeftChild():
                if currentNode.isLeftChild():
                    currentNode.leftChild.parent = currentNode.parent
                    currentNode.parent.leftChild = currentNode.leftChild
                elif currentNode.isRightChild():
                    currentNode.leftChild.parent = currentNode.parent
                    currentNode.parent.rightChild = currentNode.leftChild
                else:
                    currentNode.replaceNodeData(currentNode.leftChild.key,
                                                currentNode.leftChild.payload,
                                                currentNode.leftChild.leftChild,
                                                currentNode.leftChild.rightChild)
            else:
                if currentNode.isLeftChild():
                    currentNode.rightChild.parent = currentNode.parent
                    currentNode.parent.leftChild = currentNode.rightChild
                elif currentNode.isRightChild():
                    currentNode.rightChild.parent = currentNode.parent
                    currentNode.parent.rightChild = currentNode.rightChild
                else:
                    currentNode.replaceNodeData(currentNode.rightChild.key,
                                                currentNode.rightChild.payload,
                                                currentNode.rightChild.leftChild,
                                                currentNode.rightChild.rightChild)


mytree = BinarySearchTree()
mytree[3] = "red"
mytree[4] = "blue"
mytree[6] = "yellow"
mytree[2] = "at"

print(mytree[6])
print(mytree[2])
```

执行后会输出：

```
yellow
at
```

注意：二叉树和链表的效率谁更强？

如果数据是按照链表来组织，访问数据元素的最坏情形耗时 $O(n)$；而对于二叉树来说，访问数据元素的最坏情形耗时 $O(\log n)$。在为输入的 n 个数据元素创建二叉树的同时，也已经对数据进行了有序排列（左子树节点值小于根节点，右子树节点值大于根节点），这样就使得在搜索数据时可以少遍历 $\log(2/n)$ 的数据，这是一种典型的分治思想应用。又因为输入

的 *n* 个数据元素创建链表或二叉树的时间复杂度相同，所以遍历搜索数据元素时，二叉树结构比链表的效率高。

但是，二叉树结构遍历掌握时间效率的提高是通过对空间的额外需求换来的，其比链表需要更多的空间以用来存储。

6.3.8 实战演练——遍历二叉树

遍历有沿途旅行之意，例如我们自助旅行时通常按照事先规划的线路，一个景点一个景点地浏览，为了节约时间，不会去重复的景点。计算机中的遍历是指沿着某条搜索路线，依次对树中所有节点都做一次访问，并且是仅做一次。遍历是二叉树中最重要的运算之一，是在二叉树上进行其他运算的基础。

1．遍历方案

因为一棵非空的二叉树由根节点及左、右子树这三个基本部分组成，所以在任何一个给定节点上，可以按某种次序执行以下三个操作：

（1）访问节点本身（node，N）；

（2）遍历该节点的左子树（left subtree，L）；

（3）遍历该节点的右子树（right subtree，R）。

以上三种操作有六种执行次序，分别是 NLR、LNR、LRN、NRL、RNL 和 RLN。因为前三种次序与后三种次序对称，所以只讨论先左后右的前三种次序。

2．3 种遍历的命名

根据访问节点的操作，会发生以下三种位置命名：

（1）NLR：先序遍历，也称前序遍历，访问节点的操作发生在遍历其左、右子树之前。其结构如图 6-19 所示。

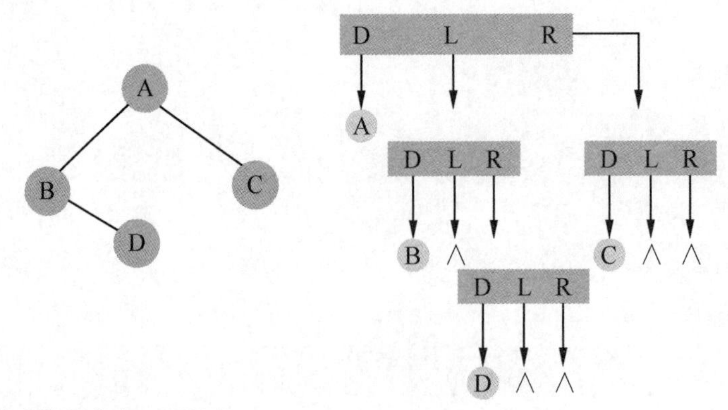

图 6-19　先序遍历

（2）LNR：中序遍历，访问节点的操作发生在遍历其左、右子树之间。其结构如图 6-20 所示。

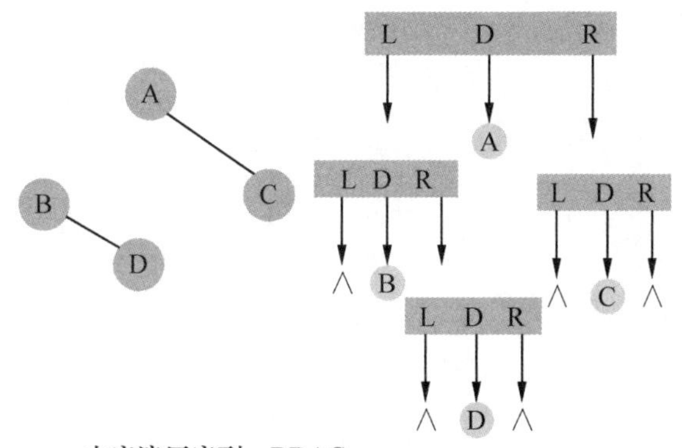

中序遍历序列：BDAC

图 6-20　中序遍历

（3）LRN：后序遍历，访问节点的操作发生在遍历其左、右子树之后。其结构如图 6-21 所示。

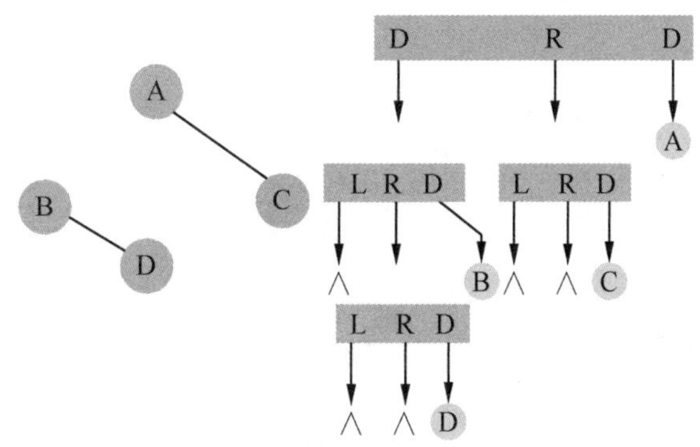

后序遍历序列：DBCA

图 6-21　后序遍历

因为被访问的节点必是某个子树的根，所以 N、L 和 R 又可以理解为根、根的左子树和右子树，所以 NLR、LNR 和 LRN 分别被称为先根遍历、中根遍历和后根遍历。

3．编码流程与实例

在二叉树的按层遍历过程中，程序员只能使用循环队列进行处理，而不能方便地使用递归算法来编写代码。笔者总结的主流编码流程如下：

（1）将第一层即根节点进入队列中；

（2）将第一根节点的左右子树即第二层进入队列；

（3）依此类推，经过循环处理后，即可实现逐层遍历。

在下面的实例文件 biancha.py 中，演示了分别实现二叉树的前序遍历、中序遍历和后序遍历的过程。

（1）首先构建一个二叉树，具体实现代码如下：

```
class Node:
    def __init__(self, value=None, left=None, right=None):
        self.value = value
        self.left = left            # 左子树
        self.right = right          # 右子树
```

（2）分别实现二叉树的前序遍历、中序遍历和后序遍历，具体实现代码如下：

```
def preTraverse(root):
    '''
    前序遍历
    '''
    if root == None:
        return
    print(root.value)
    preTraverse(root.left)
    preTraverse(root.right)

def midTraverse(root):
    '''
    中序遍历
    '''
    if root == None:
        return
    midTraverse(root.left)
    print(root.value)
    midTraverse(root.right)

def afterTraverse(root):
    '''
    后序遍历
    '''
    if root == None:
        return
    afterTraverse(root.left)
    afterTraverse(root.right)
    print(root.value)
```

（3）开始验证，验证如图 6-22 所示的过程。

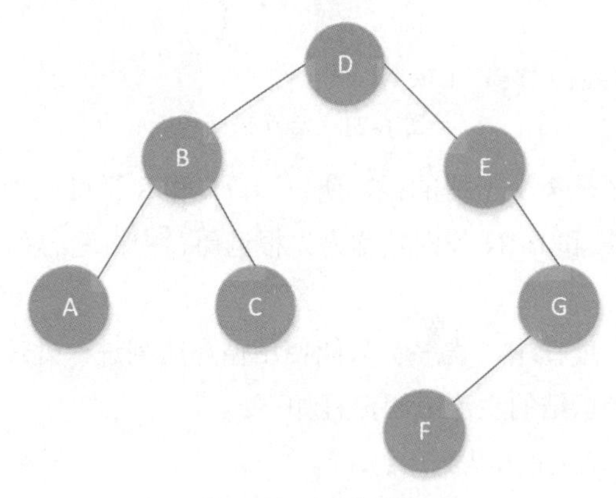

图 6-22　测试遍历

实现遍历测试的代码如下：

```
if __name__=='__main__':
        root=Node('D',Node('B',Node('A'),Node('C')),Node('E',right=Node('G',Node
e('F'))))
    print('前序遍历：')
    preTraverse(root)
    print('\n')
    print('中序遍历：')
    midTraverse(root)
    print('\n')
    print('后序遍历：')
    afterTraverse(root)
```

```
    print('\n')
```

执行后会输出：

```
前序遍历：
D
B
A
C
E
G
F


中序遍历：
A
B
C
D
E
F
G


后序遍历：
A
C
B
F
G
E
D
```

6.3.9　实战演练——使用线索二叉树

线索二叉树是指 n 个节点的二叉链表中含有 n+1 个空指针域。利用二叉链表中的空指针域，存放指向节点在某种遍历次序下的前驱和后继节点的指针（这种附加的指针称为“线索”）。这种加上了线索的二叉链表称为线索链表，相应的二叉树称为线索二叉树（threaded binary tree）。根据线索性质的不同，线索二叉树可分为前序线索二叉树、中序线索二叉树和后序线索二叉树三种。

线索链表解决了二叉链表找左、右孩子困难的问题，也就是解决了无法直接找到该节点在某种遍历序列中的前驱和后继节点的问题。

假如存在一个拥有 n 个节点的二叉树，当采用链式存储结构时会有 n+1 个空链域。这些空链域并不是一无是处，在里面可以存放指向节点的直接前驱和直接后继的指针。如果规定节点有左子树，则其 lchild 域指示其左孩子，否则使 lchild 域指示其前驱；如果节点有右子树，则其 rchild 域指示其右孩子，否则使 rchild 域指示其后继。上述描述很容易混淆，为了避免混淆，有必要改变节点结构，例如，可以在二叉存储结构的节点结构上增加两个标志域。

建立线索二叉树的过程是遍历一棵二叉树的过程。在遍历的过程中，需要检查当前节点的左、右指针域是否为空。如果为空，将它们改为指向前驱节点或后继节点的线索。

线索二叉树的结构如图 6-23 所示。

lchild	ltag	data	rtag	rchild

图 6-23 线索二叉树结构

其中，ltag=0，指示节点的左孩子；ltag=1，指示节点的前驱；rtag=0，指示节点的右孩子；rtag=1，指示节点的后继。

因为线索树能够比较快捷地在线索树上进行遍历。在遍历时先找到序列中的第一个节点，然后依次查找后继节点，一直查找到其后继为空时而止。在实际应用中，比较重要的是在线索树中寻找节点的后继。那么究竟应该如何在线索树中寻找节点的后继呢？接下来以中序线索树为例进行讲解。

因为树中所有叶子节点的右链是线索，所以右链域就直接指示了节点的后继。树中所有非终端节点的右链均为指针，无法由此得到后继。根据中序遍历的规律可知，节点的后继是右子树中最左下的节点。这样就可以总结出在中序线索树中寻找节点前驱的规律是：如果其左标志为“1”，则左链为线索，指示其前驱，否则前驱就是遍历左子树时最后访问的一个节点（左子树中最右下的节点）。

经过上述分析可知，在中序线索二叉树上遍历二叉树时不需要设栈，时间复杂度为 $O(n)$，并且在遍历过程中也无须由叶子向树根回溯，故遍历中序线索二叉树的效率较高。所以，如果在程序中使用的二叉树经常需要遍历，该程序的存储结构就应该使用线索链表。

在后序线索树中寻找节点后继的过程比较复杂，有以下三种情况：

（1）如果节点 x 是二叉树的根，则其后继为空；

（2）如果节点 x 是其双亲的右孩子或是其双亲的左孩子，并且其双亲没有右子树，则其后继为其双亲；

（3）如果节点 x 是其双亲的左孩子，且其双亲有右子树，则其后继为双亲的右子树上按后序遍历列出的第一个节点。

那么，究竟如何进行二叉树的线索化呢？因为线索化能够将二叉链表中的空指针改为指向前驱或后继的线索，而只有在遍历时才能得到前驱或后继的信息，所以必须在遍历的过程中同步完成线索化过程，即在遍历的过程中逐一修改空指针使其指向直接前驱。此时可以借助一个指针 pre，使 pre 指向刚刚访问过的节点，便于前驱线索指针的生成。前面的研究基本上是针对二叉树的，现在把目标转向树，来看看树和二叉树具体有哪些异同点。

在实际应用中，通常使用多种形式的存储结构来表示树，常见形式有双亲表示法、孩子表示法、孩子—兄弟表示法。下面讲解这 3 种常用链表结构的基本知识。

1. 双亲表示法

假设用一组连续空间来存储树的节点，同时在每个节点中设置一个指示器，设置指示器的目的是指示其双亲节点在链表中的位置。双亲表示法是一种存储结构，它利用每个节点（除根以外）只有唯一的双亲的性质。在双亲表示法中，在求节点的孩子时必须遍历整个向量。这个过程比较费时，从而影响效率，这是双亲表示法的最大弱点。双亲表示法如图 6-24 所示。

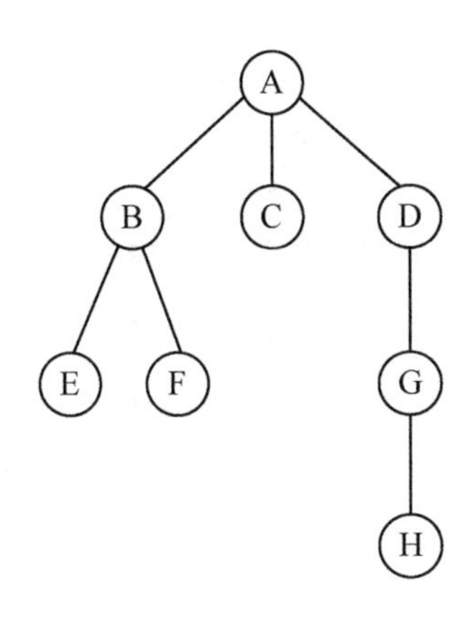

1	A	0
2	B	1
3	C	1
4	D	1
5	E	2
6	F	2
7	G	4
8	H	7

图 6-24　双亲表示法

2．孩子表示法

因为树中每个节点可能有多棵子树，所以可以使用多重链表（每个节点有多个指针域，其中每个指针指向一棵子树的根节点）。与双亲表示法相反，孩子表示法能够方便地实现与孩子有关的操作，但是不适用于 PARENT(T,x) 操作。在现实中建议把双亲表示法和孩子表示法结合使用，即将双亲向量和孩子表头指针向量合在一起，称为“双亲—孩子”表示法。孩子表示法如图 6-25 所示。

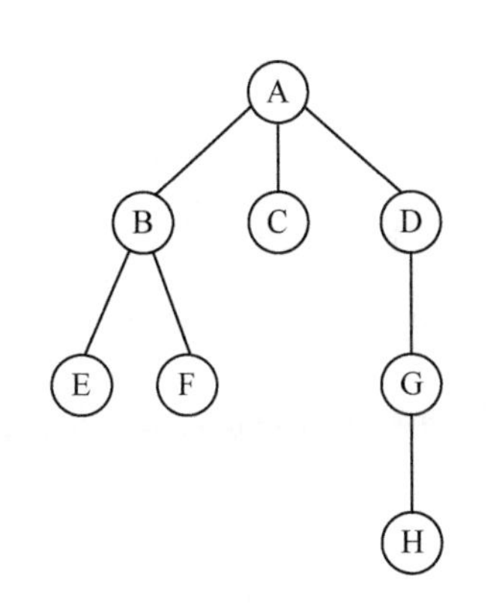

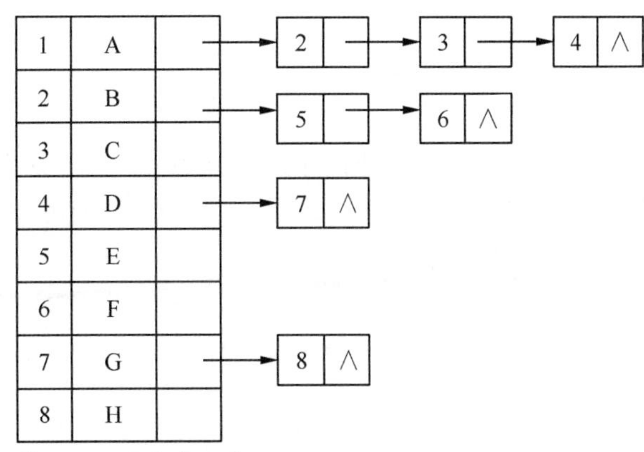

图 6-25　孩子表示法

3．孩子—兄弟表示法

孩子—兄弟表示法又被称为二叉树表示法或二叉链表表示法，是指以二叉链表作为树的存储结构。链表中节点的两个链域分别指向该节点的第一个孩子节点和下一个兄弟节点，分别命名为 fch 域和 nsib 域。

使用孩子—兄弟表示法的好处是便于实现各种树的操作，例如易于寻找节点孩子等操作。假如要访问节点 x 的第 i 个孩子，则只要先从 fch 域找到第 1 个孩子节点，然后沿着孩子节点的 nsib 域连续走 i−1 步，便可以找到 x 的第 i 个孩子。如果为每个节点增设一个 PARENT 域，则同样能方便地实现 PARENT(T,x) 操作。孩子—兄弟表示法如图 6-26 所示。

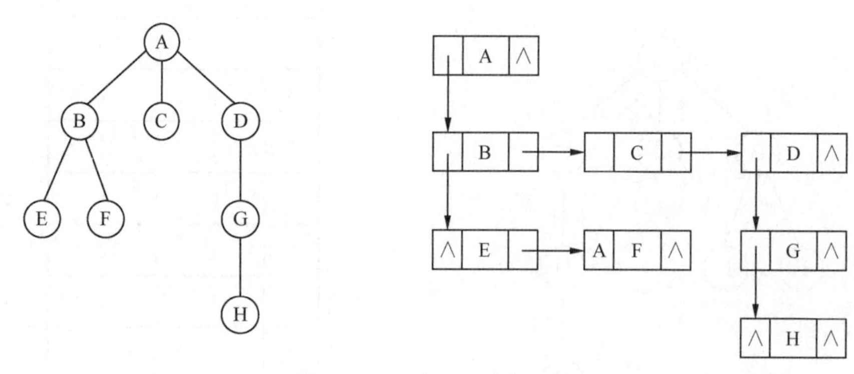

图 6-26 孩子—兄弟表示法

图 6-27（a）中的这棵二叉树，按照中序遍历得到的节点顺序为：B–F–D–A–C–G–E–H。

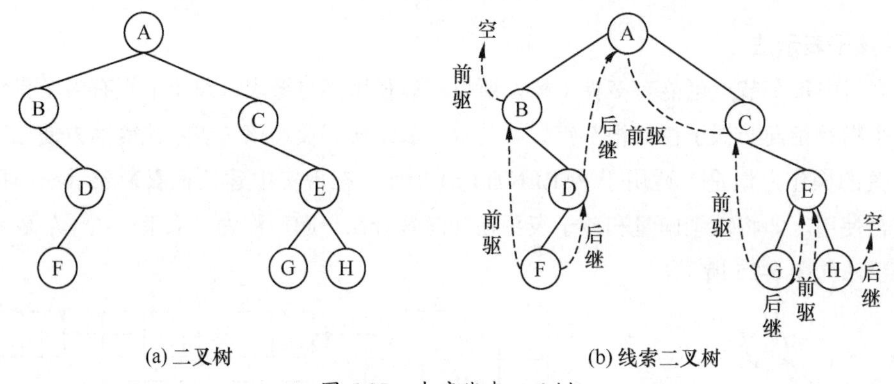

图 6-27 中序线索二叉树

再看图 6-27（b）所示的这棵中序线索二叉树，因为节点 B 没有左子树，所以可以在左子树域中保存前驱节点指针。又因为在按照中序遍历节点时，B 是第一个节点，所以这个节点没有前驱。而因为节点 B 的右子树不为空，所以不保存它后继节点的指针。节点 F 是叶节点，其左子树指针域保存前驱节点指针，指向节点 B，而右子树指针域保存后继节点指针，指向节点 D。如图 6-28 所示为线索二叉树的存储结构。

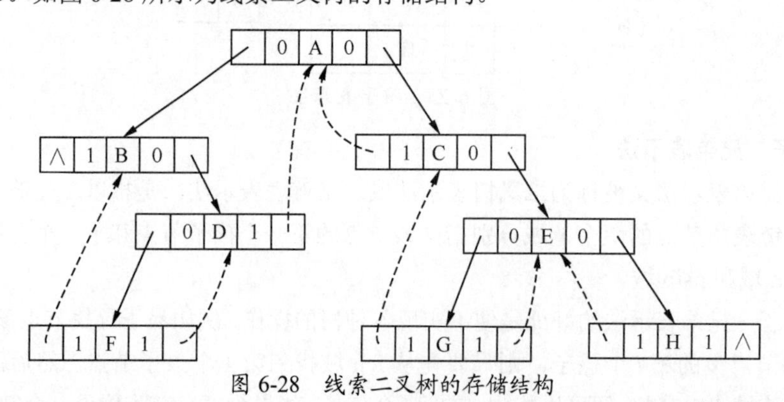

图 6-28 线索二叉树的存储结构

在下面的实例文件 gaoshen.py，演示了获取二叉树的高度、宽度和深度的过程。另外，本实例还实现了二叉树的前序、后序和中序遍历，并且演示了遍历的非递归实现。

```
# 创建二叉树节点
```

```
class Node(object):
    def __init__(self, data, left, right):
        self.data = data
        self.left = None
        self.right = None

# 创建二叉树
class Tree(object):
    # 创建一棵树，默认会有一个根节点
    def __init__(self, data):
        self.root = Node(data, None, None)
        self.size = 1

        ########################################################### 为了计算二叉树的
宽度而用
        # 存放各层节点数目
        self.n = []
        # 初始化层，否则列表访问无效
        for item in range(pow(2, 5)):
            self.n.append(0)
        # 索引标识
        self.maxwidth = 0
        self.i = 0


    # 求二叉树包含的节点数目
    def getsize(self):
        stack = [self.root]
        # 为了正确获取数目，这里需要先初始化一下
        self.size = 0
        while stack:
            temp = stack.pop(0)
            self.size += 1
            if temp.left:
                stack.append(temp.left)
            if temp.right:
                stack.append(temp.right)
        return self.size

    # 默认以层次遍历打印出该二叉树
    def print(self):
        stack = [self.root]
        while stack:
            temp = stack.pop(0)
            print(str(temp.data)+"\t", end='\t')
            if temp.left:
                stack.append(temp.left)
            if temp.right:
                stack.append(temp.right)
    # 递归实现前序遍历
    def qianxuDG(self, root):
        if root:
            print(root.data)
            self.qianxuDG(root.left)
            self.qianxuDG(root.right)

    # 递归实现中序遍历
    def zhongxuDG(self, root):
        if root:
            self.zhongxuDG(root.left)
            print(root.data)
            self.zhongxuDG(root.right)
```

```
    # 求得二叉树的最大高度
    def height(self, root):
        if not root:
            return 0
        ldeepth = self.height(root.left)
        rdeepth = self.height(root.right)
        return max(ldeepth+1, rdeepth+1)
    # 求得二叉树的最大深度
    def deepth(self, root):
        return self.height(root)-1
    # 递归实现后序遍历
    def houxuDG(self, root):
        if root:
            self.houxuDG(root.left)
            self.houxuDG(root.right)
            print(root.data)

    # 二叉树的先序遍历非递归实现
    def xianxu(self):
        """
        进栈向左走，如果当前节点有右子树，则先把右子树入栈，再把左子树入栈。来实现先根遍历效果
        :return:
        """
        if self.root is None:
            return
        else:
            stack = [self.root]
            while stack:
                current = stack.pop()
                print(current.data)
                if current.right:
                    stack.append(current.right)
                if current.left:
                    stack.append(current.left)

    # 二叉树的中序非递归实现
    def zhongxu(self):
        if self.root is None:
            return
        else:
            # stack = [self.root]
            # current = stack[-1]
            stack = []
            current = self.root
            while len(stack)!=0 or current:
                if current:
                    stack.append(current)
                    current = current.left
                else:
                    temp = stack.pop()
                    print(temp.data)
                    current = temp.right

    # 二叉树的后序非递归实现
    def houxu(self):
        if self.root is None:
            return
        else:
            stack1 = []
            stack2 = []
            stack1.append(self.root)
            # 对每一个头节点进行判断，先将该头节点放到栈 2 中，如果该节点有左子树则放入栈 1，
有右子树也放到栈 1
```

```
            while stack1:
                current = stack1.pop()
                stack2.append(current)
                if current.left:
                    stack1.append(current.left)
                if current.right:
                    stack1.append(current.right)
            # 直接遍历输出 stack2 即可
            while stack2:
                print(stack2.pop().data)

    # 求一棵二叉树的最大宽度
    def width(self, root):
        if root is None:
            return
        else:
            # 如果是访问根节点
            if self.i == 0:
                # 第一层加一
                self.n[0] =1
                # 到达第二层
                self.i += 1
                if root.left:
                    self.n[self.i] += 1
                if root.right:
                    self.n[self.i] += 1
                # print('临时数据：', self.n)
            else:
                # 访问子树
                self.i += 1
                # print('二叉树所在层数：', self.i)
                if root.left:
                    self.n[self.i] += 1
                if root.right:
                    self.n[self.i] += 1
            # 开始判断，取出最大值
            # maxwidth = max(maxwidth, n[i])
            # maxwidth.append(max(max(maxwidth), n[i]))
            self.maxwidth= max(self.maxwidth, self.n[self.i])
            # 遍历左子树
            self.width(root.left)
            # 往上退一层
            self.i -= 1
            # 遍历右子树
            self.width(root.right)

            return self.maxwidth


if __name__ == '__main__':
    # 手动创建一棵二叉树
    print('手动创建一棵二叉树')
    tree = Tree(1)
    tree.root.left = Node(2, None, None)
    tree.root.right = Node(3, None, None)
    tree.root.left.left = Node(4, None, None)
    tree.root.left.right = Node(5, None, None)
    tree.root.right.left = Node(6, None, None)
    tree.root.right.right = Node(7, None, None)
    tree.root.left.left.left = Node(8, None, None)
    tree.root.left.left.right = Node(9, None, None)
    tree.root.left.right.left = Node(10, None, None)
    tree.root.left.right.left = Node(11, None, None)
```

```
    # 测试一下是否创建成功
    print('测试一下是否创建成功')
    print(tree.root.data)
    print(tree.root.left.data)
    print(tree.root.right.data)
    print(tree.root.left.left.data)
    print(tree.root.left.right.data)
    # 调用方法打印一下效果：以层次遍历实现
    print('调用方法打印一下效果：以层次遍历实现')
    tree.print()
    print('前序遍历递归实现')
    # 前序遍历递归实现
    tree.qianxuDG(tree.root)
    # 中序遍历递归实现
    print('中序遍历递归实现')
    tree.zhongxuDG(tree.root)
    # 后序遍历递归实现
    print('后序遍历递归实现')
    tree.houxuDG(tree.root)
    # 求取二叉树的高度
    print('求取二叉树的高度')
    print(tree.height(tree.root))
    # 求取二叉树的深度
    print('求取二叉树的深度')
    print(tree.deepth(tree.root))
    # 二叉树的非递归先序遍历实现
    print('二叉树的非递归先序遍历实现')
    tree.xianxu()
    print('中序非递归遍历测试')
    tree.zhongxu()
    print('后序非递归遍历测试')
    tree.houxu()
    print('二叉树的最大宽度为：  {}'.format(tree.width(tree.root)))
    print('二叉树的节点数目为：  {}'.format(tree.getsize()))
```

执行后会输出：

```
手动创建一棵二叉树
测试一下是否创建成功
1
2
3
4
5
调用方法打印一下效果：以层次遍历实现
1           2           3           4           5           6
7           8           9           11          前序遍历递归实现
1
2
4
8
9
5
11
3
6
7
中序遍历递归实现
8
4
9
2
11
5
```

```
1
6
3
7
后序遍历递归实现
8
9
4
11
5
2
6
7
3
1
求取二叉树的高度
4
求取二叉树的深度
3
二叉树的非递归先序遍历实现
1
2
4
8
9
5
11
3
6
7
中序非递归遍历测试
8
4
9
2
11
5
1
6
3
7
后序非递归遍历测试
8
9
4
11
5
2
6
7
3
1
二叉树的最大宽度为： 4
二叉树的节点数目为： 10
```

注意：如何打印二叉树中的所有路径？

路径的定义就是从根节点到叶节点的点的集合。要想打印二叉树中的所有路径，还需要利用递归来实现。先用一个list来保存经过的节点，如果已经是叶子节点，那么打印list的所有内容；如果不是，那么将节点加入list，然后继续递归调用该函数，只不过入口的参数变成了该节点的左子树和右子树。

6.4 堆排列和二叉堆

堆队列是一棵二叉树，并且拥有以下特点：它的父节点的值小于或等于任何它的子节点的值。如果采用数组 array 实现，可以把它们的关系表示为 heap[k] <= heap[2*k+1] 和 heap[k] <= heap[2*k+2]，对于所有 *k* 值都成立，*k* 值从 0 开始计算。作为比较，可以认为不存在的元素是无穷大的。堆队列有一个比较重要的特性，它的最小值的元素就是在根：heap[0]。

6.4.1 实战演练——使用 Python 内置的堆操作方法

在 Python 中对堆这种数据结构进行了模块化处理，开发者可以通过调用 heapq 模块来建立堆这种数据结构，同时 heapq 模块也提供了相应的方法来对堆做操作。在 heapq 模块中包含表 6-3 所列的成员。

表 6-3

成员名称	说　明
heapq.heappush(heap, item)	把一个 item 项值压入堆 heap，同时维持堆的排序要求
heapq.heappop(heap)	弹出并返回堆 heap 里最小值的项，调整堆排序。如果堆为空，抛出 IndexError 异常
heapq.heappushpop(heap, item)	向堆 heap 里插入一个 item 项，并返回最小值的项。组合了前面两个函数，这样更加有效率
heapq.heapify(x)	在线性时间内，将列表 x 放入堆中
heapq.heapreplace(heap, item)	弹出最小值的项，并返回相应的值，最后把新项压入堆。如果堆为空，抛出 IndexError 异常
heapq.merge(*iterables)	合并多个堆排序后的列表，返回一个迭代器访问所有值
heapq.nlargest(n, iterable, key=None)	从数据集 iterable 中获取 *n* 项的最大值，以列表方式返回。如果提供了参数 key，则 key 是一个比较函数，用来比较元素之间的值
heapq.nsmallest(n, iterable, key=None)	从数据集 iterable 中获取 *n* 项的最小值，以列表方式返回。如果提供了参数 key，则 key 是一个比较函数，用来比较元素之间的值。相当于 sorted(iterable, key=key)[:n]

例如在下面的实例文件 dui1.py 中，首先使用函数 heappush() 把值压入到堆 heap 中，同时维持堆的排序要求；然后调用上述函数实现堆队列处理。

```
import heapq
h = []
# 使用 heappush() 函数把一项值压入堆 heap，同时维持堆的排序要求。
heapq.heappush(h, 5)
heapq.heappush(h, 2)
heapq.heappush(h, 8)
heapq.heappush(h, 4)
print(heapq.heappop(h))
heapq.heappush(h, 5)
# 使用 heapq.heappop(heap)
heapq.heappush(h, 2)
heapq.heappush(h, 8)
heapq.heappush(h, 4)
print(heapq.heappop(h))
print(heapq.heappop(h))
# 使用 heapq.heappushpop(heap, item)
h = []
heapq.heappush(h, 5)
```

```
heapq.heappush(h, 2)
heapq.heappush(h, 8)
print(heapq.heappushpop(h, 4))
# 使用 heapq.heapify(x)
h = [9, 8, 7, 6, 2, 4, 5]
heapq.heapify(h)
print(h)
# 使用函数 heapq.heapreplace(heap, item)
heapq.heapify(h)
print(heapq.heapreplace(h, 1))
print(h)
# 使用 heapq.merge(*iterables)
heapq.heapify(h)
l = [19, 11, 3, 15, 16]
heapq.heapify(l)
for i in heapq.merge(h,l):
    print(i, end = ‘,’ )
```

执行后会输出：

```
2
2
4
2
[2, 6, 4, 9, 8, 7, 5]
2
[1, 6, 4, 9, 8, 7, 5]
1,3,6,4,9,8,7,5,11,19,15,16,
```

6.4.2　实战演练——实现二叉堆操作

一个实现优先队列的经典方法就是采用二叉堆（Binary Heap），二叉堆能将优先队列的入队和出队复杂度都保持在 $O(\log n)$。二叉堆的逻辑结构上像二叉树，却是用非嵌套的列表来实现的。二叉堆有两种：键值总是最小的排在队首称为“最小堆（min heap）”；反之，键值总是最大的排在队首称为“最大堆（max heap）”。

在 Python 语言中，和二叉堆操作的函数见表 6-4。

表 6-4

函数名称	说　明
BinaryHeap()	创建一个空的二叉堆对象
insert(k)	将新元素加入堆中
findMin()	返回堆中的最小项，最小项仍保留在堆中
delMin()	返回堆中的最小项，同时从堆中删除
isEmpty()	返回堆是否为空
size()	返回堆中节点的个数
buildHeap(list)	从一个包含节点的列表中创建新堆

在下面的实例文件 brackets.py 中，演示了实现二叉堆操作的过程。

```
class BinHeap:
    def __init__(self):
        self.heapList = [0]
        self.currentSize = 0


    def percUp(self,i):
        while i // 2 > 0:
```

```
            if self.heapList[i] < self.heapList[i // 2]:
               tmp = self.heapList[i // 2]
               self.heapList[i // 2] = self.heapList[i]
               self.heapList[i] = tmp
            i = i // 2

      def insert(self,k):
        self.heapList.append(k)
        self.currentSize = self.currentSize + 1
        self.percUp(self.currentSize)

      def percDown(self,i):
        while (i * 2) <= self.currentSize:
            mc = self.minChild(i)
            if self.heapList[i] > self.heapList[mc]:
                tmp = self.heapList[i]
                self.heapList[i] = self.heapList[mc]
                self.heapList[mc] = tmp
            i = mc

      def minChild(self,i):
        if i * 2 + 1 > self.currentSize:
            return i * 2
        else:
            if self.heapList[i*2] < self.heapList[i*2+1]:
                return i * 2
            else:
                return i * 2 + 1

      def delMin(self):
        retval = self.heapList[1]
        self.heapList[1] = self.heapList[self.currentSize]
        self.currentSize = self.currentSize - 1
        self.heapList.pop()
        self.percDown(1)
        return retval

      def buildHeap(self,alist):
        i = len(alist) // 2
        self.currentSize = len(alist)
        self.heapList = [0] + alist[:]
        while (i > 0):
            self.percDown(i)
            i = i - 1

bh = BinHeap()
bh.buildHeap([9,5,6,2,3])

print(bh.delMin())
print(bh.delMin())
print(bh.delMin())
print(bh.delMin())
print(bh.delMin())
```

执行后会输出：

```
2
3
5
6
9
```

6.5　哈夫曼树

哈夫曼树是所有的“树”结构中最优秀的种类之一，又被称为最优二叉树，它是 n 个带权叶子节点构成的所有二叉树中，带权路径长度 WPL 最小的二叉树。

如图 6-29 所示为一个哈夫曼树示意图。

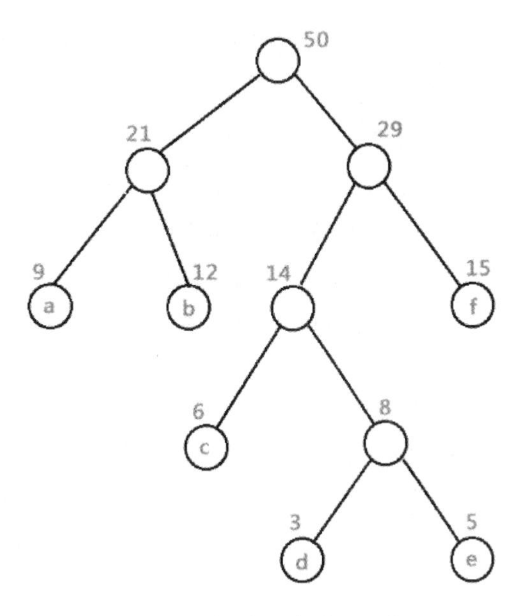

图 6-29　一个哈夫曼树示意

其中，a 的编码为 00；b 的编码为 01；c 的编码为 100；d 的编码为 1010；e 的编码为 1011；f 的编码为 11。

6.5.1　哈夫曼树基础

1．与哈夫曼树基础相关的几个概念

（1）路径：从树中一个节点到另一个节点之间的分支构成这两个节点之间的路径。

（2）路径长度：路径上的分支数目称为路径长度。

（3）树的路径长度：从树根到每一个节点的路径长度之和。

（4）节点的带权路径长度：从该节点到树根之间的路径长度与节点上权的乘积。

（5）树的带权路径长度是树中所有叶子节点的带权路径长度的和，记作：

$$\text{WPL}=\sum_{k=1}^{n}W_k l_k$$

学习了上面几个概念后，我们来细致地了解哈夫曼树的定义，假设有 n 个权值 $\{m_1, m_2, m_3, \cdots, m_n\}$，可以构造一棵具有 n 个叶子节点的二叉树，每个叶子节点带权为 m_i，则其中带权路径长度 WPL 最小的二叉树称为最优二叉树，也叫哈夫曼树。

根据上述定义，哈夫曼树是带权路径长度最小的二叉树。假设一个二叉树有 4 个节点，分别是 A、B、C、D，其权重分别是 5、7、2、13，通过这 4 个节点可以构成多种二叉树，

如图 6-30 所示。

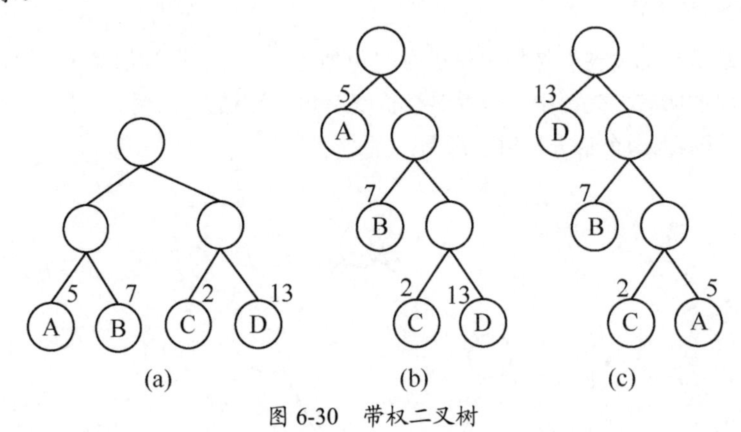

图 6-30 带权二叉树

因为哈夫曼树的带权路径长度是各节点的带权路径长度之和，所以计算图 6-30 所示的各二叉树的带权路径长度，分别是节点 A、B、C、D 的带权路径长度的和，具体计算过程如下：

① WPL=5×2+7×2+2×2+13×2=54

② WPL=5×1+7×2+2×3+13×3=64

③ WPL=1×13+2×7+3×2+5×3=48

2．构造哈夫曼树的过程

构造哈夫曼树的步骤如下。

（1）将给定的 n 个权值 $\{m_1, m_2, \cdots, m_n\}$ 作为 n 个根节点的权值构造一个具有 n 棵二叉树的森林 $\{T_1, T_2, \cdots, T_n\}$，其中每棵二叉树只有一个根节点。

（2）在森林中选取两棵根节点权值最小的二叉树作为左右子树构造一棵新二叉树，新二叉树的根节点权值为这两棵树根的权值之和。

（3）在森林中，将上面选择的这两棵根权值最小的二叉树从森林中删除，并将刚刚新构造的二叉树加入森林中。

（4）重复步骤（2）和步骤（3），直到森林中只有一棵二叉树为止，这棵二叉树就是哈夫曼树。

假设有一个权集 m={5，29，7，8，14，23，3，11}，要求构造关于 m 的一棵哈夫曼树，并求其加权路径长度 WPL。

现在开始解决上述问题，在构造哈夫曼树的过程中，当第二次选择两棵权值最小的树时，最小的两个左右子树分别是 7 和 8，如图 6-31 所示。这里的 8 有两种，第一种是原来权集中的 8；第二种是经过第一次构造出新的二叉树的根的权值。

所以 7 与不同的 8 相结合，便生成了不同的哈夫曼树，但是它们的 WPL 相同，计算过程如下：

树 1：WPL=2×23+3×(8+11)+2×29+3×14+4×7+5×(3+5)=271

树 2：WPL=2×23+3×11+4×(3+5)+2×29+3×14+4×(7+8)=271

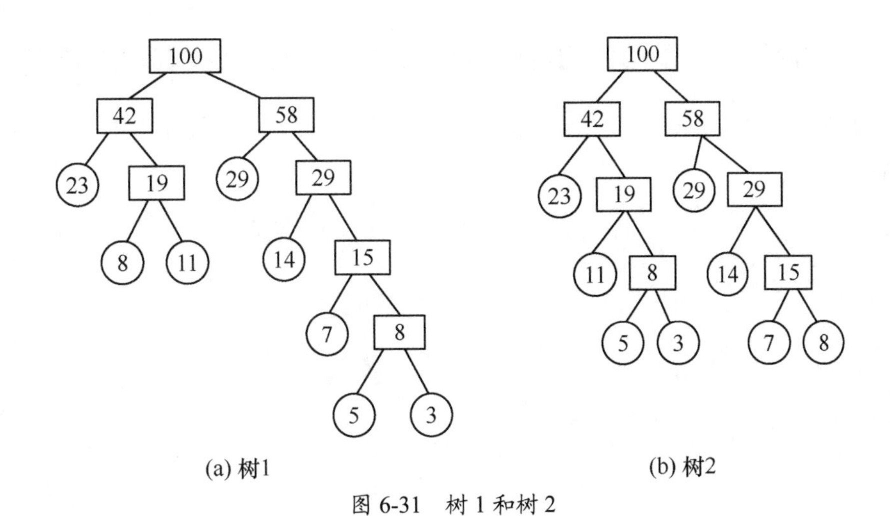

图 6-31　树 1 和树 2

3．哈夫曼编码

在现实中如果要设计电文总长最短的二进制前缀编码，其实就是以 *n* 种字符出现的频率作为权，然后设计一棵哈夫曼树的过程。正因如此，所以通常将二进制前缀编码称为哈夫曼编码。假设存在以下针对某电文的描述：

在一份电文中一共使用 8 种字符，分别是☆、★、○、●、◎、◇、◆和▲，它们出现的概率分别为 0.05、0.29、0.07、0.08、0.14、0.23、0.03 和 0.11，请尝试设计哈夫曼编码。

哈夫曼编码的具体过程如图 6-32 所示。

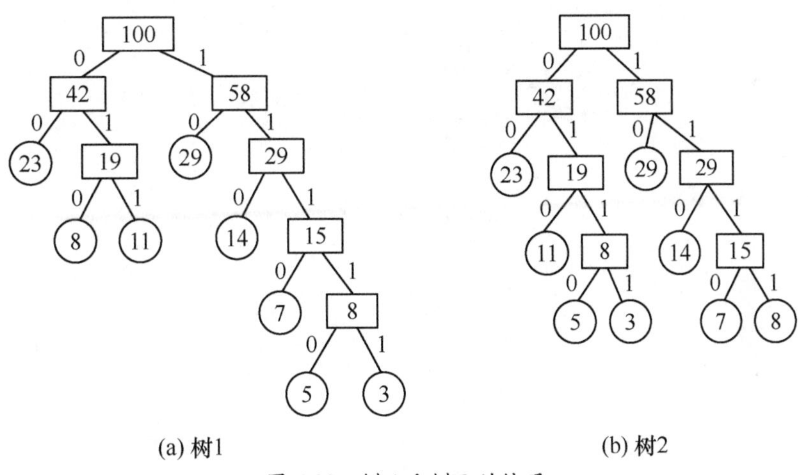

图 6-32　树 1 和树 2 的编码

在树 1 中，编码如下：

☆：11110，★：10，○：1110，●：010，◎：110，◇：00，◆：11111，▲：011

在树 2 中，编码如下：

☆：0110，★：10，○：1110，●：1111，◎：110，◇：00，◆：0111，▲：010

在现实应用中，通常在内存中分配一些连续的区域来保存哈夫曼二叉树，可以将这部分内存区域作为一个一维数组，通过数组的序号访问不同的二叉树节点。

6.5.2 实战演练——使用面向过程方式和面向对象方式实现哈夫曼树

在下面的实例文件 huo.py 中，演示了分别使用面向过程方式和面向对象方式实现哈夫曼树的过程。

```
class Node(object):
    def __init__(self, value, left=None, right=None):
        self.value = value
        self.left = None
        self.right = None

class Huffman(object):

    def __init__(self, items=[]):
        while len(items)!=1:
            a, b = items[0], items[1]
            newvalue = a.value + b.value
            newnode = Node(value=newvalue)
            newnode.left, newnode.right = a, b
            items.remove(a)
            items.remove(b)
            items.append(newnode)
            items = sorted(items, key=lambda node: int(node.value))
            # 每次都要记得更新哈夫曼树的根节点
            self.root = newnode

    def print(self):
        queue = [self.root]
        while queue:
            current = queue.pop(0)
            print(current.value, end='\t')
            if(current.left):
                queue.append(current.left)
            if current.right:
                queue.append(current.right)
        print()

def sortlists(lists):
    return sorted(lists, key=lambda node: int(node.value))

def create_huffman_tree(lists):
    while len(lists)>1:
        a, b = lists[0], lists[1]
        node = Node(value=int(a.value+b.value))
        node.left, node.right = a, b
        lists.remove(a)
        lists.remove(b)
        lists.append(node)
        lists = sorted(lists, key=lambda node: node.value)
    return lists


def scan(root):
    if root:
        queue = [root]
        while queue:
            current = queue.pop(0)
            print(current.value, end='\t')
            if current.left:
                queue.append(current.left)
            if current.right:
                queue.append(current.right)
```

```
if __name__ == '__main__':
    ls = [Node(i) for i in range(1, 5)]
    huffman = Huffman(items=ls)
    huffman.print()
    print('===================================')
    lssl = [Node(i) for i in range(1, 5)]
    root = create_huffman_tree(lssl)[0]
    scan(root)
```

在上述代码中，先对序列进行排序，然后找到序列中最小的两个值，并在序列中删除这两个值。求和之后放到原来的序列中，再次进行排序。进行下一次循环的执行，直到序列中只剩下一个元素就可以停止。执行后会输出：

```
10 4       6       3       3       1       2
===================================
10 4       6       3       3       1       2
```

6.5.3 实战演练——实现哈夫曼树的基本操作

在下面的实例文件 bianma.py 中，演示了实现哈夫曼树基本操作的过程。这些基本操作包括构建树节点类、创建树节点队列、为队列添加节点元素、创建节点队列、统计各个字符在字符串中出现的次数、创建哈夫曼树、字符串编码以及字符串解码等。

```
# 树节点类构建
class TreeNode(object):
    def __init__(self, data):
        self.val = data[0]
        self.priority = data[1]
        self.leftChild = None
        self.rightChild = None
        self.code = ""
# 创建树节点队列函数
def creatnodeQ(codes):
    q = []
    for code in codes:
        q.append(TreeNode(code))
    return q
# 为队列添加节点元素，并保证优先度从大到小排列
def addQ(queue, nodeNew):
    if len(queue) == 0:
        return [nodeNew]
    for i in range(len(queue)):
        if queue[i].priority >= nodeNew.priority:
            return queue[:i] + [nodeNew] + queue[i:]
    return queue + [nodeNew]
# 节点队列类定义
class nodeQeuen(object):

    def __init__(self, code):
        self.que = creatnodeQ(code)
        self.size = len(self.que)

    def addNode(self,node):
        self.que = addQ(self.que, node)
        self.size += 1

    def popNode(self):
        self.size -= 1
        return self.que.pop(0)
```

```
# 各个字符在字符串中出现的次数，即计算优先度
def freChar(string):
    d ={}
    for c in string:
        if not c in d:
            d[c] = 1
        else:
            d[c] += 1
    return sorted(d.items(),key=lambda x:x[1])
# 创建哈夫曼树
def creatHuffmanTree(nodeQ):
    while nodeQ.size != 1:
        node1 = nodeQ.popNode()
        node2 = nodeQ.popNode()
        r = TreeNode([None, node1.priority+node2.priority])
        r.leftChild = node1
        r.rightChild = node2
        nodeQ.addNode(r)
    return nodeQ.popNode()

codeDic1 = {}
codeDic2 = {}
# 由哈夫曼树得到哈夫曼编码表
def HuffmanCodeDic(head, x):
    global codeDic, codeList
    if head:
        HuffmanCodeDic(head.leftChild, x+'0')
        head.code += x
        if head.val:
            codeDic2[head.code] = head.val
            codeDic1[head.val] = head.code
        HuffmanCodeDic(head.rightChild, x+'1')
# 字符串编码
def TransEncode(string):
    global codeDic1
    transcode = ""
    for c in string:
        transcode += codeDic1[c]
    return transcode
# 字符串解码
def TransDecode(StringCode):
    global codeDic2
    code = ""
    ans = ""
    for ch in StringCode:
        code += ch
        if code in codeDic2:
            ans += codeDic2[code]
            code = ""
    return ans
# 举例
string ="AAGGDCCCDDDGFBBBFFGGDDDDGGGEFFDDCCCCDDFGAAA"
t = nodeQeuen(freChar(string))
tree = creatHuffmanTree(t)
HuffmanCodeDic(tree, '')
print(codeDic1,codeDic2)
a = TransEncode(string)
print(a)
aa = TransDecode(a)
print(aa)
print(string == aa)
```

对上述代码分析如下：

（1）构建树节点类 TreeNode，共有五个属性：节点的值，节点的优先度，节点的左子节点，节点的右子节点，节点值的编码。

（2）创建树节点队列函数 creatnodeQ()，对于所有的字母节点，我们将其组成一个队列，这里使用 list 列表来完成队列的功能。将所有树节点够放进列表中，当然传进来的是按优先度从小到大已排序的元素列表。

（3）通过函数 addQ() 为队列添加节点元素，并保证优先度从大到小排列。当有新生成的节点时，需将其插入列表，并放在合适位置，使队列依然按优先度从小到大排列。

（4）定义节点队列类 nodeQeuen，在创建类初始化时需要传进去一个列表，列表中的每个元素是由字母与优先度组成的元组。元组第一个元素是字母，第二个元素是优先度（在文本中出现的次数）。在类初始化时，调用“创建树节点队列函数”，队列中的每个元素都是一个树节点。类中还包含一个队列规模属性以及另外两个操作函数：添加节点函数和弹出节点函数。在添加节点函数直接调用之前定义的函数，输入的参数为队列和新节点，并且队列规模加一。在弹出第一个元素时直接调用列表的 pop(0) 函数，同时队列规模减一。

（5）通过函数 freChar() 计算文本中个字母的优先度，即出现的次数。首先定义一个字典，遍历文本中的每一个字母，若字母不在字典里说明是第一次出现，则定义该字母为键，令键值为 1，若在字典里有，则只需将相应的键值加一。遍历后就得到每个字母出现的次数。

（6）通过函数 creatHuffmanTree() 由哈夫曼树得到编码表，定义了两个全局字典，分别用于存放字母编码，一个字典用于编码，另一个字典用于解码，这样程序操作起来比较方便。

执行后会输出：

```
    {'E': '0000', 'B': '0001', 'A': '001', 'G': '01', 'D': '10', 'F': '110', 'C': 
'111'} {'0000': 'E', '0001': 'B', '001': 'A', '01': 'G', '10': 'D', '110': 'F', 
'111': 'C'}
    00100101011011111111111010100111000010001000111011001011010101001010100001101101
0101111111111111010110010010010 01
    AAGGDCCCDDDGFBBBFFGGDDDDGGGEFFDDCCCCDDFGAAA
    True
```

注意：总结一下哈夫曼编码的算法实现。

哈夫曼编码的实现一般分为两个步骤：构造一棵 *n* 个节点的哈夫曼树和对哈夫曼树中的 *n* 个叶子节点进行编码。一棵有 *n* 个叶子节点的哈夫曼树共有 2*n*-1 个节点，可以存储在一个大小为 2*n*-1 的一维数组中。

进一步确定节点结构的方法为：在构成哈夫曼树之后，为了求取具体的编码，需要从子节点到根节点逆向进行；而为了求取具体的译码，需从根节点到子节点正向进行。对每个节点而言，既要知道双亲的信息，又要知道孩子的信息，所以使用二叉链表的形式不能很好地满足要求，而需使用增加一个指向双亲节点指针域的三叉链表。*n* 个字符的编码可存储在二维数组中，因为每个字符的编码长度不等，所以需要动态分配数组存储哈夫曼编码。实现哈夫曼编码的基本流程如图 6-33 所示。

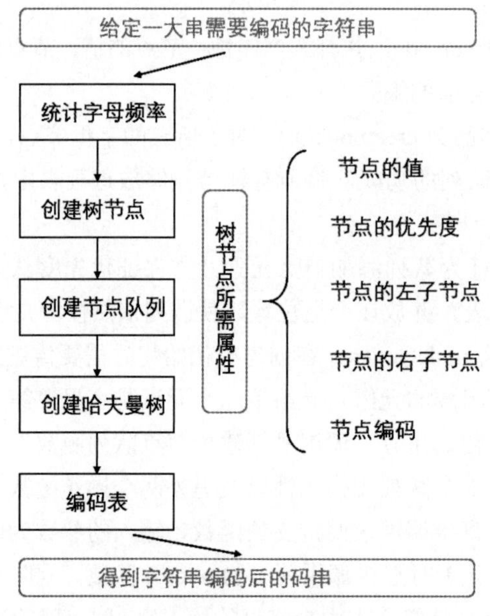

图 6-33 实现哈夫曼编码的基本流程

第7章 图

本章将要讲解的"图"是一种比较复杂的数据结构，这是一种网状结构，并且任何数据都可以用"图"来表示。本章中将详细介绍网状关系结构中"图"的基本知识，包括图的基本概念、存储结构、图的遍历、图的连通性和寻求最短路径等知识。

7.1 图的起源

要想研究"图"的起源和基本概念，需要从七桥问题的故事说起。哥尼斯堡（现俄罗斯加里宁格勒）位于立陶宛的普雷格尔河畔。在河中有两个小岛，城市与小岛由七座小桥相连，如图 7-1（a）所示。当时城中居民热衷于思考这样一个问题：游人是否可以从城市或小岛的一点出发，经由七座桥，并且只经由每座桥一次，然后回到原地。

针对七桥问题，很多人不得其解，就算有解，也是结果各异，并且都声称自己才是正确的。1736 年，瑞士数学家欧拉解决了这个七桥问题，并专门为其发表了第一篇图论方向的论文。从此以后，"图"这一概念便走上了历史舞台。当时，欧拉用了一个十分简明的工具，即如图 7-1（b）所示的这张图解决了这个问题。图 7-1（b）中的节点用以表示河两岸及两个小岛，边表示小桥，如果游人可以做出所要求的那种游历，那么必可从图的某一节点出发，经过每条边一次且仅经过一次后又回到原节点。这时，对每个节点而言，每离开一次，总相应地要进入一次，而每次进出不得重复同一条边，因而它应当与偶数条边相联结。由于图 7-1（b）中并非每个节点都与偶数条边相联结，因此游人不可能做出所要求的游历。

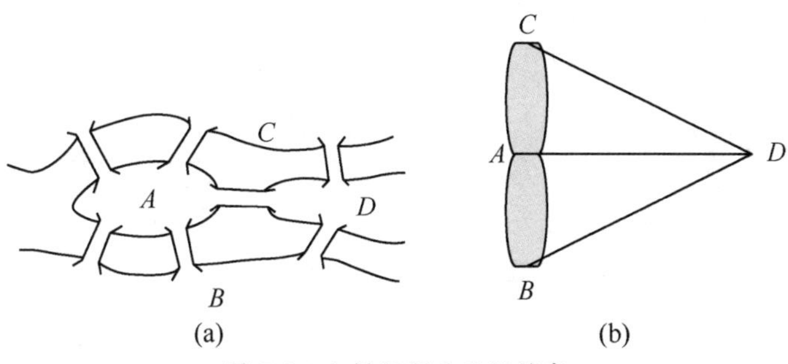

图 7-1　七桥问题及欧拉答案

图 7-1（b）是图 7-1（a）的抽象，不必关心图 7-1（b）中图形节点的位置，也不必关心

边的长短和形状，只需关心节点与边的联结关系即可。也就是说，所研究的图和几何图形是不同的，而是一种数学结构。

图 7-1 中的问题用图 G 表示，由以下三部分所组成。

（1）非空集合 $V(G)$：被称为图 G 的节点集，其成员称为节点或顶点（Nodes or Vertices）。

（2）集合 $E(G)$：被称为图 G 的边集，其成员称为边（Edges）。

（3）函数 ΨG：是有穷非空顶点集合 V 和顶点间的边集合 E 组成的一种数据结构，表示为 $G=(V,E)$。$E(G) \to (V(G),V(G))$ 被称为边与顶点的关联映射（Associate Mapping）。此处的（$V(G)$，$V(G)$）称为 $V(G)$ 的偶对集，其中成员偶对的格式是 $(u，v)$，u 和 v 是未必不同的节点。当 $\Psi G(e)= (u,v)$ 时称边 e 关联端点 u 和 v。当 (u,v) 作为有序偶数顺序对时，e 被称为有向边，e 以 u 为起点，以 v 为终点，图 G 称为有向图（Directed Graph）；当 (u,v) 用作无序偶对时，称 e 为无向边，图 G 称为无向图。

图 G 通常用三元序组 $<V(G),E(G),\Psi G>$ 来表示，也可以用 $<V,E,\Psi>$ 来表示。图是一种数学结构，由两个集合及其间的一个映射所组成。从严格意义上说，图 7-1（b）是一个图的直观表示，也通常被称为图的图示。

七桥问题虽然已经逐步淡出了人们的视线，但是它为我们带来的“图”这一概念，为计算机技术的发展起到巨大的推动作用。衍生产品“图”是一种非线性的数据结构，图中任何两个数据元素之间都可能相关。也就是说，在图形结构中节点之间的关系可以是任意的。图形结构非常有用，可用于解决许多学科的实际应用问题。

7.2 图的相关概念

要想步入“图”的内部世界，探索“图”的无限功能，需要先从底部做起，先了解几个与“图”相关的概念，这些概念主要围绕着图的类型和图中各元素之间的关系展开，厘清了它们，接下来的学习才能步步为营。

在下面的图 7-2 中分别显示了两种典型的图：无向图和有向图。

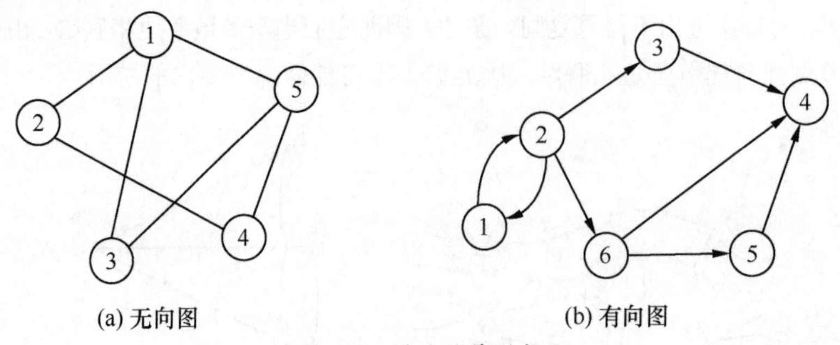

(a) 无向图　　(b) 有向图

图 7-2　图的两种形式

1. 有向图

如果图 G 中的每条边都是有方向的，则称 G 为有向图（Digraph）。在有向图中，一条有向边是由两个顶点组成的有序对，有序对通常用尖括号表示。有向边也被称为弧，将边的始点称为弧尾，将边的终点称为弧头。

图 7-3 是一个有向图，则图中的数据元素 V_1 称为顶点，每条边都有方向，被称为有向边，也称为弧（Arc）。以弧 $<V_1,V_2>$ 作为例子，将弧的起始点 V_1 称为弧尾，将弧的终点 V_2 称为弧头。称顶点 V_2 是 V_1 的邻接点，有 $n(n-1)$ 条边的有向图称为有向完全图。

在图 7-3 中，图 G_1 的二元组描述如下：

$G_1=(V,E)$

$V=\{V_1,V_2,V_3,V_4\}$

$E=\{<V_1,V_2>,<V_1,V_3>,<V_3,V_4>,<V_4,V_1>\}$

因为“图”的知识博大精深，很多高深知识是为数字科学研究作准备的。对于程序员来说，一般无须掌握那些高深莫测的知识，为此在本书中不考虑图的以下三种情况：

（1）顶点到其自身的弧或边；

（2）在边集合中出现相同的边；

（3）同一图中同时有无向边和有向边。

2．无向图

如果图中的每条边都是没有方向的，这种图被称为无向图。无向图中的边都是顶点的无序对，通常用圆括号来表示无序对。

图 7-4 就是一个无向图，图中每条边都没有方向，边用 E 表示。现在以边（V_1，V_2）为例，称顶点 V_1 和 V_2 相互为邻接点，则存在 $n(n-1)/2$ 条边的无向图称为无向完全图。

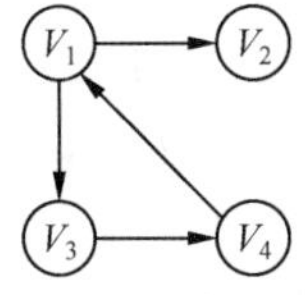

图 7-3　有向图 G_1

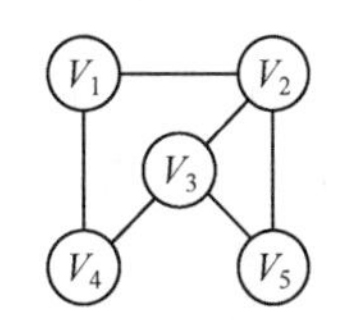

图 7-4　无向图 G_2

在图 7-4 中，关于图 G_2 的二元组描述如下：

$G_2=(V,E)$

$V=\{V_1,V_2,V_3,V_4,V_5\}$

$E=\{(V_1,V_2),(V_1,V_4),(V_2,V_3),(V_2,V_5),(V_3,V_4),(V_3,V_5)\}$

3．顶点

通常将图中的数据元素称为顶点（Vertex），通常用 V 来表示顶点的集合。在图 7-5 中，图 G_1 的顶点集合是 $V(G_1)=\{A,B,C,D\}$。

4．完全图

如果无向图中的任意两个顶点之间都存在一条边，则将此无向图称为无向完全图。如果有向图中的任意两个顶点之间都存在方向相反的两条弧，则将此有向图称为有向完全图。通过以上描述得出一个结论：包含 n 个顶点的无向完全图有 $n(n-1)/2$ 条边，包含 n 个顶点的有向完全图有 $n(n-1)$ 条边。

5．稠密图和稀疏图

当一个图接近完全图时被称为稠密图，反之将含有较少的边数（当 $e<<n(n-1)$）的图称为稀疏图。

6．权和网

图中每一条边（弧）都可以有一个相关的数值，将这种与边相关的数值称为权。权能够表示从一个顶点到另一个顶点的距离或花费的代价。边上带有权的图称为带权图，也称为网，如图 7-6 所示为有向网 G_3。

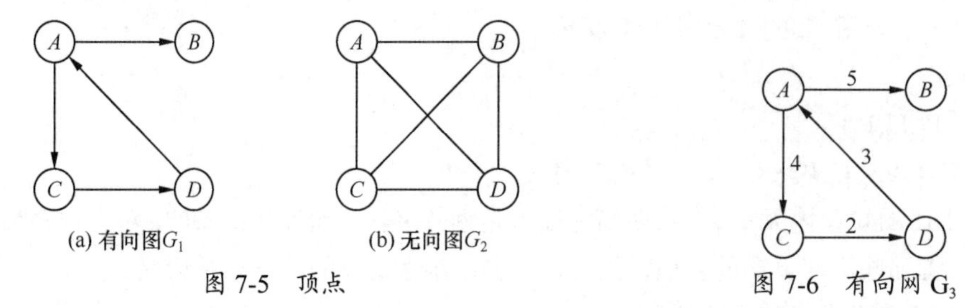

图 7-5　顶点

图 7-6　有向网 G3

7．子图

假设存在两个图 $G=(V, E)$ 和 $G'=(V', E')$，如果 V' 是 V 的子集（$V'\subseteq V$），并且 E' 是 E 的子集（$E'\subseteq E$），则称 G' 是 G 的子图。如图 7-7 所示为前面 G_1 的部分子图。

8．邻接点

在无向图 $G=(V, E)$ 中，如果边 $(V_i, V_j)\in E$，则称顶点 V_i 和 V_j 互为邻接点（Adjacent）；边 (V_i, V_j) 依附于顶点 V_i 和 V_j，即 V_i 和 V_j 相关联。

9．顶点的度

顶点的度是指与顶点相关联的边的数量。在有向图中，以顶点 V_i 为弧尾的弧的值称为顶点 V_i 的出度；以顶点 V_i 为弧头的弧的值称为顶点 V_i 的入度，顶点 V_i 的入度与出度的和是顶点 V_i 的度。

假设在一个图中有 n 个顶点和 e 条边，每个顶点的度为 $d_i\ (1 \leqslant i \leqslant n)$ 则有如下结论：

$$e=\frac{1}{2}\sum_{i=1}^{n}d_i$$

10．路径

如果图中存在一个从顶点 V_i 到顶点 V_j 的顶点序列，则这个顶点序列被称为路径。在图中有以下两种路径。

（1）简单路径：是指路径中的顶点不重复出现。

（2）回路或环：是指如果路径中除第一个顶点和最后一个顶点相同以外，其余顶点不重复。一条路径上经过的边的数目称为路径长度。

11．连通图和连通分量

在无向图 G 中，当从顶点 V_i 到顶点 V_j 有路径时 V_i 和 V_j 是连通的。如果在无向图 G 中任意两个顶点都连通，则称图 G 为连通图，如图 7-5（b）所示的 G_2 是一个连通图；否则称为非连通图，如图 7-8（a）所示的 G_4 是一个非连通图。

将无向图的极大连通子图称为该图的连通分量。所有的连通图只有一个连通分量，就是它的本身。非连通图有多个连通分量，如图 7-8（b）所示的 G_4 有三个连通分量。

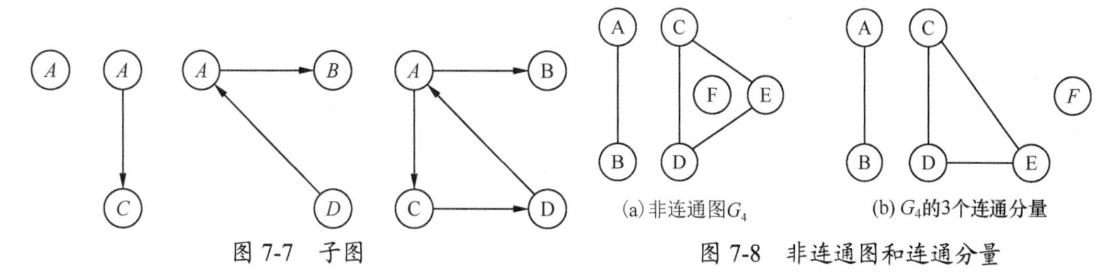

图 7-7　子图　　　　图 7-8　非连通图和连通分量

12．强连通图和强连通分量

在有向图 G 中，如果从顶点 V_i 到顶点 V_j 有路径，则称从 V_i 到 V_j 是连通的。如果图 G 中的任意两个顶点 V_i 和 V_j 都连通，即从 V_i 到 V_j 和从 V_j 到 V_i 都存在路径，则称图 G 是强连通图。在有向图中，将极大连通子图称为该图的强连通分量。在强连通图中只有一个强连通分量，即它本身。在非强连通图中有多个强连通分量（如图 7-5 所示中的 G_1 有两个强连通分量），如图 7-9 所示。

13．生成树

一个连通图的生成树是指一个极小连通子图，虽然它含有图中的全部顶点，但只有足已构成一棵树的 n−1 条边，如图 7-10 所示。如果在一棵生成树上添加一条边，必定会构成一个环，因为这条边使得它依附的两个顶点之间有了第二条路径。一棵有 n 个顶点的生成树有且仅有 n−1 条边，如果它多于 n−1 条边，则一定会有环。但是有 n−1 条边的图不一定是生成树，如果一个图有 n 个顶点和小于 n−1 条边，则该图一定是非连通图。

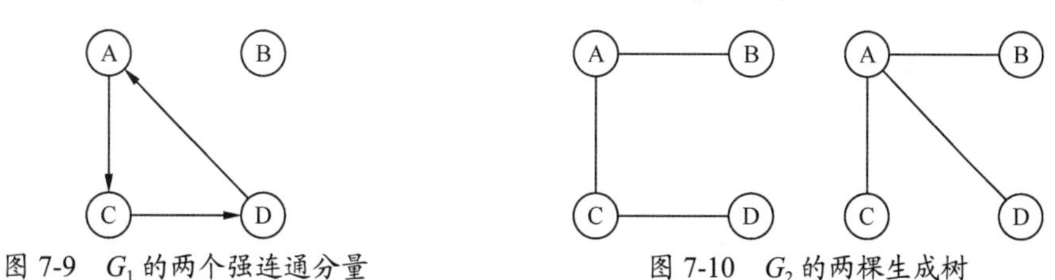

图 7-9　G_1 的两个强连通分量　　　　图 7-10　G_2 的两棵生成树

14．无向边和顶点关系

如果 (V_i,V_j) 是一条无向边，则称顶点 V_i 和 V_j 互为邻接点（Adjacent），或称 V_i 和 V_j 相邻接；并称 (V_i,V_j) 依附或关联（Incident）于顶点 V_i 和 V_j，或称 (V_i,V_j) 与顶点 V_i 和 V_j 相关联。例如，有 n 个顶点的连通图最多有 $n(n-1)/2$ 条边，即是一个无向完全图，且最少有 $n-1$ 条边。

7.3　存储结构

构建数据结构的最终目的是存储数据，所以在研究图时，需要更加深入地研究“图”的存储结构。关于图的存储结构，除了存储图中各个顶点本身的信息之外，还要存储顶点之间的所有关系。在图中常用的存储结构有两种，分别是邻接矩阵和邻接表，接下来将开始步入存储结构的学习阶段。

7.3.1　使用邻接矩阵表示图

邻接矩阵是指能够表示顶点之间相邻关系的矩阵，假设 $G=(V, E)$ 是一个具有 $n(n>0)$ 个顶点的图，顶点的顺序依次为 $(V_0,V_1,\cdots,V_{n-1})$，则 G 的邻接矩阵 $\boldsymbol{A}$ 是 n 阶方阵，在定义时要

根据 G 的不同而不同，具体说明如下。

（1）如果 G 是无向图，则 $\boldsymbol{A}$ 定义为：

$$\boldsymbol{A}[i][j]=\begin{cases}1, & 若(v_i, v_j)\in E(G)\\ 0, & 其他\end{cases}$$

（2）如果 G 是有向图，则 $\boldsymbol{A}$ 定义为：

$$\boldsymbol{A}[i][j]=\begin{cases}1, & 若(v_i, v_j)\in E(G)\\ 0, & 其他\end{cases}$$

（3）如果 G 是网，则 $\boldsymbol{A}$ 定义为：

$$\boldsymbol{A}[i][j]=\begin{cases}w_{ij}, 若v_i \neq v_j且(v_i, v_j)\in E(G)或\wedge v_i, v_j \vee \in E(G)\\ 0, v_i=v_j\\ \infty,其他\end{cases}$$

推出邻接矩阵的目的是表示一种关系，表示这种关系的方法非常简单，具体表示方法如下：

（1）用一个一维数组存放顶点信息；

（2）用一个二维数组表示 n 个顶点之间的关系。

如果有一个如图 7-3 所示的有向图 G_1，则有向图 G_1 对应的邻接矩阵如图 7-11 所示。

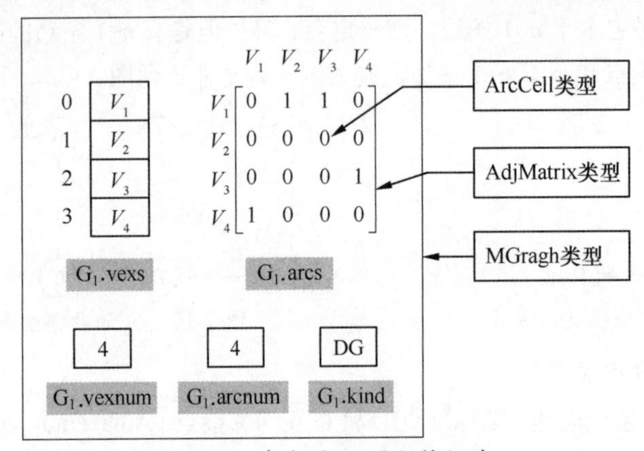

图 7-11 有向图 G_1 的邻接矩阵

如果有一个如图 7-4 所示的无向图 G_2，则无向图 G_2 的邻接矩阵如图 7-12 所示。

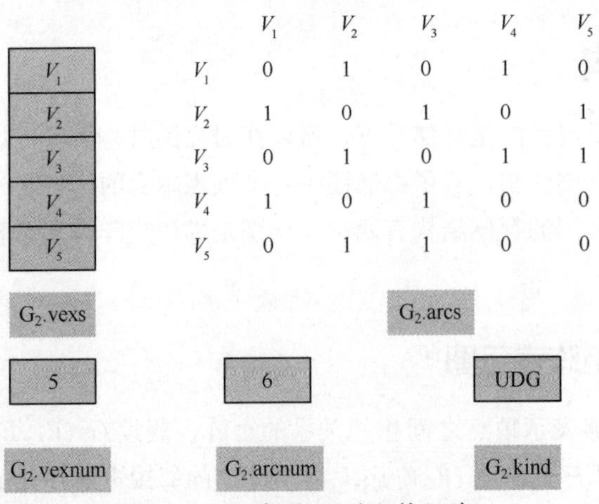

图 7-12 无向图 G_2 的邻接矩阵

7.3.2　实战演练——将邻接矩阵输出成图

在下面的实例文件 lintu.py 中，自身定义了一个邻接矩阵，通过循环的方式添加数据，然后输出生成的图像。

```
import networkx as nx
import matplotlib.pyplot as plt
import numpy as np

G = nx.Graph()
Matrix = np.array(
    [
        [0, 1, 1, 1, 1, 1, 0, 0],  # a
        [0, 0, 1, 0, 1, 0, 0, 0],  # b
        [0, 0, 0, 1, 0, 0, 0, 0],  # c
        [0, 0, 0, 0, 1, 0, 0, 0],  # d
        [0, 0, 0, 0, 0, 1, 0, 0],  # e
        [0, 0, 1, 0, 0, 0, 1, 1],  # f
        [0, 0, 0, 0, 0, 1, 0, 1],  # g
        [0, 0, 0, 0, 0, 1, 1, 0]   # h
    ]
)
for i in range(len(Matrix)):
    for j in range(len(Matrix)):
        G.add_edge(i, j)

nx.draw(G)
plt.show()
```

执行后会生成一个邻接矩阵图，如图 7-13 所示。

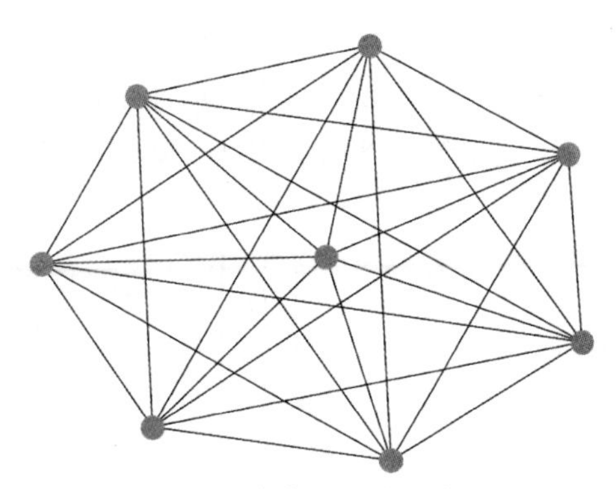

图 7-13　生成的邻接矩阵图

7.3.3　实战演练——使用邻接表表示图

虽然邻接矩阵比较简单，只需使用二维数组即可实现存取操作。但是除了完全图之外，其他图的任意两个顶点并不都是相邻接的，所以邻接矩阵中有很多零元素，特别是当 n 较大，并且边数和完全图的边（n-1）相比很少时，邻接矩阵会非常稀疏，这样会浪费存储空间。为了解决这个问题，此时就需要用邻接表。

邻接表是由邻接矩阵改造而来的一种链接结构，因为它只考虑非零元素，所以就节省了零元素所占的存储空间。邻接矩阵的每一行都有一个线性链接表，链接表的表头对应着邻接矩阵该行的顶点，链接表中的每个节点对应着邻接矩阵中该行的一个非零元素。

对于图 G 中的每个顶点，可以使用邻接表把所有依附于 V_i 的边链成一个单链表，这个单链表称为顶点的邻接表（Adjacency Llist）。通常将表示边信息的节点称为表节点，将表示顶点信息的节点称为头节点，它们的具体结构分别如图 7-14 和图 7-15 所示。

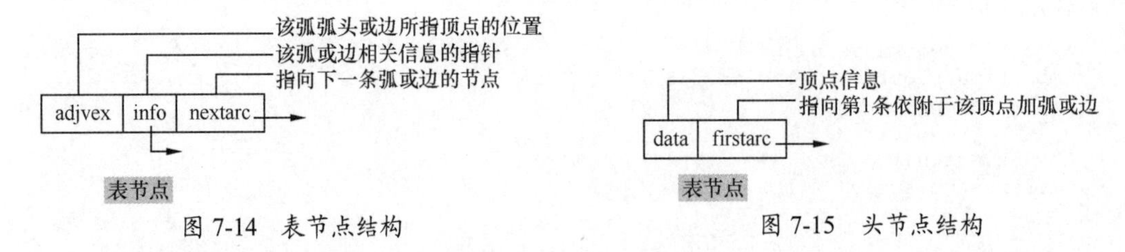

图 7-14　表节点结构　　　　图 7-15　头节点结构

假设有一个如图 7-3 所示的有向图 G_1，则有向图 G_1 的邻接表如图 7-16 所示。假设有一个如图 7-4 所示的无向图 G_2，则无向图 G_2 的邻接表如图 7-17 所示。

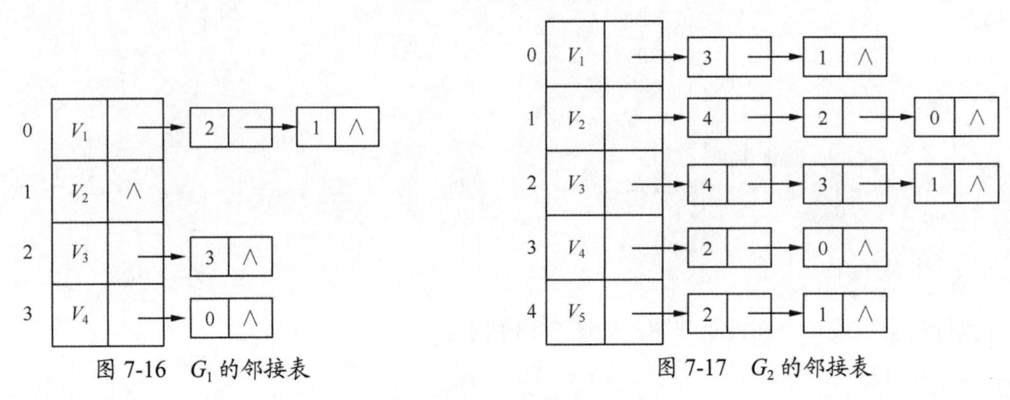

图 7-16　G_1 的邻接表　　　　图 7-17　G_2 的邻接表

对于有 n 个顶点、e 条边的有向图来说，如果采取邻接表作为存储结构，则需要 n 个表头节点和 e 个表节点。假设有一个如图 7-18 所示的有向图 G_3，则有向图 G_3 的邻接表如图 7-19 所示。

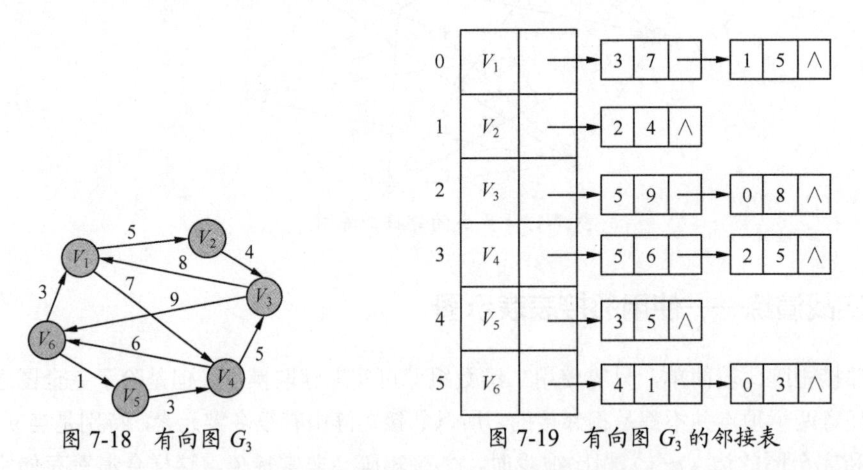

图 7-18　有向图 G_3　　　　图 7-19　有向图 G_3 的邻接表

对于图结构的实现来说，最直观的方式之一就是使用邻接表。基本上就是针对每个节点设置一个邻接列表。在下面的实例文件 tu.py 中，演示了邻接表表示法是图操作功能的过程。首先定义了图 graph 中的成员，然后分别从图中找出任意一条和全部从起始顶点到终止顶点的路径，最后遍历图中所有顶点，按照遍历顺序将顶点添加到列表中。

```
#图的邻接链表表示法
graph = {'A': ['B', 'C'],
             'B': ['C', 'D'],
             'C': ['D'],
             'D': ['C','G','H'],
             'E': ['F'],
             'F': ['C']}

#从图中找出任意一条从起始顶点到终止顶点的路径
def find_path(graph, start, end, path=[]):
    if start == end:
        print("path", path)
        return True
    if not graph.get(start):
        path.pop()
        return False
    for v in graph[start]:
        if v not in path:
            path.append(v)
            if find_path(graph,v,end,path):
                return True
    return False

path = []
if find_path(graph, 'A', 'C', path=path):
    print(path)
else:
    print(1)


#从图中找出从起始顶点到终止顶点的所有路径
import copy

def find_path_all(curr, end, path):
    '''
    :param curr: 当前顶点
    :param end: 要到达的顶点
    :param path: 当前顶点的一条父路径
    :return:
    '''
    if curr == end:
        path_tmp = copy.deepcopy(path)
        path_all.append(path_tmp)
        return
    if not graph.get(curr):
        return
    for v in graph[curr]:
        #一个顶点在当前递归路径中只能出现一次，否则会陷入死循环
        if v in path:
            print("v %s in path %s" %(v, path))
            continue
        #构造下次递归的父路径
        path.append(v)
        find_path_all(v,end,path)
        path.pop()

path_all = []
find_path_all('A', 'G',path=['A'])
print(path_all)


#遍历图中所有顶点，按照遍历顺序将顶点添加到列表中
vertex = []
```

```
def dfs(v):
    if v not in graph:
        return
    for vv in graph[v]:
        if vv not in vertex:
            vertex.append(vv)
            dfs(vv)

for v in graph:
    if v not in vertex:
        vertex.append(v)
        dfs(v)
print(vertex)
```

执行后会输出：

```
path ['B', 'C']
['B', 'C']
v C in path ['A', 'B', 'C', 'D']
v D in path ['A', 'B', 'D', 'C']
v C in path ['A', 'C', 'D']
[['A', 'B', 'C', 'D', 'G'], ['A', 'B', 'D', 'G'], ['A', 'C', 'D', 'G']]
['A', 'B', 'C', 'D', 'G', 'H', 'E', 'F']
```

7.3.4 邻接矩阵与邻接表的对比

（1）在邻接表中，每个线性链接表中各个节点的顺序是任意的。

（2）只使用邻接表中的各个线性链接表，不能说明它们顶点之间的邻接关系。

（3）在无向图中，某个顶点的度数等于该顶点对应的线性链接表的节点数；在有向图中，某个顶点的出度数等于该顶点对应的线性链表的节点数。

为了让读者分清邻接矩阵与邻接表，下面对两者进行了对比。假设图为 G，顶点数为 n，边数为 e，邻接矩阵与邻接表的对比信息见表 7-1。

表 7-1

<table>
<tr><th>对比项目</th><th>邻接矩阵</th><th>邻接表</th></tr>
<tr><td>存储空间</td><td>$O(n+n_2)$</td><td>$O(n+e)$</td></tr>
<tr><td>创建图的算法</td><td>$T_1(n)=O(e+n_2)$ 或 $T_2(n)=O(e\times n+n_{22})$</td><td>$T_1(n)=O(n+e)$ 或 $T_2(n)=O(e\times n)$</td></tr>
<tr><td>在无向图中求第 i 顶点的度</td><td>$\sum_{j=0}^{n-1}$G.arcs[i][j].adj（第 i 行之和）
或
$\sum_{j=0}^{n-1}$G.arcs[j] [i].adj（第 i 列之和）</td><td rowspan="2">G.vertices[i].firstarc 所指向的邻接表包含的节点个数</td></tr>
<tr><td>在无向网中求第 i 顶点</td><td>第 i 行 / 列中 adj 值不为 INFINITY 的元素个数</td></tr>
<tr><td>在有向图中求第 i 顶点的入 / 出度</td><td>入度为：$\sum_{j=0}^{n-1}$$G$.arcs[$j$] [$i$].adj （第 i 列）；
出度为：$\sum_{j=0}^{n-1}$$G$.arcs[$i$] [$j$].adj （第 i 行）</td><td rowspan="2">入度：扫描各顶点的邻接表，统计表节点中 adjvex 为 i 的表节点个数：$T(n)=O(n+e)$。
出度：G.vertices[i].firstarc 所指向的邻接表包含的节点个数</td></tr>
<tr><td>在有向网中求第 i 顶点的入 / 出度</td><td>入度为：第 i 列中 adj 值不为 INFINITY 的元素个数；
出度为：第 i 行中 adj 值不为 INFINITY 的元素个数</td></tr>
</table>

续上表

对比项目	邻接矩阵	邻接表
统计边 / 弧数	无向图：$\frac{1}{2}\sum_{i=0}^{n-1}\sum_{j=0}^{n-1}$G.arcs[$i$][$j$].adj； 无向网：G.arcs 中 adj 值不为 INFINITY 的元素个数的一半； 有向图：$\sum_{i=0}^{n-1}\sum_{j=0}^{n-1}$G.arcs[$i$][$j$].adj； 有向网：G.arcs 中 adj 值不为 INFINITY 的元素个数	无向图 / 网：图中表节点数目的一半； 有向图 / 网：图中表节点的数目

在表 7-1 中，$T_1(n)$ 是指在输入边 / 弧时，输入的顶点信息是顶点的编号；而 $T_2(n)$ 是指在输入边 / 弧时，输入的是顶点本身的信息，此时需要查找顶点在图中的位置。

7.4　图的遍历

图的遍历是指从图中的某个顶点出发，按照某种方法访问图中所有的顶点且仅访问一次。为了节省时间，一定要对所有顶点仅访问一次，为此，需要为每个顶点设置一个访问标志。例如，可以为图设置一个访问标志数组 visited[n]，用于标识图中每个顶点是否被访问过，其初始值为 0（假）。如果访问过顶点 V_i，则设置 visited[i] 为 1（真）。图的遍历分为两种，分别是深度优先搜索（Depth-first Search）和广度优先搜索（Breadth-first Search）。

注意：图的遍历工作要比树的遍历工作复杂，这是因为图中顶点关系是任意的，这说明图中顶点之间是多对多的关系，并且图中还可能存在回路，所以在访问某个顶点后，可能沿着某条路径搜索后又回到该顶点上。

7.4.1　深度优先搜索

使用深度优先搜索的目的是达到被搜索结构的叶节点，即不包含任何超链接的 HTML 文件。当在一个 HTML 文件中选择一个超链接后，被链接的 HTML 文件会执行深度优先搜索。深度优先搜索会沿着该 HTML 文件上的超链接进行搜索，一直搜索到不能再深入为止，然后返回某一个 HTML 文件，再继续选择该 HTML 文件中的其他超链接。当没有其他超链接可选择时，就表明搜索已经结束。

1. 深度优先搜索基础

深度优先搜索的过程，是对每一个可能的分支路径深入到不能再深入为止的过程，并且每个节点只能访问一次。深度优先搜索的优点是能遍历一个 Web 站点或深层嵌套的文档集合；其缺点是因为 Web 结构相当深，有可能导致一旦进去，再也出不来的情况发生。

假设图 7-20 所示的是一个无向图，如果从 A 点发起深度优先搜索（以下的访问次序并不是唯一的，第二个点既可以是 B 也可以是 C 或 D），则可能得到如下的一个访问过程：$A \to B \to E$（如果没有路，则回溯到 A）$\to C \to F \to H \to G \to D$（如果没有路，则最终回溯到 A，如果 A 也没有未访问的相邻节点，本次搜索结束）。

假设图 7-20 所示的无向图的初始状态是图中所有顶点都未被访问，第一个访问顶点是 v，则对此连通图的深度优先搜索遍历算法流程如下：

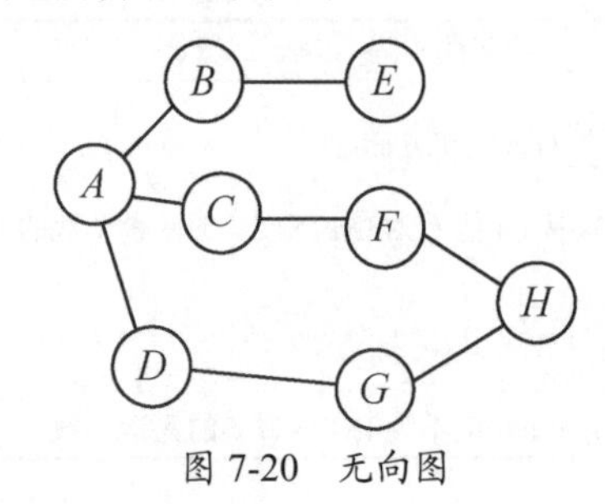

图 7-20　无向图

（1）访问顶点 *V* 并标记顶点 *V* 为已访问；

（2）检查顶点 *V* 的第一个邻接顶点 *W*；

（3）如果存在顶点 *V* 的邻接顶点 *W*，则继续执行算法，否则算法结束；

（4）如果顶点 *W* 未被访问过，则从顶点 *W* 出发进行深度优先搜索遍历算法；

（5）查找顶点 *V* 的 *W* 邻接顶点的下一个邻接顶点，回到步骤（3）。

在图 7-21 中，展示了一个深度优先搜索的过程，其中实箭头代表访问方向，虚箭头代表回溯方向，箭头旁边的数字代表搜索顺序，*A* 为起始节点。首先访问 *A*，然后按图中序号对应的顺序进行深度优先搜索。图中序号对应步骤的解释如下：

序号 1：节点 *A* 的未访问邻接点有 *B*、*E*、*D*，首先访问 *A* 的第一个未访问邻接点 *B*；

序号 2：节点 *B* 的未访问邻接点有 *C*、*E*，首先访问 *B* 的第一个未访问邻接点 *C*；

序号 3：节点 *C* 的未访问邻接点只有 *F*，访问 *F*；

序号 4：节点 *F* 没有未访问邻接点，回溯到 *C*；

序号 5：节点 *C* 已没有未访问邻接点，回溯到 *B*；

序号 6：节点 *B* 的未访问邻接点只剩下 *E*，访问 *E*；

序号 7：节点 *E* 的未访问邻接点只剩下 *G*，访问 *G*；

序号 8：节点 *G* 的未访问邻接点有 *D*、*H*，首先访问 *G* 的第一个未访问邻接点 *D*；

序号 9：节点 *D* 没有未访问邻接点，回溯到 *G*；

序号 10：节点 *G* 的未访问邻接点只剩下 *H*，访问 *H*；

序号 11：节点 *H* 的未访问邻接点只有 *I*，访问 *I*；

序号 12：节点 *I* 没有未访问邻接点，回溯到 *H*；

序号 13：节点 *H* 已没有未访问邻接点，回溯到 *G*；

序号 14：节点 *G* 已没有未访问邻接点，回溯到 *E*；

序号 15：节点 *E* 已没有未访问邻接点，回溯到 *B*；

序号 16：节点 *B* 已没有未访问邻接点，回溯到 *A*。

这样就完成了深度优先搜索操作，相应的访问序列为 *A*—*B*—*C*—*F*—*E*—*G*—*D*—*H*—*I*。图 7-21 所示中的所有节点之间加上了标有实箭头的边，这样就构成了一棵以 *A* 为根的树，这棵树被称为深度优先搜索树。

注意：深度优先搜索不保证第一次碰到某个状态时，找到的就是到这个状态的最短路径。在这个算法的后期，可能发现任何状态的不同路径。如果路径长度是问题求解所关心的，那么当算法碰到一个重复状态时，这个算法应保存沿最短路径到达的版本。这可以通过把每个

状态保存成一个三元组（状态、双亲、路径长度）来实现。当产生孩子时，路径长度值会加 1，并且算法会把它和这个孩子保存在一起。如果沿多条路径到达了同一个孩子，那么可以用这个信息来保留最好的版本。

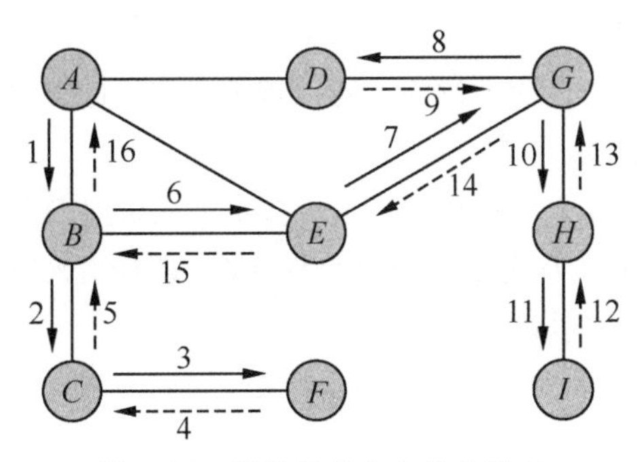

图 7-21　图的深度优先算法过程

7.4.2　广度优先搜索

广度优先搜索是指按照广度方向进行搜索，其算法思想如下：

（1）从图中某个顶点 V_0 出发，先访问 V_0；

（2）接下来依次访问 V_0 的各个未被访问的邻接点；

（3）分别从这些邻接点出发，依次访问各个未被访问的邻接点。

在访问邻接点时需要保证：如果 V_i 和 V_k 是当前端节点，并且 V_i 在 V_k 之前被访问，则应该在 V_k 的所有未被访问的邻接点之前访问 V_i 的所有未被访问的邻接点。重复上述步骤（3），直到所有端节点都没有未被访问的邻接点为止。

连通图的广度优先搜索遍历算法的流程如下：

（1）从初始顶点 V 出发开始访问顶点 V，并在访问时标记顶点 V 为已访问；

（2）顶点 V 进入队列；

（3）当队列非空时继续执行，为空则结束算法；

（4）通过出队列（往外走的队列）获取队头顶点 X；

（5）查找顶点 X 的第一个邻接顶点 W；

（6）如果不存在顶点 X 的邻接顶点 W，则转到步骤（3），否则循环执行下面的步骤：

① 如果顶点 W 尚未被访问，则访问顶点 W 并标记顶点 W 为已访问；

② 顶点 W 进入队列；

③ 查找顶点 X 下一个邻接顶点 W，转到步骤（6）。

如果此时还有未被访问的顶点，则选一个未被访问的顶点作为起始点，然后重复上述过程，直至所有顶点均被访问过为止。

在图 7-22 中，展示了一个广度优先搜索的过程，其中箭头代表搜索方向，箭头旁边的数字代表搜索顺序，A 为起始节点。首先访问 A，然后按图中序号对应的顺序进行广度优先搜索。图中序号对应的各个步骤的具体说明如下。

序号 1：节点 A 的未访问邻接点有 B、E、D，首先访问 A 的第一个未访问邻接点 B。

序号 2：访问 A 的第二个未访问邻接点 E。

序号 3：访问 A 的第三个未访问邻接点 D。

序号 4：由于 B 在 E、D 之前被访问，所以接下来应访问 B 的未访问邻接点，B 的未访邻接点只有 C，所以访问 C。

序号 5：由于 E 在 D、C 之前被访问，所以接下来应访问 E 的未访问邻接点，E 的未访问邻接点只有 G，所以访问 G。

序号 6：由于 D 在 C、G 之前被访问，所以接下来应访问 D 的未访问邻接点，D 没有未访问邻接点，所以直接考虑在 D 之后被访问的节点 C，即接下来应访问 C 的未访问邻接点。C 的未访问邻接点只有 F，所以访问 F。

序号 7：由于 G 在 F 之前被访问，所以接下来应访问 G 的未访问邻接点。G 的未访问邻接点只有 H，所以访问 H。

（7）由于 F 在 H 之前被访问，所以接下来应访问 F 的未访问邻接点。F 没有未访问邻接点，所以直接考虑在 F 之后被访问的节点 H，即接下来应访问 H 的未访问邻接点。H 的未访问邻接点只有 I，所以访问 I。

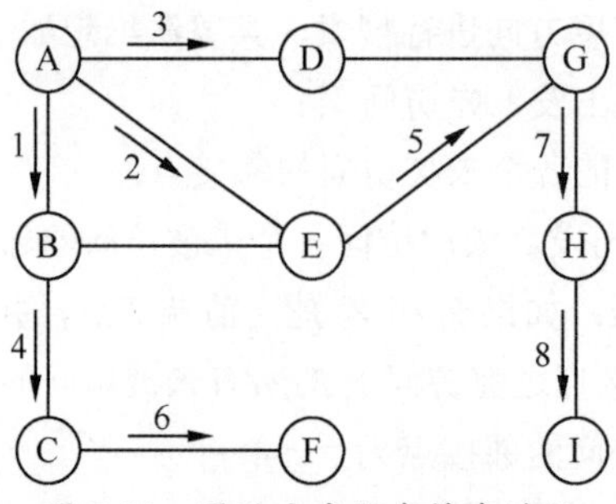

图 7-22　图的广度优先搜索过程

到此为止，广度优先搜索过程结束，相应的访问序列为 $A—B—E—D—C—G—F—H—I$。图 7-22 中所有节点之间加上标有箭头的边，这样就构成了一棵以 A 为根的树，这棵树被称为广度优先搜索树。

在遍历过程中需要设置一个初值为“False”的访问标志数组 visited[n]，如果某个顶点被访问，则设置 visited[n] 的值为“True”。

7.4.3　实战演练——实现图的深度优先和广度优先

在下面的实例文件 wuduan.py 中，演示了实现图的深度优先和广度优先的过程。其中将 Python 的图邻接矩阵法作为存储结构，0 表示没有边，1 表示有边。首先从源节点开始依次按照宽度进队列，然后弹出。每弹出一个节点，就把该节点所有没有进过队列的邻接点放入队列，直到队列变为空为止。

```
class Graph:
    def __init__(self, maps=[], nodenum=0, edgenum=0):
        self.map = maps  # 图的矩阵结构
        self.nodenum = len(maps)
        self.edgenum = edgenum
```

```
        self.nodenum = GetNodenum()        # 节点数
        self.edgenum = GetEdgenum()        # 边数
    def isOutRange(self, x):
        try:
            if x >= self.nodenum or x <= 0:
                raise IndexError
        except IndexError:
            print("节点下标出界")

    def GetNodenum(self):
        self.nodenum = len(self.map)
        return self.nodenum

    def GetEdgenum(self):
        self.edgenum = 0
        for i in range(self.nodenum):
            for j in range(self.nodenum):
                if self.map[i][j] is 1:
                    self.edgenum = self.edgenum + 1
        return self.edgenum

    def InsertNode(self):
        for i in range(self.nodenum):
            self.map[i].append(0)
        self.nodenum = self.nodenum + 1
        ls = [0] * self.nodenum
        self.map.append(ls)

    # 假删除，只是归零而已
    def DeleteNode(self, x):
        for i in range(self.nodenum):
            if self.map[i][x] is 1:
                self.map[i][x] = 0
                self.edgenum = self.edgenum - 1
            if self.map[x][i] is 1:
                self.map[x][i] = 0
                self.edgenum = self.edgenum - 1

    def AddEdge(self, x, y):
        if self.map[x][y] is 0:
            self.map[x][y] = 1
            self.edgenum = self.edgenum + 1

    def RemoveEdge(self, x, y):
        if self.map[x][y] is 0:
            self.map[x][y] = 1
            self.edgenum = self.edgenum + 1

    def BreadthFirstSearch(self):
        def BFS(self, i):
            print(i)
            visited[i] = 1
            for k in range(self.nodenum):
                if self.map[i][k] == 1 and visited[k] == 0:
                    BFS(self, k)

        visited = [0] * self.nodenum
        for i in range(self.nodenum):
            if visited[i] is 0:
                BFS(self, i)
```

```
    def DepthFirstSearch(self):
        def DFS(self, i, queue):

            queue.append(i)
            print(i)
            visited[i] = 1
            if len(queue) != 0:
                w = queue.pop()
                for k in range(self.nodenum):
                    if self.map[w][k] is 1 and visited[k] is 0:
                        DFS(self, k, queue)

        visited = [0] * self.nodenum
        queue = []
        for i in range(self.nodenum):
            if visited[i] is 0:
                DFS(self, i, queue)


def DoTest():
    maps = [
        [-1, 1, 0, 0],
        [0, -1, 0, 0],
        [0, 0, -1, 1],
        [1, 0, 0, -1]]
    G = Graph(maps)
    G.InsertNode()
    G.AddEdge(1, 4)
    print("广度优先遍历")
    G.BreadthFirstSearch()
    print("深度优先遍历")
    G.DepthFirstSearch()


if __name__ == '__main__':
    DoTest()
```

执行后会输出：

```
广度优先遍历
0
1
4
2
3
深度优先遍历
0
1
4
2
3
```

7.4.4 深度优先算法和广度优先算法的比较和选择

与选择数据驱动搜索还是目标驱动搜索一样，选取深度优先搜索还是广度优先搜索依赖于要解决的具体问题。要考虑的主要特征包括发现目标的最短路径的重要性、空间的分支因子、计算时间的可行性、计算空间的可用性、到达目标节点的平均路径长度以及需要所有解还是仅仅需要第一个发现的解。对于以上这些要素，每种方法都有其优势和不足。

广度优先因为广度优先搜索总是在分析第 $n+1$ 层之前分析第 n 层上的所有节点，所以广度优先搜索找到的到达目标节点的路径总是最短的。在已经知道存在一个简单解的问题中，广度优先搜索可以保证发现这个解。但是，如果存在一个不利的分支因子，也就是各个状态都有相对很多个后代，那么数目巨大的组合数可能使算法无法在现有可用内存的条件下找到解。这是由每一层的未展开节点都必须存储在 open（开放空间）中这一事实造成的。对于很深的搜索，或状态空间的分支因子很高的情况，这个问题可能变得非常棘手。

深度优先搜索可以迅速地深入搜索空间。如果已知解路径很长，那么深度优先搜索不会浪费时间来搜索图中的大量“浅层”状态。另外，深度优先搜索可能在深入空间时“迷失”，错过了到达目标的更短路径，甚至会陷入一直不能到达目标的无限长路径中。例如，对于国际象棋来说，广度优先搜索就是不可能的。在更简单的游戏中，广度优先搜索不仅是可能的，而且可能是避免迷失的唯一方法。

7.5　图的连通性

“连通性”是指从表面结构上描述景观中各单元之间相互联系的客观程度。前面讲解的线性结构是一对一关系，只有相邻元素才有关系。在树结构中开始有了分支，所以非相邻的数据可能也有关系，但是只能是父子关系。为了能够包含自然界的所有数据，以及那些表面看来毫无关系但也可能存在关系的数据，此时线性结构和树已经不够用了，需要用图来保存这些关系，可以将具有各种关系的元素称为有连通性。

在本章前面已经介绍了连通图和连通分量的基本概念，本节将介绍判断一个图是否为连通图的知识，并介绍计算连通图的连通分量的方法。

7.5.1　无向图连通分量

在对图进行遍历时，在连通图中无论是使用广度优先搜索还是深度优先搜索，只需调用一次搜索过程。也就是说，只要从任一顶点出发就可以遍历图中的各个顶点。如果是非连通图，则需要多次调用搜索过程，并且每次调用得到的顶点访问序列是各连通分量中的顶点集。

图 7-23（a）所示的是一个非连通图，按照它的邻接表进行深度优先搜索遍历，调用 3 次 DepthFirstSearch() 后得到的访问顶点序列为：

1，2，4，3，9

5，6，7

8，10

可以使用图的遍历过程来判断一个图是否连通。如果在遍历的过程中不止一次地调用搜索过程，则说明该图就是一个非连通图。使用几次调用搜索过程，这个图就有几个连通分量。

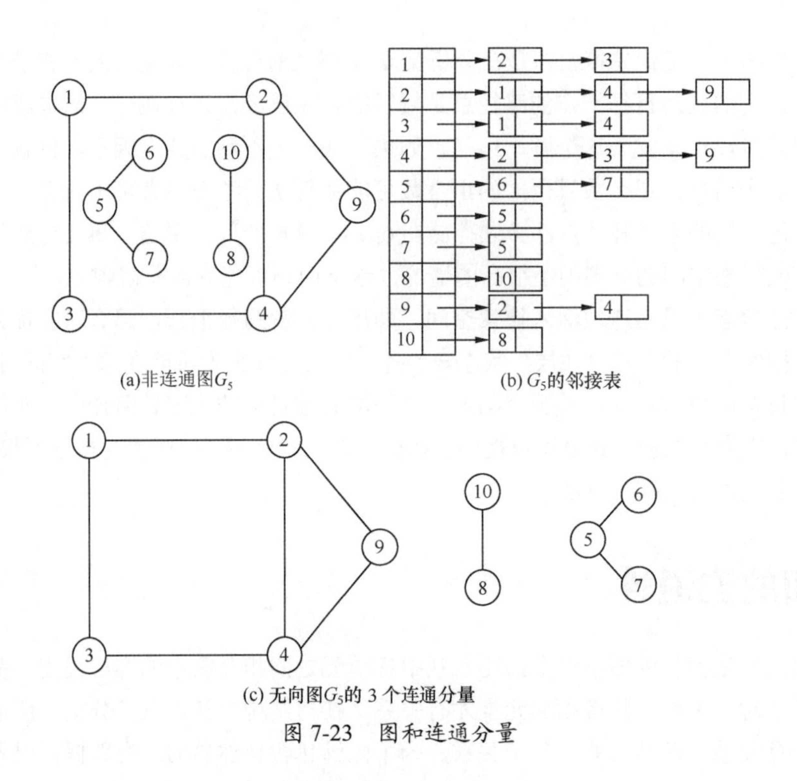

(a)非连通图G_5　　(b) G_5的邻接表

(c) 无向图G_5的 3 个连通分量

图 7-23　图和连通分量

7.5.2　实战演练——通过二维数组建立无向图

在下面的实例文件 create_undirected_matrix.py 中，演示了使用二维数组建立无向图的过程。在具体实现时，因为二维数组生成有向图矩阵中的数值，所以建议大家要么设为浮点数，要么设为 1，避免被错误地认为是 node 的序号。

```
def create_undirected_matrix(my_graph):
    nodes = ['a', 'b', 'c', 'd', 'e', 'f', 'g', 'h']

    matrix = [[0, 1, 1, 1, 1, 1, 0, 0],  # a
              [0, 0, 1, 0, 1, 0, 0, 0],  # b
              [0, 0, 0, 1, 0, 0, 0, 0],  # c
              [0, 0, 0, 0, 1, 0, 0, 0],  # d
              [0, 0, 0, 0, 0, 1, 0, 0],  # e
              [0, 0, 1, 0, 0, 0, 1, 1],  # f
              [0, 0, 0, 0, 0, 1, 0, 1],  # g
              [0, 0, 0, 0, 0, 1, 1, 0]]  # h

    my_graph = Graph_Matrix(nodes, matrix)
    print(my_graph)
    return my_graph

def draw_directed_graph(my_graph):
    G = nx.DiGraph()                              # 建立一个空的无向图 G
    for node in my_graph.vertices:
            G.add_node(str(node))
    # for edge in my_graph.edges:
    # G.add_edge(str(edge[0]), str(edge[1]))
    G.add_weighted_edges_from(my_graph.edges_array)

    print("nodes:", G.nodes())                    # 输出全部的节点
    print("edges:", G.edges())                    # 输出全部的边
```

```
    print("number of edges:", G.number_of_edges())  # 输出边的数量
    nx.draw(G, with_labels=True)
    plt.savefig("directed_graph.png")
    plt.show()


if __name__ == '__main__':
    my_graph = Graph_Matrix()
    created_graph = create_undirected_matrix(my_graph)

    draw_directed_graph(created_graph)
```

执行效果如图 7-24 所示。

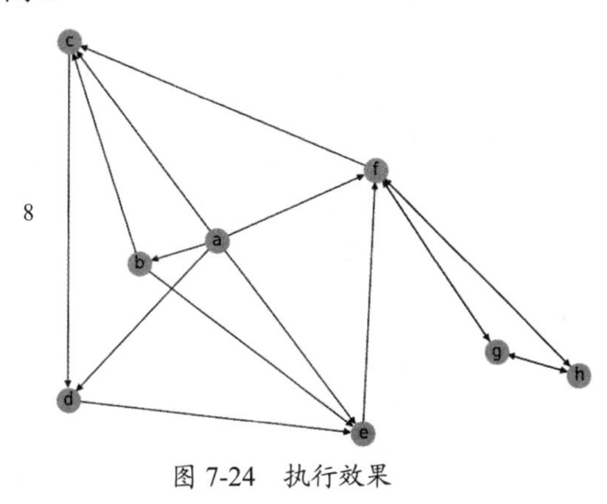

图 7-24　执行效果

7.5.3　实战演练——根据邻接矩阵绘制无向图

请看下面一道面试题：

现在有 7 个点：[0,1,2,3,4,5,6]，7 个点之间的邻接矩阵见表 7-2，请根据邻接矩阵绘制出相对应的图。

表 7-2　六个点之间的邻接矩阵

	0	1	2	3	4	5	6
0	0	1	0	1	0	1	0
1	1	0	1	1	1	1	1
2	0	1	0	1	0	1	0
3	1	1	1	0	1	1	1
4	0	1	0	1	1	1	1
5	1	1	1	1	1	0	0
6	0	1	0	1	1	0	0

下面的实例文件 yizhi.py 解决了上述问题，我们将表 7-2 所示的矩阵设置为 G1，表示在内存中的邻接矩阵示意图。例如将 $A[i][j]=1$ 表示第 i 个顶点与第 j 个顶点是邻接点，$A[i][j]=0$ 则表示它们不是邻接点，而 $A[i][j]$ 表示的是第 i 行第 j 列的值。例如，$A[1,2]=1$，表示第 1 个顶点（即顶点 B）和第 2 个顶点（C）是邻接点。具体实现代码如下：

```
# 将点之间的联系构造成如下矩阵 N
```

```
N = [[0, 3, 5, 1],
 [1, 5, 4, 3],
   [2, 1, 3, 5],
   [3, 5, 1, 4],
   [4, 5, 1, 3],
   [5, 3, 4, 1],
 [6, 3, 1, 4]]
G=nx.Graph()
point=[0,1,2,3,4,5,6]
G.add_nodes_from(point)
edglist=[]
for i in range(7):
    for j in range(1,4):
        edglist.append((N[i][0],N[i][j]))
G=nx.Graph(edglist)
position = nx.circular_layout(G)
nx.draw_networkx_nodes(G,position, nodelist=point, node_color="r")
nx.draw_networkx_edges(G,position)
nx.draw_networkx_labels(G,position)
plt.show()
```

执行效果如图 7-25 所示。

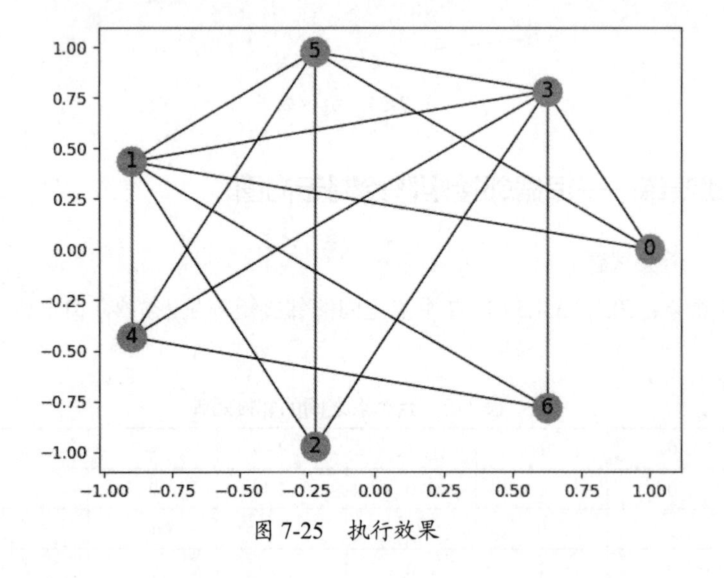

图 7-25　执行效果

7.5.4　最小生成树

最小生成树（Minimum Spanning Tree，MST）是指在一个连通网的所有生成树中，各边的代价之和最小的那棵生成树。为了向大家说明最小生成树的性质，下面举例来讲解。假设 $M=(V,\{E\})$ 是一连通网，U 是顶点集 V 的一个非空子集。如果（u,v）是一条具有最小权值的边，其中 $u \in U$, $v \in V-U$，则存在一棵包含边（u , v）的最小生成树。

可以使用反证法来证明上述性质：假设不存在这棵包含边（u,v）的最小生成树，如果任取一棵最小生成树 SHU，将（u,v）加入 SHU 中。根据树的性质，此时在 SHU 中肯定形成一个包含（u,v）的回路，并且在回路中肯定有一条边（u',v'）的权值，或大于或等于（u,v）的权值。删除（u,v）后会得到一棵代价小于或等于 SHU 的生成树 SHU'，并且 SHU' 是一棵包含边（u,v）的最小生成树。这样就与假设相矛盾了。

上述性质被称为MST性质。在现实应用中，可以利用此性质生成一个连通网的最小生成树，常用的普里姆算法和克鲁斯卡尔算法也是利用了MST性质。

1. 普里姆算法

假设$N=(V,\{E\})$是连通网，JI是最小生成树中边的集合，则算法如下：

（1）初始$U=\{u_0\}(u_0 \in V)$，JI=Φ；

（2）在所有$u \in U, v \in V-U$的边中选一条代价最小的边（u_0,v_0）并入集合JI，同时将v_0并入U；

（3）重复步骤（2），直到$U=V$为止。

此时在JI中肯定包含$n-1$条边，则$T=(V,\{JI\})$为N的最小生成树。由此可看出，普里姆算法会逐步增加U中的顶点，这被称为“加点法”。在选择最小边时，可能有多条同样权值的边可选，此时任选其一。

为了实现普里姆算法，需要先设置一个辅助数组closedge[ ]，用于记录从U到V-U具有最小代价的边。因为每个顶点$v \in V$-U，所以在辅助数组中有一个分量closedge[v]，它包括两个域vex和lowcost，其中lowcost存储该边上的权，则有：

```
closedge[v].lowcoast=Min({cost(u,v) | u ∈ U})
```

2. 克鲁斯卡尔算法

假设$N=(V,\{E\})$是连通网，如果将N中的边按照权值从小到大进行排列，则克鲁斯卡尔算法的流程如下：

（1）将n个顶点看成n个集合；

（2）按照权值小到大的顺序选择边，所选的边的两个顶点不能在同一个顶点集合内，将该边放到生成树边的集合中，同时将该边的两个顶点所在的顶点集合合并；

（3）重复步骤（2）直到所有的顶点都在同一个顶点集合内。

7.5.5　实战演练——实现最小生成树和拓扑序列

在下面的实例文件tuopu.py中，演示了实现最小生成树和拓扑序列的功能。其中在实现最小生成树时用到了普里姆算法，对于一个带权的无向连通图，其每个生成树所有边上的权值之和可能不同，我们把所有边上权值之和最小的生成树称为图的最小生成树。普里姆算法是以其中某一顶点为起点，逐步寻找各个顶点上最小权值的边来构建最小生成树。在此过程其中运用到了回溯、贪心的算法思想。

```
    def prim_min_tree(self, root=None):
        """ 最小生成树：普里姆算法 """
        spanning_tree = {}

        def light_edge():
            min_weight = 10000
            edge = None
            for node in self.visited.keys():
                for other in self.node_neighbors[node]:
                    if not other in self.visited:
                        if self.edge_weight((node, other)) != -1 and self.edge_
weight((node, other)) < min_weight:
```

```
                        min_weight = self.edge_weight((node, other))
                        edge = (node, other)
            return edge, min_weight

        def get_unvisited_node():
            for node in self.nodes():
                if not node in self.visited:
                    return node

        while len(self.visited.keys()) != len(self.nodes()):
            edge, min_weight = light_edge()
            if edge:
                spanning_tree[(edge[0], edge[1])] = min_weight
                self.visited[edge[1]] = True
            else:
                node = root if root else get_unvisited_node()
                if node:
                    self.visited[node] = True
        return spanning_tree

    def topological_sorting(self):
        """ 拓扑序列的逆序列：找到入度为 0 的，取出，删除以 Ta 为开始的边，重复这样操作 """
        in_degree = copy.deepcopy(self.in_degree)
        order = []

        def find_zero_in_degree_node():
            for k, v in in_degree.items():
                if v == 0 and (not k in self.visited):
                    return k
            return None
```

执行后会输出：

```
最小生成树 {(1, 3): 1, (3, 2): 3, (3, 6): 4, (6, 4): 2, (2, 5): 5}
topological_sorting: [1, 3, 2, 6, 4, 5]
最短路径（到哪个点，距离）: {0: 0, 2: 10, 4: 30, 5: 60, 3: 50}
```

7.5.6 关键路径

关键路径非常重要，其地位犹如象棋中的“将（帅）”，即使本方的车马炮全军覆没，只要将对方的“将（帅）”斩首，胜利也将属于你。关键路径之所以重要，是因为它是网络终端元素的序列，该序列具有最长的总工期并决定了整个项目的最短完成时间。

在工程计划和经营管理中经常用到有向图的关键路径，用有向图来表示工程计划的方法有以下两种：

（1）用顶点表示活动，用有向弧表示活动间的优先关系；

（2）用顶点表示事件，用弧表示活动，弧的权值表示活动所需的时间。

把上述第二种方法构造的有向无环图称为表示活动的（Activity on Edge，AOE）网。AOE 网在工程计划和管理中经常用到。在 AOE 网中有以下两个非常重要的点。

（1）源点：一个唯一的、入度为零的顶点。

（2）汇点：一个唯一的、出度为零的顶点。

完成整个工程任务所需的时间，是从源点到汇点的最长路径的长度，该路径被称为关键路径。关键路径上的活动被称为关键活动。如果这些活动中的某一项活动未能按期完成，则会推迟整个工程的完成时间。反之，如果能够加快关键活动的进度，则可以提前完成整个工程。

在图 7-26 所示的 AOE 网中一共有 9 个事件，分别对应顶点 V_0，V_1，V_2，…，V_7，V_8，在图中仅给出各顶点的下标。其中，v_0 为源点，表示整个工程可以开始；v_4 表示 a_4 和 a_5 已经完成，a_7 和 a_8 可以开始；v_8 是汇点，表示整个工程结束。V_0 ～ V_8 的最长路径有两条，分别是（V_0,V_1,V_4,V_7,V_8）和（V_0,V_1,V_4,V_6,V_8），长度都是 18。关键活动为（a_1,a_4,a_7,a_{10}）或（a_1,a_2,a_8,a_{11}）。关键活动 a_1 计划用 6 天完成，如果 a_1 提前 2 天完成，则整个工程也提前 2 天完成。

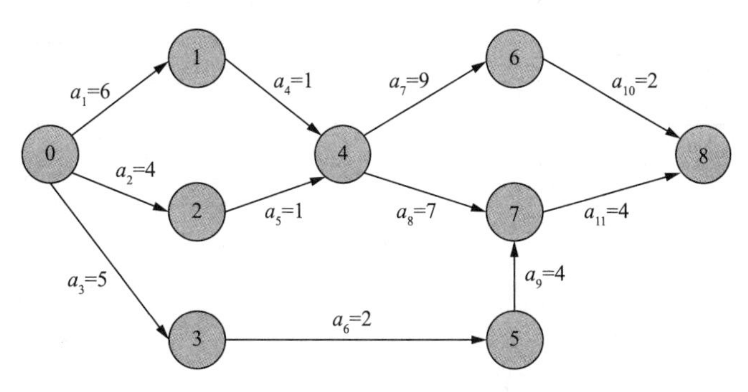

图 7-26　AOE 网

在讲解关键路径算法之前，将讲解几个重要的相关概念。

1．事件 V_i 的最早发生时间 $V_e(i)$

事件 V_i 的最早发生时间是指从源点到顶点 v_i 的最长路径的长度。可以从源点开始，按照拓扑顺序向汇点递推的方式来计算 $V_e(i)$。

```
ve(0)=0;
  ve(i)=Max{ve (k) + dut (<k,i>) }
<k,i> ∈ T,1≤i≤n-1;
```

其中，T 为所有以 i 为头的弧 <k,i> 的集合；dut（<k,i>）为与弧 <k,i> 对应的活动的持续时间。

2．事件 v_i 最晚的发生时间 $V_l(i)$

事件 v_i 的最晚发生时间是指在保证汇点按其最早发生时间发生的前提下，事件 v_i 最晚的发生时间。在求出 $V_e(i)$ 的基础上，可从汇点开始，按逆拓扑顺序向源点递推的方式来计算 $V_l(i)$。

```
vl(n-1)=ve(n-1);
  vl(i)=Min{vl (k) + dut (<i,k>) }
<i,k> ∈ S,0≤i≤n-2;
```

其中，S 为所有以 i 为尾的弧 <i,k> 的集合；dut（<i,k>）为与弧 <i,k> 对应的活动的持续时间。

3．活动 a_i 的最早开始时间 $e(i)$

如果活动 a_i 对应的弧为 $<j,k>$，则 $e(i)$ 等于从源点到顶点 j 的最长路径的长度，即 $e(i)=ve(j)$。

4．活动 a_i 的最晚开始时间 $l(i)$

活动 a_i 的最晚开始时间是指在保证事件 V_k 的最晚发生时间为 $V_l(k)$ 的前提下，活动 a_i 的最晚开始时间。

5．活动 a_i 的松弛时间

活动 a_i 的松弛时间是指 a_i 的最晚开始时间与 a_i 的最早开始时间的差，即 $l(i)-e(i)$。

对图 7-32 所示的 AOE 网计算关键路径的结果见表 7-3。

表 7-3　关键路径计算结果

顶点	*Ve*	*V*	活动	*e*	*l*	*l−e*
0	0	0	a_1	0	0	0
1	6	6	a_2	0	2	2
2	4	6	a_3	0	3	3
3	5	8	a_4	6	6	0
4	7	7	a_5	4	6	2
5	7	10	a_6	5	8	3
6	16	16	a_7	7	7	0
7	14	14	a_8	7	7	0
8	18	18	a_9	7	10	3
			a_{10}	16	16	0
			a_{11}	14	14	0

由表 7-3 可看出，图 7-32 所示的 AOE 网有两条关键路径，一条是由 a_1、a_4、a_7、a_{10} 组成的关键路径，另一条是由 a_1、a_4、a_8、a_{11} 组成的关键路径。

7.5.7　实战演练——使用递归解决 AOE 网络最长路关键路径的问题

下面是一个 BAT 公司的某个面试题目，如图 7-27 所示。

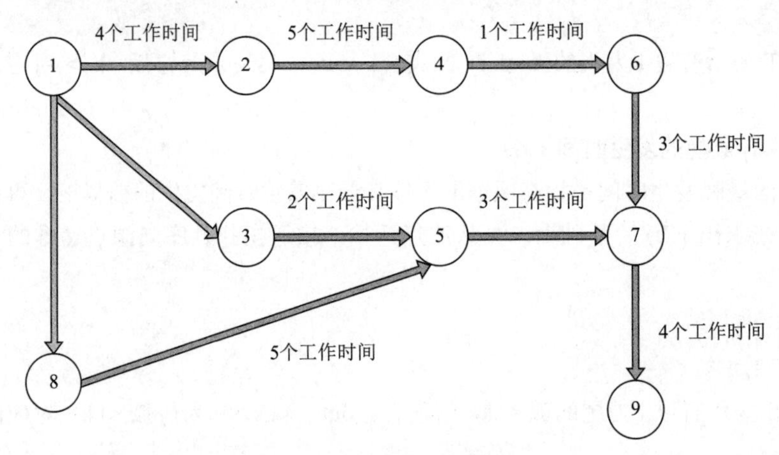

图 7-27　项目进展流程图

每一个项目都有完成时间和若干个前置条件，圆圈表示项目 ID，无箭头一端表示另一端项目开始的前置条件，求总项目（或每一个项目）的最短完成时间。

寻找 AOE 网络关键路径的目的是发现该活动网络中能够缩短工程时长的活动，缩短这些活动的时长，就可以缩短整个工程的时长。因此，寻找关键路径就是寻找关键活动。在下面的实例文件 guanjian.py 中，我们将图 7-27 中的所有仅占六成的数据添加到 pro_list 中，然后根据关键活动即可找到我们需要的值。

```
class Pro:
    def __init__(self,pro_id,require_time,previous,pro_list):
            self.pro_id = pro_id
            self.require_time = require_time
            self.previous = previous
            pro_list.append(self)

    def ShowSelf(self):
            print(self.id,self.require_time,self.previous,)

    def run(self):
            total = 0
            tmp = []
            if self.pro_id == 0:
                    return 0
            a = len(self.previous)
            for x in range(a):
                    tmp.append(pro_list[self.previous[x]].run() + self.require_time)
            print(tmp)
            total = max(tmp)
            print(total)
            return total

pro_list = []
pro_0 = Pro(0, 0, [0], pro_list)
pro_1 = Pro(1, 4, [0], pro_list)
pro_2 = Pro(2, 3, [1], pro_list)
pro_3 = Pro(3, 2, [1], pro_list)
pro_4 = Pro(4, 5, [2], pro_list)
pro_5 = Pro(5, 3, [3,4,8], pro_list)
pro_6 = Pro(6, 1, [4], pro_list)
pro_7 = Pro(7, 3, [5,6], pro_list)
pro_8 = Pro(8, 5, [1], pro_list)
pro_9 = Pro(9, 4, [7], pro_list)

total_time = pro_9.run()     #此处为总项目，也可以是单个项目
print("Total_time:",total_time)
```

执行后会输出：

```
[4]
4
[6]
6
[4]
4
[7]
7
[12]
12
[4]
4
[9]
9
[9, 15, 12]
15
[4]
4
[7]
7
[12]
12
```

```
[13]
13
[18, 16]
18
[22]
22
Total_time: 22
```

7.6 寻求最短路径

都说两点之间直线最短，那么带权图中什么路径最短呢？带权图的最短路径是指两点间的路径中边权和最小的路径，下面将和大家一起研究图中最短路径的问题。

7.6.1 求某一顶点到其他各顶点的最短路径

假设有一个带权的有向图 $Y=(V,\{E\})$，Y 中的边权为 $W(e)$。已知源点为 v_0，求 v_0 到其他各顶点的最短路径。在图 7-28（a）所示的带权有向图中，假设 v_0 是源点，则 v_0 到其他各顶点的最短路径见表 7-4，其中各最短路径按路径长度从小到大的顺序排列。

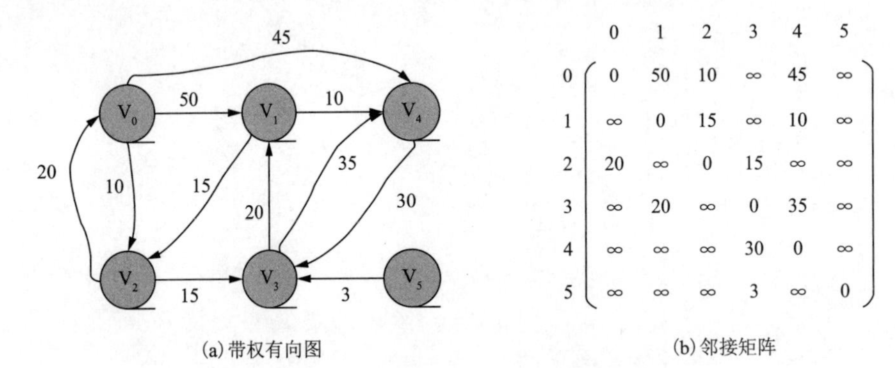

(a) 带权有向图　　(b) 邻接矩阵

图 7-28　一个带权有向图与其邻接矩阵

表 7-4　V_0 到其他各顶点的最短路径

源　点	终　点	最短路径	路径长度
v_0	v_2	v_0，v_2	10
	v_3	v_0，v_2，v_3	25
	v_1	v_0，v_2，v_3，v_1	45
	v_4	v_0，v_4	45
	v_5	v_0，v_5	无最短路径

几乎没有编程语言把图作为一项直接支持的数据类型，Python 也不例外。然而，图很容易通过列表和词典来构造。比如，以下一张简单的图：

```
A -> B
A -> C
B -> C
B -> D
C -> D
D -> C
E -> F
F -> C
```

上述图有 6 个节点 (A ～ F) 和 8 个弧，可以通过下面的 Python 数据结构来表示：

```
graph = {'A': ['B', 'C'],
             'B': ['C', 'D'],
             'C': ['D'],
             'D': ['C'],
             'E': ['F'],
             'F': ['C']}
```

这是一个词典，每个 key 都是图的节点。每个 key 都对应一个列表，列表中存的是直接通过一个弧和这个节点连接的节点。这个图非常简单，不过更简单的是用数字来代替字母来表示一个节点。不过用名字（字母）来表示很方便，而且也便于扩展，比如可以改成城市的名字等。

我们可以编写如下的函数来判断两个节点间的路径，它的参数是一个图、一个起始节点和一个终点。它会返回一个列表，列表中存有组成这条路径的节点（包括起点和终点）。如果两个节点之间没有路径，那么就返回 None。相同的节点不会在返回的路径中出现两次或两次以上（就是说不包括环）。这个算法用到了一个很重要的技术，叫作回溯。它会去尝试每一种可能，直到找到结果为止。

```
def find_path(graph, start, end, path=[]):
        path = path + [start]
        if start == end:
            return path
        if not graph.has_key(start):
            return None
        for node in graph[start]:
            if node not in path:
                newpath = find_path(graph, node, end, path)
                if newpath: return newpath
        return None
```

测试结果如下：

```
>>> find_path(graph, 'A', 'D')
   ['A', 'B', 'C', 'D']
>>>
```

在上述代码中，第二个 if (if not graph.has_key(start):) 仅仅在遇到一类特殊的节点时才有用，这类节点有其他的节点指向它，但是它没有任何弧指向其他的节点，所以并不会在图这个词典中作为 key 被列出来。也可以这样来处理，即这个节点也作为一个 key，但是有一个空的列表来表示其没有指向其他节点的弧，不过不列出来会更好一些。

注意，当调用 find_graph() 时，使用了 3 个参数，但是实际上使用了 4 个参数：还有一个是当前已经走过的路径。这个参数的默认值是 一个空列表，“[]”表示还没有节点被访问过。这个参数用来避免路径中存在环（for 循环中的第一个 if 语句）。path 这个参数本身不会修改，我们用 “path = path + [start]” 只是创建一个新的列表。如果使用 “path.append(start)” ，那么就修改了 path 的值，这样会产生灾难性后果。如果使用元组，可以保证这个是不会发生的。在使用时要写 “path = path + (start)” ，注意 “(start)” 并不是一个单体元组，只是一个括号表达式。

通过以下函数实现返回一个节点到另一个节点的所有路径的功能，而不仅仅只查找第一条路径：

```
def find_all_paths(graph, start, end, path=[]):
```

```
path = path + [start]
        if start == end:
            return [path]
        if not graph.has_key(start):
            return []
        paths = []
        for node in graph[start]:
            if node not in path:
                newpaths = find_all_paths(graph, node, end, path)
                for newpath in newpaths:
                    paths.append(newpath)
        return paths
```

测试结果如下：

```
>>> find_all_paths(graph, 'A', 'D')
    [['A', 'B', 'C', 'D'], ['A', 'B', 'D'], ['A', 'C', 'D']]
>>>
```

还可以通过如下函数实现查找最短路径功能：

```
def find_shortest_path(graph, start, end, path=[]):
        path = path + [start]
        if start == end:
            return path
        if not graph.has_key(start):
            return None
        shortest = None
        for node in graph[start]:
            if node not in path:
                newpath = find_shortest_path(graph, node, end, path)
                if newpath:
                    if not shortest or len(newpath) < len(shortest):
                        shortest = newpath
        return shortest
```

测试结果如下：

```
>>> find_shortest_path(graph, 'A', 'D')
    ['A', 'C', 'D']
```

7.6.2 任意一对顶点间的最短路径

前面介绍的方法只能求出源点到其他顶点的最短路径，怎样计算任意一对顶点间的最短路径呢？正确的做法是将每一顶点作为源点，然后重复调用迪杰斯特拉（Dijkstra）算法 n 次即可实现，这种做法的时间复杂度为 $O(n^3)$。由此可见，这种做法的效率并不高。伟大的古人费洛伊德创造了一种形式更加简捷的弗洛伊德算法来解决这个问题。虽然弗洛伊德算法的时间复杂度也是 $O(n^3)$，但是整个过程非常简单。

1．弗洛伊德算法（Floyd-Warshall 算法）

弗洛伊德算法会按如下步骤同时求出图 G（假设图 G 用邻接矩阵法表示）中任意一对顶点 v_i 和 v_j 间的最短路径。

（1）将 v_i 到 v_j 的最短的路径长度初始化为 g.arcs[i][j]，接下来开始 n 次比较和修正。

（2）在 v_i、v_j 之间加入顶点 v_0，比较（v_i,v_0,v_j）和 (v_i,v_j) 的路径的长度，用其中较短的路径作为 v_i 到 v_j 的且中间顶点号不大于 0 的最短路径。

（3）在 v_i、v_j 之间加入顶点 v_1，得到（v_i,…,v_1）和 (v_1,…,v_j)，其中（v_i,…,v_1）是 v_i 到 v_1 的并且中间顶点号不大于 0 的最短路径，(v_1,…,v_j) 是 v_1 到 v_j 的并且中间顶点号不大于 0 的最

短路径，这两条路径在步骤（2）中已求出。将（$v_i,\cdots,v_1,\cdots,v_j$）与步骤（2）中已求出的最短路径进行比较，这个最短路径满足下面的两个条件。

① v_i 到 v_j 中间顶点号不大于 0 的最短路径。

② 取其中较短的路径作为 v_i 到 v_j 的且中间顶点号不大于 1 的最短路径。

（4）在 v_i、v_j 之间加入顶点 v_2，得（$v_i,\cdots,v_2$）和 ($v_2,\cdots,v_j$)，其中（$v_i,\cdots,v_2$）是 v_i 到 v_2 的且中间顶点号不大于 1 的最短路径，($v_2,\cdots,v_j$) 是 v_2 到 v_j 的且中间顶点号不大于 1 的最短路径，这两条路径在步骤（3）中已经求出。将（$v_i,\cdots,v_2,\cdots,v_j$）与步骤（3）中已求出的最短路径进行比较，这个最短路径满足下面的条件。

（1）v_i 到 v_j 中间顶点号不大于 1 的最短路径。

（2）取其中较短的路径作为 v_i 到 v_j 的且中间顶点号不大于 2 的最短路径。

依此类推，经过 n 次比较和修正后来到步骤（$n-1$），会求得 v_i 到 v_j 的且中间顶点号不大于 $n-1$ 的最短路径，这肯定是从 v_i 到 v_j 的最短路径。

图 G 中所有顶点的偶数对 v_i、v_j 间的最短路径长度对应一个 n 阶方阵 D。在上述 $n+1$ 步中，D 的值不断变化，对应一个 n 阶方阵序列。定义格式如下。

n 阶方阵序列：D^{-1}，D^0，D^1，D^2，…，D^{N-1}

其中，

$D^{-1}[i][j]=$ g.arcs$[i][j]$

$D^k[i][j]=\min\{D^{k-1}[i][j], D^{k-1}[i][k]+D^{k-1}[k][j]\}\quad 0 \leqslant k \leqslant n-1$

在此 D^{n-1} 中为所有顶点的偶数对 v_i、v_j 间的最终最短路径长度。

2．迪杰斯特拉算法（Dijkstra）

有向图 G_6 的带权邻接矩阵和带权有向图 G_6 如图 7-29（a）所示。如果对 G_6 进行迪杰斯特拉算法，则得到从 v_0 到其余各顶点的最短路径，以及运算过程中 D 向量的变化状况，具体过程见表 7-5。

$$\begin{pmatrix} \infty & \infty & 10 & \infty & 30 & 100 \\ \infty & \infty & 5 & \infty & \infty & \infty \\ \infty & \infty & \infty & 50 & \infty & \infty \\ \infty & \infty & \infty & \infty & \infty & 10 \\ \infty & \infty & \infty & 20 & \infty & 60 \\ \infty & \infty & \infty & \infty & \infty & \infty \end{pmatrix}$$

(a) 有向图 G_6 的带权邻接矩阵

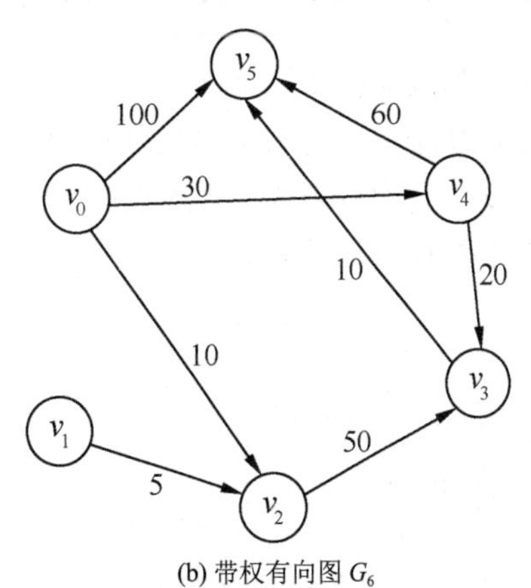

(b) 带权有向图 G_6

图 7-29　带权邻接矩阵和带权有向图

表 7-5　最短路径求解过程

终　　点	从 v_0 到各终点的 D 值和最短路径的求解过程				
	i=1	i=2	i=3	i=4	i=5
v_1	∞	∞	∞	∞	无
v_2	10 （v_0,v_2）				
v_3	∞	60 （v_0,v_2,v_3）	50 （v_0,v_4,v_5）		
v_4	30 （v_0,v_4）	30 （v_0,v_4）			
v_5	100 （v_0,v_5）	100 （v_0,v_5）	90 （v_0,v_4,v_5）	60 （v_0,v_4,v_3,v_5）	
v_j	v_2	v_4	v_3	v_5	
S	{v_0,v_2}	{v_0,v_2,v_4}	{v_0,v_2,v_3,v_4}	{v_0,v_2,v_3,v_4,v_5}	

3．Bellman-Ford 算法

Bellman-Ford 算法用于求单源最短路，可以判断有无负权回路（若有，则不存在最短路），时效性较好，时间复杂度为 O(VE)。Bellman-Ford 算法是求解单源最短路径问题的一种算法。

单源点的最短路径问题是指给定一个加权有向图 G 和源点 s，对于图 G 中的任意一点 v，求从 s 到 v 的最短路径。与迪杰斯特拉算法不同的是，在 Bellman-Ford 算法中，边的权值可以为负数。设想从图中找到一个环路（从 v 出发，经过若干个点之后又回到 v）且这个环路中所有边的权值之和为负。那么通过这个环路，环路中任意两点的最短路径就可以无穷小下去。如果不处理这个负环路，程序就会永远运行下去。而 Bellman-Ford 算法具有分辨这种负环路的能力。

7.6.3　实战演练——使用 Dijkstra 算法计算指定一个点到其他各顶点的路径

在下面的实例文件 duan.py 中，演示了使用 Dijkstra 算法计算指定一个点到其他各顶点的路径的过程。在实例中我们使用 Dijkstra 算法计算指定点 v_0 到图 G 中任意点的最短路径的距离，每次找到离源点最近的一个顶点后，以该顶点为中心进行扩展，最终会得到源点到其余所有点的最短路径。

```
G = {1: {1: 0, 2: 1, 3: 12},
     2: {2: 0, 3: 9, 4: 3},
     3: {3: 0, 5: 5},
     4: {3: 4, 4: 0, 5: 13, 6: 15},
     5: {5: 0, 6: 4},
     6: {6: 0}}


# 每次找到离源点最近的一个顶点，然后以该顶点为重心进行扩展
# 最终的到源点到其余所有点的最短路径
# 一种贪婪算法

def Dijkstra(G, v0, INF=999):
    """ 使用 Dijkstra 算法计算指定点 v0 到图 G 中任意点的最短路径的距离
        INF 为设定的无限远距离值
        此方法不能解决负权值边的图
    """
```

```
    book = set()
    minv = v0

    # 源顶点到其余各顶点的初始路程
    dis = dict((k, INF) for k in G.keys())
    dis[v0] = 0

    while len(book) < len(G):
        book.add(minv)  # 确定当期顶点的距离
        for w in G[minv]:  # 以当前点的中心向外扩散
            if dis[minv] + G[minv][w] < dis[w]:  # 如果从当前点扩展到某一点的距离小与
已知最短距离
                dis[w] = dis[minv] + G[minv][w]  # 对已知距离进行更新

        new = INF  # 从剩下的未确定点中选择最小距离点作为新的扩散点
        for v in dis.keys():
            if v in book: continue
            if dis[v] < new:
                new = dis[v]
                minv = v
    return dis


dis = Dijkstra(G, v0=1)
print(dis.values())
```

执行后会输出：

```
dict_values([0, 1, 8, 4, 13, 17])
```

7.6.4　实战演练——使用 Floyd-Warshall 算法计算图的最短路径

在下面的实例文件 fuluo.py 中，演示了使用 Floyd-Warshall 算法求图两点之间的最短路径的过程。具体算法思想如下：

（1）每个顶点都有可能使得两个顶点之间的距离变短；

（2）当两点之间不允许有第三个点时，这些城市之间的最短路径就是初始路径。

```
# 字典的第 1 个键为起点城市，第 2 个键为目标城市，其键值为两个城市间的直接距离
# 将不相连点设为 INF，方便更新两点之间的最小值
INF = 99999
G = {1:{1:0,    2:2,    3:6,    4:4},
     2:{1:INF,  2:0,    3:3,    4:INF},
     3:{1:7,    2:INF,  3:0,    4:1},
     4:{1:5,    2:INF,  3:12,   4:0}
     }


# Floyd-Warshall 算法核心语句
# 分别在只允许经过某个点 k 的情况下，更新点和点之间的最短路径
for k in G.keys(): # 不断试图往两点 i,j 之间添加新的点 k，更新最短距离
    for i in G.keys():
        for j in G[i].keys():
            if G[i][j] > G[i][k] + G[k][j]:
                G[i][j] = G[i][k] + G[k][j]


for i in G.keys():
    print(G[i].values())
```

执行后会输出：

```
dict_values([0, 2, 5, 4])
```

```
dict_values([9, 0, 3, 4])
dict_values([6, 8, 0, 1])
dict_values([5, 7, 10, 0])
```

7.6.5 实战演练——使用 Bellman-Ford 算法计算图的最短路径

对于一个包含 *n* 个顶点，*m* 条边的图，使用 Bellman-Ford 算法计算源点到任意点的最短距离。循环 *n*-1 轮，每轮对 *m* 条边进行一次松弛操作。Bellman-Ford 算法的规则如下。

（1）在一个含有 *n* 个顶点的图中，任意两点之间的最短路径最多包含 *n*-1 条边。

（2）最短路径肯定是一个不包含回路的简单路径（回路包括正权回路与负权回路）：

① 如果最短路径中包含正权回路，则去掉这个回路，一定可以得到更短的路径；

② 如果最短路径中包含负权回路，则每多走一次这个回路，路径更短，则不存在最短路径。

（3）最短路径肯定是一个不包含回路的简单路径，即最多包含 *n*-1 条边，所以进行 *n*-1 次松弛即可。

在下面的实例文件 bell.py 中，演示了使用 Bellman-Ford 算法解决图的最短路径负权边问题的过程。首先初始化源点与所有点之间的最短距离，然后使用 for 循环遍历 *n*-1 轮，通过 check 标记本轮松弛中 dis 是否发生更新。如果在 *n*-1 次松弛之后，最短路径依然发生变化，则该图必然存在负权回路。

```
G = {1: {1: 0, 2: -3, 5: 5},
     2: {2: 0, 3: 2},
     3: {3: 0, 4: 3},
     4: {4: 0, 5: 2},
     5: {5: 0}}

def getEdges(G):
    """ 输入图 G，返回其边与端点的列表 """
    v1 = []                              # 出发点
    v2 = []                              # 对应的相邻到达点
    w = []                               # 顶点 v1 到顶点 v2 的边的权值
    for i in G:
        for j in G[i]:
            if G[i][j] != 0:
                w.append(G[i][j])
                v1.append(i)
                v2.append(j)
    return v1, v2, w

class CycleError(Exception):
    pass

def Bellman_Ford(G, v0, INF=999):
    v1, v2, w = getEdges(G)
    # 初始化源点与所有点之间的最短距离
    dis = dict((k, INF) for k in G.keys())
    dis[v0] = 0
    # 核心算法
    for k in range(len(G) - 1):   # 循环 n-1 轮
        check = 0                        # 用于标记本轮松弛中 dis 是否发生更新
        for i in range(len(w)):   # 对每条边进行一次松弛操作
            if dis[v1[i]] + w[i] < dis[v2[i]]:
                dis[v2[i]] = dis[v1[i]] + w[i]
                check = 1
```

```
        if check == 0: break

    # 检测负权回路
    # 如果在 n-1 次松弛之后，最短路径依然发生变化，则该图必然存在负权回路
    flag = 0
    for i in range(len(w)):         # 对每条边再尝试进行一次松弛操作
        if dis[v1[i]] + w[i] < dis[v2[i]]:
            flag = 1
            break
    if flag == 1:
        #          raise CycleError()
        return False
    return dis

v0 = 1
dis = Bellman_Ford(G, v0)
print(dis.values())
```

执行后会输出：

```
dict_values([0, -3, -1, 2, 4])
```

7.6.6　实战演练——使用 Dijkstra 算法解决加权最短路径问题

问题描述：存在如图 7-30 所示的关系图，寻找出加权的最短路径。

在下面的实例文件 duan.py 中，演示了使用 Dijkstra 算法解决加权最短路径问题的过程。首先建立三张散列表，其中 graph 用于存储关系图，costs 用于存储各个节点的开销（开销是指从起点到该节点最小的权重），parents 用于存储各个节点的父节点是谁。然后创建一个用来存储已经处理过的节点 processed 的数组。最后查看所有节点，只要有节点未处理就循环执行如下过程：

（1）获取开销最小的节点，就是离起点最近的节点；

（2）计算经过该节点到达它全部邻居的开销；

（3）若这个开销小于原本它自己记录中的开销，就更新邻居的开销和邻居的父节点；

（4）将这个节点添加到已经处理的数组中。

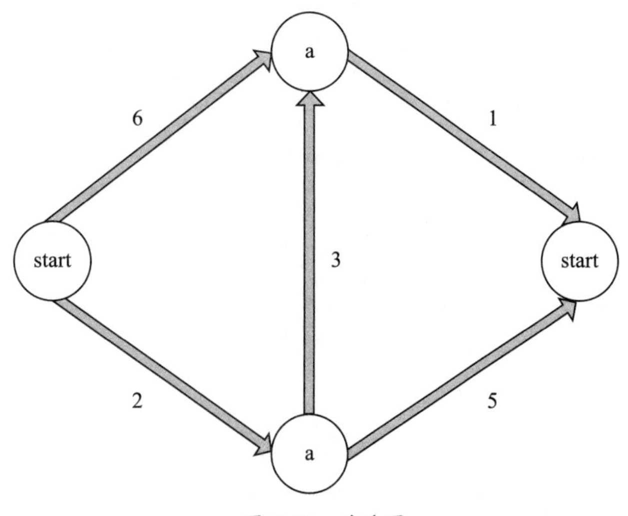

图 7-30　关系图

```
# 用散列表实现图的关系
graph = {}
graph["start"] = {}
graph["start"]["a"] = 6
graph["start"]["b"] = 2
graph["a"] = {}
graph["a"]["end"] = 1
graph["b"] = {}
graph["b"]["a"] = 3
graph["b"]["end"] = 5
graph["end"] = {}

# 创建节点的开销表，开销是指从 start 到该节点的权重
# 无穷大
infinity = float("inf")
costs = {}
costs["a"] = 6
costs["b"] = 2
costs["end"] = infinity

# 父节点散列表
parents = {}
parents["a"] = "start"
parents["b"] = "start"
parents["end"] = None

# 已经处理过的节点，需要记录
processed = []


# 找到开销最小的节点
def find_lowest_cost_node(costs):
    # 初始化数据
    lowest_cost = infinity
    lowest_cost_node = None
    # 遍历所有节点
    for node in costs:
        # 该节点没有被处理
        if not node in processed:
            # 如果当前节点的开销比已经存在的开销小，则更新该节点为开销最小的节点
            if costs[node] < lowest_cost:
                lowest_cost = costs[node]
                lowest_cost_node = node
    return lowest_cost_node


# 找到最短路径
def find_shortest_path():
    node = "end"
    shortest_path = ["end"]
    while parents[node] != "start":
        shortest_path.append(parents[node])
        node = parents[node]
    shortest_path.append("start")
    return shortest_path


# 寻找加权的最短路径
def dijkstra():
    # 查询到目前开销最小的节点
    node = find_lowest_cost_node(costs)
    # 只要有开销最小的节点就循环
    while node is not None:
```

```
        # 获取该节点当前开销
        cost = costs[node]
        # 获取该节点相邻的节点
        neighbors = graph[node]
        # 遍历这些相邻节点
        for n in neighbors:
            #计算经过当前节点到达相邻节点的开销，即当前节点的开销加上当前节点到相邻节点的开销
            new_cost = cost + neighbors[n]
            # 如果计算获得的开销比原本该节点的开销小，更新该节点的开销和父节点
            if new_cost < costs[n]:
                costs[n] = new_cost
                parents[n] = node
        # 遍历完毕该节点的所有相邻节点，说明该节点已经处理完毕
        processed.append(node)
        # 去查找下一个开销最小的节点，若存在，则继续执行循环，若不存在，则结束循环
        node = find_lowest_cost_node(costs)
    # 循环完毕说明所有节点都已经处理完毕
    shortest_path = find_shortest_path()
    shortest_path.reverse()
    print(shortest_path)
# 测试
dijkstra()
```

执行后会输出：

```
['start', 'b', 'a', 'end']
```

7.6.7　几种最短路径算法的比较

最短路径问题是图论研究中的一个经典算法问题，旨在寻找图（由节点和路径组成的）中两节点之间的最短路径。算法的具体形式有如下几种：

（1）确定起点的最短路径问题：已知起始节点，求最短路径的问题；

（2）确定终点的最短路径问题：与确定起点的问题相反，该问题是已知终结节点，求最短路径的问题。在无向图中该问题与确定起点的问题完全等同，在有向图中该问题等同于把所有路径方向反转的确定起点的问题；

（3）确定起点和终点的最短路径问题：即已知起点和终点，求两节点之间的最短路径；

（4）全局最短路径问题：求图中所有的最短路径。

1．弗洛伊德算法

弗洛伊德算法用于求多源、无负权边的最短路径，用矩阵记录图，时效性较差，时间复杂度为 $O(n^3)$，空间复杂度为 $O(n^2)$。它是解决任意两点间最短路径的一种算法，可以正确处理有向图或负权的最短路径问题。

弗洛伊德算法的原理是动态规划：

设 $D_{i,j,k}$ 为从 i 到 j 只以（$1,\cdots,k$）集合中的节点为中间节点的最短路径的长度。

如果最短路径经过点 k，则 $D_{i,j,k} = D_{i,k,k-1} + D_{k,j,k-1}$；

如果最短路径不经过点 k，则 $D_{i,j,k} = D_{i,j,k-1}$。

因此，$D_{i,j,k} = \min(D_{i,k,k-1} + D_{k,j,k-1}, D_{i,j,k-1})$。

在实际算法中，为了节约空间，可以直接在原来空间上进行迭代，这样空间可降至二维。

弗洛伊德算法的描述如下：

```
for k <-1 to n do
```

```
for i <- 1 to n do
for j <- 1 to n do
if (Di,k + Dk,j < Di,j) then
Di,j <- Di,k + Dk,j;
```

其中，$D_{i,j}$ 表示由点 i 到点 j 的代价，当 $D_{i,j}$ 为 ∞ 表示两点之间没有任何连接。

2．迪杰斯特拉算法

迪杰斯特拉算法用于求单源、无负权的最短路，时效性较好，时间复杂度为 $O(V\times V+E)$。

源点可达的话，$O(V\times \lg V+E\times \lg V) \geqslant O(E\times \lg V)$。

当是稀疏图的情况时，此时 $E=V\times V/\lg V$，所以算法的时间复杂度可为 $O(V^2)$。若是斐波那契堆作为优先队列，算法时间复杂度则为 $O(V\times \lg V + E)$。

3．队列优化算法（Shortest Path Faster Algorithm, SPFA）

其是 Bellman-Ford 的队列优化，时效性相对好，时间复杂度为 $O(kE)$，其中 $k<<V$。

与 Bellman-ford 算法类似，SPFA 采用一系列的松弛操作以得到从某一个节点出发到达图中其他所有节点的最短路径。所不同的是，SPFA 通过维护一个队列，使得一个节点的当前最短路径被更新之后没有必要立刻去更新其他的节点，从而大大减少了重复的操作次数。

SPFA 算法可以用于存在负数边权的图，这与迪杰斯特拉算法不同。

与迪杰斯特拉算法和 Bellman-ford 算法都不同，SPFA 的算法时间效率不稳定，即它对于不同的图所需的时间有很大的差别。

在最好情形下，每一个节点都只入队一次，则算法实际上变为广度优先遍历，其时间复杂度仅为 $O(E)$。另外，存在这样的例子，使得每一个节点都被入队（$V-1$）次，此时算法退化为 Bellman-ford 算法，其时间复杂度为 $O(VE)$。

SPFA 在负边权图上可以完全取代 Bellman-ford 算法，另外在稀疏图中也表现良好。但是在非负边权图中，为了避免最坏情况的出现，通常使用效率更加稳定的迪杰斯特拉算法，以及它的使用堆优化的版本。通常的 SPFA 在一类网格图中的表现不尽如人意。

第 8 章

数据结构的查找算法

查找是在大量的信息中寻找一个特定的信息元素，在计算机应用中，查找是常用的基本运算，例如编译程序中符号表的查找。本章将详细介绍各种常用查找算法的实现原理与适用场景，并通过具体的实战演练展示其实践应用。

8.1 数据结构的查找处理

数据的组织和查找是大多数应用程序的核心，而查找是所有数据处理中最基本、最常用的操作。查找是指根据给定的值，在表中确定一个其关键字等于给定值的数据元素。

8.1.1 查找的基本概念

查找（Searching）是指根据某个给定的值，在表中根据一个关键字查找是否存在和这个关键字有关的数据元素或记录。简单来说，就是在我们定义的数据结构中，查找位于某个位置的数据。查找根据操作方式不同分为静态查找和动态查找两种。前者是仅获取数据不进行其他操作；后者则需要动态改变数据，比如在查找过程中插入新数据，或者删除某个已存在的数据。

在学习数据结构的查找处理之前，需要先理解以下几个概念。

（1）查找表（Search Table）：由同一类型的数据元素构成的集合。

（2）查找（Searching）：根据给定的某个值，在查找表中确定其一个关键字等于给定值的数据元素。

（3）关键字：是数据元素的某个数据项的值，能够标识列表中的一个或一组数据元素。如果一个关键字能够唯一标识列表中的一个数据元素，则称其为主关键字，否则称为次关键字。当数据元素中仅有一个数据项时，数据元素的值就是关键字。

（4）主键（Primary Key）：可唯一地标识某个数据元素或记录的关键字（1）列表，是由同一类型的数据元素或记录构成的集合，可以使用任意数据结构实现。

在查找过程中，如果找到相应的数据元素，则查找成功；否则，查找失败，此时应返回空地址及失败信息，并可根据要求插入这个不存在的数据元素。显然，查找算法中涉及以下3类参量:

① 查找对象 K，即具体找什么；

② 查找范围 L，即在什么地方找；

③ K 在 L 中的位置，即查找的结果是什么。

其中，①、②是输入参量；③是输出参量。在函数中不能没有输入参量，可以使用函数返回值来表示输出参量。

（5）平均查找长度：为了确定数据元素在列表中的位置，需要将关键字个数的期望值与指定值进行比较，这个期望值被称为查找算法在查找成功时的平均查找长度。如果列表的长度为 n，查找成功时的平均查找长度为

$$\text{ASL} = P_1C_1 + P_2C_2 + \cdots + P_nC_n = \sum_{i=1}^{n} P_iC_i$$

式中，P 为查找列表中第 i 个数据元素的概率；C_i 为当找到列表中第 i 个数据元素时，已经进行过的关键字比较次数。因为查找算法的基本运算是在关键字之间进行比较，所以可用平均查找长度来衡量查找算法的性能。

8.1.2 查找算法的分类

我们可以将查找的基本方法分为两大类，分别是比较式查找法和计算式查找法。其中，比较式查找法又分为基于线性表的查找法和基于树的查找法，通常将计算式查找法称为哈希（Hash）查找法。

在计算机数据结构和算法研究领域中，通常将查找算法分为七类：顺序查找、二分查找（折半查找）、插值查找、斐波那契查找、树表查找、分块查找和哈希查找。这七种只是最传统的划分方法，其实二分查找、插值查找以及斐波那契查找都可以归为一类——插值查找。插值查找和斐波那契查找是在二分查找的基础上的优化查找算法。树表查找和哈希查找也会在本章中进行详细介绍。

8.2 顺序查找

在计算机编程应用中，顺序查找特别适合于存储结构为顺序存储或链接存储的线性表。在本节中，将讲解使用顺序查找算法的基本知识和具体用法。

8.2.1 顺序查找法基础

在计算机编程语言中，线性表是一种最简单的数据结构类型。通常将线性表中的查找方法分为 3 种，分别是顺序查找法、折半查找法和分块查找法。

顺序查找也称为线形查找，属于无序查找算法。顺序查找的基本思想是从线性表的一段开始，逐个检查关键字是否满足给定的条件。若查找到某个元素的关键字满足给定的条件，则查找成功，返回该元素在线性表中的位置；若已经查找到表的另一端，但还没有查找到符合给定条件的元素，则返回查找失败的信息。

顺序查找的基本特点如下。

（1）在顺序查找下给出的查找序列可以有序，也可以无序。

（2）查找算法简单，但时间效率太低（时间复杂度为 $O(n)$）。

顺序查找的优点和缺点分别如下。

（1）优点：对数据元素的存储没有需求，顺序存储或链式存储皆可；对表中记录的有序性也没有要求，无论记录是否按关键码有序，均可应用。

（2）缺点：是当 n 较大时，平均查找长度较大，效率低。

8.2.2　分析顺序查找的性能

顺序查找从线形表的一端开始，顺序扫描，依次将扫描到的节点关键字与给定值 k 相比较，若相等，则表示查找成功；若扫描结束仍没有找到关键字等于 k 的节点，表示查找失败。假设一个列表的长度为 n，如果要查找里面第 i 个数据元素，则需进行 $n-i+1$ 次比较，即 $C_i=n-i+1$。假设查找每个数据元素的概率相等，即 $P_i=1/n$。则顺序查找算法的平均查找长度为：

$$\text{ASL}=\sum_{i=1}^{n} P_iC_i=\frac{1}{n}\sum_{i=1}^{n} C_i=\frac{1}{n}\sum_{i=1}^{n}(n-i+1)=\frac{1}{2}(n+i)$$

根据查找是否成功，顺序查找的时间复杂度而不同，具体说明如下。

（1）假设每个数据元素的概率相等，当查找成功时的平均查找长度为：

$$\text{ASL} = 1/n(1+2+3+\cdots+n) = (n+1)/2$$

（2）当查找不成功时，需要 $n+1$ 次比较，时间复杂度为 $O(n)$。

由此得出，顺序查找的时间复杂度为 $O(n)$。

8.2.3　使用 Python 内置函数顺序查找

Python 语言的最大优势是提供了很多内置函数，通过其内置函数可以轻松地实现顺序查找功能。在下面的实例文件 nei.py 中，演示了使用内置函数实现查找功能的过程。

```
aList=[1,2,3,4,5,6,3,8,9]
print(5 in aList )                  # 查找 5 是否在列表中
print(aList.index(5))               # 返回第一个数据 5 的下标
print(aList.index(5,4,10))          # 返回从下标 4 到 10（不包含） 查找数据 5
print(aList.count(5) )              # 返回数据 5 的个数
```

执行后会输出：

```
True
4
4
1
```

8.2.4　实战演练——遍历有序列表

在下面的实例文件 youxu.py 中，演示了遍历有序列表的过程。本实例的第一步是构建节点，这是遍历有序列表和无序列表操作中最重要的步骤。节点（Node）是链表实现的基本构造，由列表项（item，数据字段）和对下一个节点的引用组成。Node 类包括访问、修改数据以及访问下一个引用等常用方法。

```
# 最基础的遍历无序列表的查找算法
```

```
# 时间复杂度 O(n)
def sequential_search(lis, key):
    length = len(lis)
    for i in range(length):
        if lis[i] == key:
            return i
        else:
            return False

if __name__ == '__main__':
    LIST = [1, 5, 8, 123, 22, 54, 7, 99, 300, 222]
    result = sequential_search(LIST, 123)
    print(result)
```

执行后会在列表 LIST 中查找是否有整数 123，执行后会输出：

```
False
```

8.2.5 实战演练——遍历无序列表

在下面的实例文件 wuxu.py 中，演示了遍历无序列表的过程。我们通过具体的步骤详细介绍一下。

（1）创建节点类 Node，节点（Node）是实现链表的基本模块，每个节点至少包括两个重要部分。首先，包含节点自身的数据，称为“数据域”。其次，包括对下一个节点的“引用”。为了在节点类 Node 构造节点，需要初始化节点的数据。另外还需要注意节点类和链表中的一个特殊节点：None，对 None 的引用代表没有下一个节点。例如在构造函数中，就是创建一个节点，把并它的“引用”赋值为 None。在初始化一个“引用”时，可以先将其赋值为 None，这样省时省力，具体代码如下：

```
class Node:
    def __init__(self, initdata):
        self.data = initdata
        self.next = None

    def getData(self):
        return self.data

    def getNext(self):
        return self.next

    def setData(self, newdata):
        self.data = newdata

    def setNext(self, newnext):
        self.next = newnext
```

（2）创建无序列表类 UnorderedList，无序列表通过一个节点的集合来实现，每个节点包括对下一个节点的引用。我们的设计原理是：只要找到第一个节点，跟着引用就能走遍每一个数据项。按照这个设计原理，必须在无序列表类中保存对第一个节点的引用。在下面类 UnorderedList 的实现代码中，需要注意每个列表对象包含了对“列表头”（head）的引用。编写方法 add() 把新的数据项加入列表，在添加之前需要处理一个重要问题：链表把新数据项放在什么位置？既然列表是无序的，那么新数据项的位置与原有元素关系不大，新数据项可放在任意位置。这样，可以把新数据项放在最容易处理的位置。方法 size()、search() 和 remove() 都是基于链表的遍历技术实现的，遍历是指系统地访问每个节点的过程。从第一个节点的外部引用开始，每访问过一个节点，通过引用移动到下一个节点实现遍历。为了实现方法 size()，也需要遍历链表，在这个过程中用一个变量记录经过的节点。通过代码 count = count + 1 实行了计数器功能，最后通过 current 进行外部引用。在开始时因为没有经历过任何节点，所以计数器变量为 0，然后实现了遍历。只要 current 引用没有看到 None，就把 current 指向下一个节点，代码如下：

```
class UnorderedList:
    def __init__(self):
        self.head = None

    def isEmpty(self):
        return self.head == None


    def add(self, item):
        temp = Node(item)
        temp.setNext(self.head)
        self.head = temp


    def size(self):
        current = self.head
        count = 0
        while current != None:
            count = count + 1
            current = current.getNext()

        return count


    def search(self, item):
        current = self.head
        found = False
        while current != None and not found:
            if current.getData() == item:
                found = True
            else:
                current = current.getNext()

        return found


    def remove(self, item):
        current = self.head
        previous = None
        found = False
        while not found:
            if current.getData() == item:
                found = True
            else:
                previous = current
                current = current.getNext()

        if previous == None:
            self.head = current.getNext()
        else:
            previous.setNext(current.getNext())
```

注意：在上述代码中编写了方法 isEmpty()，其功能是检查 head 引用是否是 None。方法

isEmpty() 中的返回值是表达式 self.head==None，只有当链表中没有节点时为真。既然一个新建链表是空，则构造函数和方法 isEmpty() 必须保持一致，这也显示了用 None 来代表“结束”的优势。在 Python 语言中，None 能够和任意的引用作比较，如果两个变量引用了同一对象，那么它们就是相等的。

在上述代码中，方法 remove() 需要两个步骤。首先需要遍历列表找到要删除的数据，找到后再进行删除操作。这一步功能和查找相似，都是实现遍历列表并找到这个数据功能。因为假定数据是存在的，所以一定在到达 None 之前找到，我们使用 found 的布尔值来标志是否找到。找到后，found 变成 True，current 就是对包含要删除的数据的节点的引用。另外还有一种可能的方式是用一种标志代替原来的数值，表明这个数值不存在。但这样一来，链表的节点数量和实际的数量对不上，所以不如直接删除这个节点。为了删除一个节点，需要把待删除节点前面那个节点的 next 指向待删除节点后面那个节点即可。但是，在找到 current 以后，我们没有办法再回到它前面，因为这已经来不及修改。解决办法是在遍历时使用两个外部引用，current 表示当前正在遍历的。然后将新的引用称为 previous，将其跟在 current 后面进行遍历，这样当 current 找到要删除节点时，previous 正好停在 current 前面节点上。

（3）为了验证我们上面编写的节点类和无序列表处理类，通过以下代码进行测试。

```
mylist = UnorderedList()

mylist.add(31)
mylist.add(77)
mylist.add(17)
mylist.add(93)
mylist.add(26)
mylist.add(54)

print(mylist.size())
print(mylist.search(93))
print(mylist.search(100))

mylist.add(100)
print(mylist.search(100))
print(mylist.size())

mylist.remove(54)
print(mylist.size())
mylist.remove(93)
print(mylist.size())
mylist.remove(31)
print(mylist.size())
print(mylist.search(93))
```

执行后会输出：

```
6
True
False
True
7
6
5
4
False
```

由本实例的实现过程可知，在无序列表中查找一个值时需要使用遍历技术。在访问每个节点时，需要比较它的数据是否与要查找的数据相符。这样，可能不用遍历全部的节点就能找到，如果找到了就不必继续找下去。如果我们真到了列表的尾部，就说明没找到。

8.2.6　实战演练——查找两个有序列表的中位数

中位数（Median）又称中值，统计学中的专有名词，是按顺序排列的一组数据中居于中间位置的数，代表一个样本、种群或概率分布中的一个数值，其可将数值集合划分为相等的上下两部分。对于有限的数集，通过把所有观察值高低排序后找出正中间的一个作为中位数。如果观察值有偶数个，通常取最中间的两个数值的平均数作为中位数。在下面的实例文件 zhong.py 中，演示了查找两个有序列表的中位数的过程。首先通过函数 random_nums_genetor() 生成了随机列表，然后通过函数 find_two_list_mid_num() 找到两个有序列表的中位数。

```
import random
def random_nums_genetor(max_value=1000, total=100):
  '''''
  生成随机数
  '''
  num_list=[]
  for i in range(total):
    num_list.append(random.randint(1,max_value))
  return num_list
def find_two_list_mid_num(num_list1,num_list2):
  '''''
  找到两个有序列表的中位数
  '''
  length1=len(num_list1)
  length2=len(num_list2)
  total=length1+length2
  if total%2==0:
    half=int(total/2-1)
  else:
    half=int(total/2)
  res_list=[]
  while len(num_list1) and len(num_list2):
    if num_list1[0]<num_list2[0]:
      res_list.append(num_list1.pop(0))
    else:
      res_list.append(num_list2.pop(0))
  if len(num_list1):
    res_list+=num_list1
  elif len(num_list2):
    res_list+=num_list2
  #print res_list
  print(res_list[half])
  return res_list
if __name__ == '__main__':
  print("下面是测试结果：")
  num_list1=[1,2,5,7,12,45,67,100]
  num_list2=[11,34,77,90]
  res_list=find_two_list_mid_num(num_list1,num_list2)
  print(res_list[5])
  print('----------------------------------------------------------')
  num_list1=random_nums_genetor(max_value=1000, total=10)
  num_list2=random_nums_genetor(max_value=100, total=7)
  res_list=find_two_list_mid_num(num_list1, num_list2)
```

```
    print(res_list[8])
```

上述代码的功能是找到两个有序列表的中位数，如果列表的总长度为奇数，则直接返回中间下标的值，否则返回前一个值。例如列表的长度为 6，则返回下标为 2 处的值。执行后会输出：

```
下面是测试结果：
12
12
--------------------------------------------------------
592
592
```

8.2.7 实战演练——在列表中顺序查找最大值和最小值

在下面的实例文件 daxiao.py 中，演示了在列表中顺序查找最大值和最小值的过程。首先假设第一个元素是最大值，然后遍历列表里面的值，如果当前列表的值大于最大值，则说明这个值为最大值；获取最小值的原理与之相同。

```
def Max(alist):
    pos = 0    # 初始位置
    imax=alist[0]  # 假设第一个元素是最大值
    while pos < len(alist):       # 在列表中循环
        if alist[pos] > imax:     # 当前列表的值大于最大值 ，则为最大值
            imax=alist[pos]
        pos = pos+1               # 查找位置 +1
    return imax
def Min(alist):
    pos = 0                       #  初始位置
    imin = alist[0]               # 假设第一个元素是最小值
    for item in alist:            # 对于列表中的每一个值
        if item < imin:           # 当前的值小于最小的值 则为最小值
            imin = item
    return imin
def main():
    testlist=[2,3,4,5,6,8,34,23,55,234]
    print('最大值是：',Max(testlist))
    print('最小值是：',Min(testlist))
if __name__=='__main__':
    main()
```

执行后会输出：

```
最大值是： 234
最小值是： 2
```

8.3 折半查找算法

在数据结构应用中，折半查找法也称为二分法查找法，此方法要求待查找的列表必须是按关键字大小有序排列的顺序表。在本节中，将详细讲解使用折半查找算法查找线性数据结构的基本知识和具体用法。

8.3.1 折半查找法基础

折半查找算法搜索过程从数组的中间元素开始，如果中间元素正好是要查找的元素，则搜索过程结束；如果某一特定元素大于或小于中间元素，则在数组大于或小于中间元素的那

一半中查找，而且跟开始一样从中间元素开始比较。如果在某一步骤数组为空，则代表找不到。这种搜索算法每一次比较都使搜索范围缩小一半。

假设有一个包含 n 个带值元素的数组 A，则查找过程如下：

（1）令 L 为 0， R 为 $n-1$；

（2）如果 $L>R$，则搜索以失败告终；

（3）令中间值元素 m () 为 $[(L+R)/2]$；

（4）如果 $A_m<T$，令 L 为 $m+1$ 并回到（2）；

（5）如果 $A_m>T$，令 R 为 $m-1$ 并回到（2）。

折半查找法的优点是比较次数少，查找速度快，平均性能好。其缺点是要求待查表为有序表，且插入删除困难。所以，折半查找方法适用于不经常变动而查找频繁的有序列表。

注意：《大话数据结构》一书描述道：折半查找的前提条件是需要有序表顺序存储，对于静态查找表，一次排序后不再变化，折半查找能得到不错的效率。但对于需要频繁执行插入或删除操作的数据集来说，维护有序的排序会带来不小的工作量，那就不建议使用。

8.3.2　分析折半查找法的性能

因为折半查找法将查找的范围不断缩小一半，所以查找效率较高。我们可以使用一个被称为判定树的二叉树来描述折半查找过程。首先验证树中的每一个节点对应表中一个记录，但是节点值不是用来记录关键字的，而是用于记录在表中的位置序号。根节点对应当前区间的中间记录，左子树对应前一个子表，右子树对应后一个子表。当折半查找成功时，关键字的比较次数不会超过判定树的深度。因为判定树的叶节点和所在层次的差是 1，所以 n 个节点的判定树的深度与 n 个节点的完全二叉树的深度相等，都是 $\log_2 n+1$。这样，折半查找成功时，关键字比较次数最多不超过 $\log_2 n+1$。相应地，当折半查找失败时，其整个过程对应于判定树中从根节点到某个含空指针的节点的路径。所以当折半查找成功时，关键字比较次数也不会超过判定树的深度 $\log_2 n+1$。可以假设表的长 $n=2h-1$，则判定树一定是深度为 h 的满二叉树，即 $\log_2(n+1)$。又假设每个记录的查找概率相等，则折半查找成功时的平均查找长度为

$$\mathrm{ASL}_{bs}=\sum_{i-1}^{n}P_iC_i=\frac{1}{n}\sum_{i-1}^{n}j\times 2^{j-1}=\frac{n+1}{n}\log_2(n+1)-1$$

因为折半搜索每次把搜索区域减少一半，所以折半查找法的时间复杂度为 $O(\log_2 n)$，空间复杂度为 $O(1)$。

8.3.3　实战演练——使用折半查找算法查找指定的数据

在下面的实例文件 zhe.py 中，演示了使用折半查找算法查找指定数据的过程。

```
def BinarySearch(arr, key):
    # 记录数组的最高位和最低位
    min = 0
    max = len(arr) - 1
```

```
    if key in arr:
        # 建立一个死循环，直到找到 key
        while True:
            # 得到中位数
            # 这里一定要加 int，防止列表是偶数的时候出现浮点数据
            center = int((min + max) / 2)
            # key 在数组左边
            if arr[center] > key:
                max = center - 1
            # key 在数组右边
            elif arr[center] < key:
                min = center + 1
            # key 在数组中间
            elif arr[center] == key:
                print(str(key) + "在数组里面的第" + str(center) + "个位置")
                return arr[center]
    else:
        print("没有该数字!")


if __name__ == "__main__":
    arr = [1, 6, 9, 15, 26, 38, 49, 57, 63, 77, 81, 93]
    while True:
        key = input("请输入你要查找的数字：")
        if key == " ":
            print("谢谢使用！ ")
            break
        else:
            BinarySearch(arr, int(key))
```

在上述代码中，min 和 max 分别为查找区间的第一个下标与最后一个下标。当 min 大于 max 时，说明目标关键字在整个有序序列中不存在，查找失败。执行后会提示输入要查找的数字，如果输入为空格，则退出程序。例如输入数字 26 后会输出：

```
请输入你要查找的数字：26
26 在数组里面的第 4 个位置
请输入你要查找的数字：
谢谢使用!
```

8.3.4 实战演练——使用递归折半查找和非递归折半查找

在递归折半查找中，将查找范围分成比查找值大的一部分和比查找值小的一部分，每次递归调用只会有一个部分执行。递归函数的优点是定义简单、逻辑清晰。理论上，所有的递归函数都可以写成循环的方式，但是循环的逻辑不如递归清晰。在下面的实例文件 di.py 中，演示了使用递归法实现折半查找算法的过程。

```
def binarySearchCur(alist,item):
    if len(alist) == 0:
        return False
    else:
        midpoint = len(alist) // 2
        if alist[midpoint] == item:
            return True
        else:
            if item < alist[midpoint]:
                return binarySearchCur(alist[:midpoint],item)
            else:
                return binarySearchCur(alist[midpoint+1:],item)
```

```
list = [0, 1, 2, 3, 4, 5, 6, 7, 8]
print(binarySearchCur(list, 3))
print(binarySearchCur(list, 10))
```

执行后会输出：

```
True
False
False
```

再看下面的实例文件 di02.py 中，演示了另一个使用折半查找递归算法的过程。其中，函数 search() 使用了折半查找递归算法，参数 arr 表示要遍历查找的数组，参数 start 表示查找的起始位置，参数 end 表示查找的结束位置，参数 data 表示要查找的数据。

```
def search(arr,start,end,data):
    half=int((start+end)/2)
    if(start<=end):
            # 相等的时候返回位置
            if(arr[half][0]==data):
                return half
            elif(arr[half][0]>data):
                result=search(arr,start,half-1,data)
            else:
                result=search(arr,half+1,end,data)
            # 因为有可能没有找到，所以这里有一个判断语句
            if(result==None):
                return -1
            else:
                return result
# 打印函数
def myPrint(arr,index):
    if(index!=-1):
        name=arr[index][1]
        print('name : ',name)
    else:
        print('no found')
arr=[[201701,'张三'],[201703,'李四'],[201710,'王麻子'],[201713,'隔壁老张']]
print('search 201713')
index=search(arr,0,3,201713)
myPrint(arr,index)
print('search 2017102')
index=search(arr,0,3,2017102)
myPrint(arr,index)
```

执行后会输出：

```
search 201713
name :  隔壁老张
search 2017102
no found
```

再看下面的实例文件 feidi.py 中，演示了使用非折半查找非递归算法的过程。整个实例的实现过程和上面的实例文件 di02.py 类似，差别在于本实例可以处理非有序的顺序表。

```
# 参数        数组 起始位置 结束位置 数据
def search(arr,start,end,data):
    while(start<=end):
        half=int((start+end)/2)
        if(arr[half][0]==data):
            return half
        elif(arr[half][0]>data):
            end=half-1
        else:
            start=half+1
```

```
    #为了防止找不到
    return -1
#打印函数
def myPrint(arr,index):
    if(index!=-1):
        name=arr[index][1]
        print('name : ',name)
    else:
        print('no found')
arr=[[201701,'张三'],[201703,'李四'],[201710,'王麻子'],[201713,'隔壁老王']]
print('search 201713')
index=search(arr,0,3,201713)
myPrint(arr,index)
print('search 2017102')
index=search(arr,0,3,2017102)
myPrint(arr,index)
```

执行后会输出：

```
search 201713
name :  隔壁老王
search 2017102
no found
```

8.3.5 实战演练——比较顺序查找算法和折半查找算法的效率

在下面的实例文件 duibi.py 中，演示了同时使用比较顺序查找算法和折半查找算法的过程，并比较了这两种算法的效率。在本实例中，使用了计时装饰器函数 timer() 分别来统计顺序（线性）查找和折半查找的时间效率。

```
import time

# 计时装饰器
def timer(func):
    def wrapper(*args, **kwargs):
        start = time.time()
        ret = func(*args, **kwargs)
        end = time.time()
        print("time: %s"% (end-start))
        return ret
    return wrapper


# 顺序（线性）查找 O(n)
@timer
def line_search(lst, val):
    for index, value in enumerate(lst):
        if val == value:
            return index

    return None

# 二分查找（需要有序）O(logn)
@timer
def binary_search(lst, val):
    low = 0
    high = len(lst) - 1

    while low <= high:
        mid = (high + low)//2
        if lst[mid] == val:
            return mid
```

```
        elif lst[mid] < val:
            low = mid + 1
        else:
            high = mid - 1
    return None


if __name__ == '__main__':
    lst = list(range(100000))

    ret = line_search(lst, 90000)
    print(ret)


    ret = binary_search(lst, 90000)
    print(ret)
```

执行后在笔者的计算机中会输出：

```
time: 0.006997585296630859
90000
time: 0.0
90000
```

在笔者的计算机中执行后，会发现顺序查找算法耗时 0.006 997 585 296 630 859，而折半查找算法耗时 0.0，这说明折半查找算法的效率要高于顺序查找算法。

8.4　插值查找算法

本节介绍的插值查找算法基于前面介绍的折半查找法，将查找点的选择改进为自适应选择，提高查找效率。在本节中，将详细讲解插值查找算法的基本知识和具体用法。

8.4.1　插值查找算法基础

在介绍插值查找算法之前，读者首先考虑一个新问题，为什么前面的算法一定要折半，而不是折四分之一或者折更多呢？比如，在英文字典中查“apple”，你下意识翻开字典是翻前面的书页还是后面的书页呢？如果再让你查“zoo”，你又怎么查？很显然，这里你绝对不会是从中间开始查起，而是有一定目的地往前或往后翻。同样，比如要在范围 1 ~ 10 000 之间 100 个元素从小到大均匀分布的数组中查找 5， 我们自然会考虑从数组下标较小的开始查找。

插值类似于平常查英文字典的方法，在查一个以字母 C 开头的英文单词时，决不会用二分查找，从字典的中间一页开始，因为知道它的大概位置是在字典较前面的部分，因此可以从前面的某处查起，这就是插值查找的目的。

插值查找除要求查找表是顺序存储的有序表外，还要求数据元素的关键字在查找表中均匀分布，这样，就可以按比例插值。插值查找算法也属于有序查找，其基本思想是基于二分查找算法，将查找点的选择改进为自适应选择，这样可以提高查找效率。

8.4.2　分析插值查找的性能

经过前面的学习可知，折半查法的实现方式不是自适应（也就是说是傻瓜式的）的查找法，在折半查找中查找点的计算过程如下：

```
mid=(low+high)/2, 即 mid=low+1/2*(high-low);
```

通过类比，可以将查找的点改进为：

```
mid=low+(key-a[low])/(a[high]-a[low])*(high-low)
```

也就是将上述的比例参数 1/2 改进为自适应的，根据关键字在整个有序表中所处的位置，让 mid 值的变化更靠近关键字 key，这样也就间接地减少了比较次数。改进后的就是插值查找算法的思想。

如果元素均匀分布，则插值查找算法的时间复杂度为 $O(\log n)$，在最坏的情况下可能需要 $O(n)$。插值查找算法的空间复杂度为 $O(1)$。

注意：对于表长较大，而关键字分布又比较均匀的查找表来说，插值查找算法的平均性比折半查找要好得多。反之，数组中如果分布非常不均匀，那么插值查找未必是很合适的选择。

8.4.3 实战演练——使用插值查找算法查找指定的数据

在下面的实例文件 chazhi.py 中，演示了使用插值查找算法查找指定数据的过程。其实插值查找是对二分查找的优化，是有序序列的查找算法。插值查找的核心是通过查找值判定目标的大体位置，位于 mid 值的左侧或右侧，所以本实例的核心是计算 mid 值。

```
def binary_search(lis, key):
    low = 0
    high = len(lis) - 1
    time = 0
    while low < high:
        time += 1
        # 计算mid值是插值算法的核心代码
        mid = low + int((high - low) * (key - lis[low])/(lis[high] - lis[low]))
        print("mid=%s, low=%s, high=%s" % (mid, low, high))
        if key < lis[mid]:
            high = mid - 1
        elif key > lis[mid]:
            low = mid + 1
        else:
            # 打印查找的次数
            print("times: %s" % time)
            return mid
    print("times: %s" % time)
    return False

if __name__ == '__main__':
    LIST = [1, 5, 7, 8, 22, 54, 99, 123, 200, 210, 400]
    result = binary_search(LIST, 400)
    print(result)
```

在上述代码中，通过插值查找算法的如下公式来编写代码计算 mid 的值：

```
value = (key - list[low])/(list[high] - list[low])
```

执行后会在列表 [1, 5, 7, 8, 22, 54, 99, 123, 200, 210, 400] 中查询整数 400，执行后会输出：

```
mid=10, low=0, high=10
times: 1
10
```

8.5 分块查找算法

分块查找是折半查找和顺序查找的一种改进方法，分块查找由于只要求索引表是有序的，对块内节点没有排序要求，因此特别适合于节点动态变化的情况。在本节中，将详细讲解使用分块查找算法的基本知识和用法。

8.5.1 分块查找算法基础

分块查找是基于折半查找法和顺序查找法的一种改进方法，虽然在前面介绍的折半查找法具有很好的性能，但是其前提条件是查找对象必须是线性表顺序存储而且按照关键码排序。但是在节点树很大且表元素动态变化时，很难以满足这个前提条件。而顺序查找可以解决表元素动态变化的要求，但是查找的效率很低。如果既要保持对线性表的查找具有较快的速度，又要能够满足表元素动态变化的要求，则可以使用分块查找算法。

虽然分块查找算法的速度不如折半查找算法，但是比顺序查找算法快得多，同时又不需要对全部节点进行排序。当节点很多且块数很大时，对索引表可以采用折半查找，这样能够进一步提高查找的速度。

分块查找算法由于只要求索引表是有序的，对块内节点没有排序要求，因此特别适合于节点动态变化的情况。当增加或减少节点以及节点的关键码改变时，只需将该节点调整到所在的块即可。在空间复杂性上，分块查找的主要代价是增加了一个辅助数组。

分块查找算法要求将列表组织成下面的索引顺序结构。

（1）将列表分成若干个块（子表）：一般情况下，块的长度均匀，最后一块可以不满。每块中元素任意排列，即块内无序，但块与块之间有序。

（2）构造一个索引表：其中每个索引项对应一个块并记录每个块的起始位置，以及每个块中的最大关键字（或最小关键字）。索引表按关键字有序排列。

图 8-1 所示为一个索引顺序表，包括以下 3 个块：

（1）第 1 个块的起始地址为 0，块内最大关键字为 25；

（2）第 2 个块的起始地址为 5，块内最大关键字为 58；

（3）第 3 个块的起始地址为 10，块内最大关键字为 88。

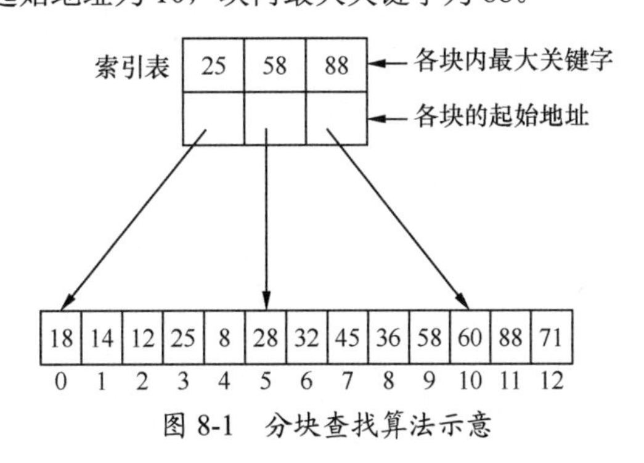

图 8-1　分块查找算法示意

8.5.2 分析分块查找算法的性能

分块查找的平均查找长度由两部分构成，分别是查找索引表时的平均查找长度为 L_b，以及在相应块内进行顺序查找的平均查找长度 L_w。

$$\mathrm{ASL}_{bs}=L_b+L_w$$

假设将长度为 n 的表分成 b 块，且每块含 s 个元素，则 $b=n/s$。又假定表中每个元素的查找概率相等，则每个索引项的查找概率为 $1/b$，块中每个元素的查找概率为 $1/s$。若用顺序查找法确定待查元素所在的块，则有如下结论：

$$L_b=\frac{1}{b}\sum_{j-1}^{b}j=\frac{b+1}{2}$$

$$L_w=\frac{1}{s}\sum_{i-1}^{s}i=\frac{s+1}{2}$$

$$\mathrm{ASL}_{bs}=L_b+L_w=\frac{(b+s)}{2}+1$$

将$b=\dfrac{n}{s}$代入会得到

$$\mathrm{ASL}_{bs}=\frac{1}{2}\left(\frac{n}{s}+s\right)+1$$

如果用折半查找算法确定待查元素所在的块，则有如下结论：

$$L_b=\log_2(b+1)-1$$

$$\mathrm{ASL}_{bs}=\log_2(b+1)-1+\frac{s+1}{2}\approx\log_2\left(\frac{n}{s}+s\right)+\frac{s}{2}$$

8.5.3 实战演练——使用分块查找算法在列表中查找某元素

下面实例文件 fen01.py 的功能是，使用分块查找算法在列表中搜索某个元素，本实例的关键点是构建外部无序、内部有序的多子块。本实例的具体实现流程如下：

（1）将列表拆分为 m 块，每一块的内部无序，块的外部有序；

（2）选取各块最大元素构成索引，对索引进行二分查找，找到所在的块；

（3）在确定块中使用顺序查找算法实现查找工作。

实例文件 fen01.py 的具体实现代码如下：

```
import random

Range = 20
Length = 9
flag = 0
pos = -1
tabNum = 3
tabPos = -1

list = random.sample(range(Range), Length)
goal = random.randint(0, Range)
```

```
    print('开始查找数字', goal, ', 在下面的列表中查找:')
    # 子表建立，选择序列前m个元素排序后建立索引，根据索引建立子表
    list_index = []  # 使用二维列表表示多个子序列
    for i in range(tabNum):  # 在列表中添加m个列表
        list_index.append([])

    for i in range(1, tabNum):  # 向第1-m子列表添加原序列的前m-1个元素作为索引，留出第一个
子列表盛放最大索引
        list_index[i].append(list[i - 1])  # 但会出现最大值在第二个子列表中，第一子列表为空
的情况
    for i in range(1, tabNum - 1):  # 将添加元素的子列表中的元素降序排列
        for j in range(1, tabNum - i):
            if list_index[j] < list_index[j + 1]:
                list_index[j], list_index[j + 1] = list_index[j + 1], list_index[j]
    # print(list_index)

    for i in range(tabNum - 1, Length):  # 将其余元素添加到各子列表，若比索引大，则放到前一
个子列表中，其余放入最后一个索引中
        for j in range(1, tabNum):
            if list[i] > list_index[j][0]:
                list_index[j - 1].append(list[i])
                break
        else:
            list_index[tabNum - 1].append(list[i])
    # print(list_index)
    if len(list_index[0]) > 1:  # 提取第一个子列表的最大值为索引
        for i in range(len(list_index[0]) - 1, 0, -1):
            if list_index[0][i] > list_index[0][i - 1]:
                list_index[0][i], list_index[0][i - 1] = list_index[0][i - 1],
list_index[0][i]
    print(list_index)  # 显示构造的子列表

    for i in range(tabNum - 1, -1, -1):  # 将给定元素与各子列表进行比较，确定给定元素位置
        if len(list_index[i]) != 0 and goal < list_index[i][0]:
            for j in range(len(list_index[i])):
                if list_index[i][j] == goal:
                    tabPos = i + 1
                    pos = j + 1
                    flag = 1

    if flag:
        print("查找结果：在第", tabPos, "个列表的中，索引值是", pos, "！")
    else:
        print("not found”)
```

执行后会随机生成三个列表，并随机生成要查找的元素，并使用分块查找算法在列表中查找这个元素，并输出查询结果。因为是随机的，所以每次的执行效果不同。例如，在笔者计算机中的某次执行后会输出：

```
开始查找数字 11 ， 在下面的列表中查找：
[[16, 13, 12, 11, 9], [6, 4], [3, 0]]
查找结果：在第 1 个列表的中，索引值是 4 ！
```

8.5.4　实战演练——升级策略后的分块查找算法

我们以 8.5.3 小节中的实例文件 fen01.py 为例，更改其索引选取策略：向前 1-*m* 子列表添加原序列的前 *m*-1 个元素作为索引，留出第 *m* 个子列表盛放最大索引，将其余元素添加到各子列表，若比索引小，则放到本子列表中，其余放入最后一个索引中。更改策略后的实例文件 fen02.py 的具体实现代码如下。

```
import random

Range = 20
Length = 9
flag = 0
pos = -1
tabNum = 3
tabPos = -1

list = random.sample(range(Range), Length)
goal = random.randint(0, Range)
print('开始查找数字 ', goal, ', 在下面的列表中查找：')

# 子表建立，选择序列前m个元素排序后建立索引，根据索引建立子表
list_index = []  # 使用二维列表表示多个子序列
for i in range(tabNum):  # 在列表中添加m个列表
    list_index.append([])
for i in range(tabNum):  # 将前m个元素升序
    for j in range(tabNum - 1 - i):
        if list[j] > list[j + 1]:
            list[j], list[j + 1] = list[j + 1], list[j]
for i in range(tabNum - 1):  # 向前1-m子列表添加原序列的前m-1个元素作为索引，留出第m
个子列表盛放最大索引，
    list_index[i].append(list[i])
for i in range(tabNum - 1, Length):  # 将其余元素添加到各子列表，若比索引小，则放到本子
列表中，其余放入最后一个索引中
    for j in range(tabNum - 1):
        if list[i] < list_index[j][0]:
            list_index[j].append(list[i])
            break
    else:
        list_index[tabNum - 1].append(list[i])

for i in range(len(list_index[tabNum - 1]) - 1, 0, -1):  # 一次方向冒泡，将最大值
提前
    if list_index[tabNum - 1][i] > list_index[tabNum - 1][i - 1]:
        list_index[tabNum - 1][i], list_index[tabNum - 1][i - 1] = list_
index[tabNum - 1][i - 1], \
                                                                   list_index[tabNum - 1][i]
print(list_index)  # 显示构造的子列表

for i in range(tabNum):  # 将给定元素与各子列表进行比较，确定给定元素位置
    if goal < list_index[i][0]:
        for j in range(len(list_index[i])):
            if list_index[i][j] == goal:
                tabPos = i + 1
                pos = j + 1
                flag = 1
                break
        break

if flag:
    print("查找结果：在第", tabPos, "个列表的中，索引值是", pos, "！")
else:
    print("not found”)
```

执行上述代码后会随机生成三个列表生成要查找的元素，使用分块查找算法在列表中查找这个元素，并输出查询结果。因为是随机的，所以每次的执行效果不同。例如，在笔者计算机中的某次执行后会输出：

```
开始查找数字 7 ，在下面的列表中查找：
[[0], [1], [19, 18, 13, 10, 17, 3, 7]]
查找结果：在第 3 个列表中，索引值是 7 ！
```

8.5.5 实战演练——一道算法题

请看一道算法题，下面是题目的要求：

（1）输入要查找列表的大小 n，然后生成从 0 到 n−1 的数据。例如输入的 n=6，则列表内的数据元素为 [0,1,2,3,4,5]；

（2）提示用户每一组多少个（如每组 3 个，则分两组）；

（3）提示用户需要查找的数；

（4）提示用户是否要继续查找，按下 n 结束，按下其他继续。

编写实例文件 fen03.py，在输入数据模块一定要判断输入的是否为数字；如果为否，则强制转换为 int 型。在查找数据时，注意处理防止越界操作。实例文件 fen03.py 的具体实现流程如下。

（1）定义变量 key、start、end，分别表示每一组数据中的最大值、开始序号和结尾序号，然后提示用户请输入数字总个数。对应的实现代码如下：

```
import time

continue0 = 0
# 每一组的最大值，开始序号，结尾序号

key = []
start = []
end = []
list_data = []
while 1:
    num_all = input('请输入数字总个数：')
    if num_all.isdigit():  # 判断输入的是否为数字，是则强制转换为 int 型
        num_all = int(num_all)
        break
for i in range(num_all):
    list_data.append(i)
```

（2）编写装饰器函数 timer()，计算函数的运行时间。对应的实现代码如下：

```
def timer(func):
    def wrapper(*arg, **karg):
        time_0 = time.time()  #
        func(*arg, **karg)  #
        time_1 = time.time()  #
        print('初始时间 time_0=', time_0)
        print('结束时间 time_1=', time_1)
        print('运行总时间为 %f' % (time_1 - time_0))
        return 0

    return wrapper
```

（3）编写函数 div_group_func() 实现分组功能，将设置列表分成 *n* 组。对应的实现代码如下：

```
@timer
def div_group_func(list_data, long):
    # n 分 n 组数，list_data 输入的数据

    n = num_all // long
    n1 = num_all / long
    if n == n1:
        pass
```

```
    else:
        n = n + 1
    print('共分为%d组' % n)
    for i in range(n):
        begin = long * i
        ending = long * (i + 1) - 1
        min_f = list_data[begin]
        start.append(begin)  # 每一组的开始
        end.append(ending)  # 每一组的结尾
        for j in range(1, long):  # 获得最小值
            if (begin + j) < num_all:  # 防止索引超出范围
                if min_f > list_data[begin + j]:
                    min_f = list_data[begin + j]
        key.append(min_f)
    return 0
```

（4）编写函数 search_func() 实现搜索功能，在分组中查找用户输入的数字。对应的实现代码如下：

```
# 查找函数
# 装饰器解释
# search_func=timer(search_func)，则 search_func=wrapper
# search_func(list_data,search,n)=wrapper(list_data,search,n)
@timer  # 等价于 search_func=timer(search_func)
def search_func(list_data, search, long):
    # list_data 数据
    # search 要搜索的数
    # n 分组数
    flag = num_all % long
    n = num_all // long
    n1 = num_all / long
    if n == n1:
        pass
    else:
        n = n + 1
    for i in range(n):
        if search >= key[i]:
            if flag == 0:                    # 数据整分时
                for j in range(start[i], end[i] + 1):
                    if (j) <= num_all:  # 防止索引超出范围
                        if search == list_data[j]:
                            print('查找成功，您要查找的数在第%d处' % (j + 1))
                            return 0
            else:
                if i < n - 1:
                    for j in range(start[i], end[i] + 1):
                        if search == list_data[j]:
                            print('查找成功，您要查找的数在第%d处' % (j + 1))
                            return 0
                else:
                    for j in range(end[i - 1] + 1, end[i - 1] + 1 + flag):
                        if search == list_data[j]:
                            print('查找成功，您要查找的数在第%d处' % (j + 1))
                            return 0
    else:
        print('查找失败，您查找的数不在数据库中！')


while True:
    div_group = input('每一组多少个数')
    if div_group.isdigit():  # 判断输入的是否为数字，若是，则强制转换为int型
        print('总数据个数为%d' % num_all)
        div_group = int(div_group)
```

```
        break

div_group_func(list_data, div_group)
print('每一组最大值：',key)
print('每一组的开始序号：',start)
print('每一组的结尾序号：',end)
```

（5）通过 while 循环语句实现重复查找功能，如果输入 *n*，则退出查找。对应的实现代码如下：

```
while True:
    if continue0:                    # 第一次运行不执行
        continue_or_break = input('输入 n 退出，输入其他继续查找 ')
        if continue_or_break == 'n':
            break
    search = input('请输入要查找的数：')
    if search.isdigit():             # 判断输入的是否为数字，若是，则强制转换为 int 型
        search = int(search)
    else:
        print('输入错误请重新输入！ ')
        continue
    search_func(list_data, search, div_group)
    continue0 = 1
```

执行后先提示输入数字总个数，然后设置每一组多少个数，会计算运行时间，提示要查找的数字，最后会显示查找结果。例如输入数字总个数 6，设置每一组多少个数 3 后会输出：

```
请输入数字总个数：6
每一组多少个数 3
总数据个数为 6
共分为 2 组
初始时间 time_0= 1586405093.6289494
结束时间 time_1= 1586405093.6289494
运行总时间为 0.000000
每一组最大值： [0, 3]
每一组的开始序号： [0, 3]
每一组的结尾序号： [2, 5]
请输入要查找的数：2
查找成功，您要查找的数在第 3 处
初始时间 time_0= 1586405104.3409345
结束时间 time_1= 1586405104.3409345
运行总时间为 0.000000
输入 n 退出，输入其他继续查找 n
```

8.6　二叉排序树法

从本节开始讲解基于树结构的查找方法，基于树的查找法又称树表查找法，是指在树结构中查找某一个指定的数据，能够将待查表组织成特定树的形式，并且能够在树结构上实现查找。基于树的查找法主要包括二叉排序树、平衡二叉树和 B 树等。在本节中，将首先讲解二叉排序树法的基本知识和具体用法。

8.6.1　二叉排序树法基础

在本书的 6.3.2 小节中，我们简要描述过二叉排序树，这是一种特殊结构的二叉树，在

实践中通常被定义为一棵空树，或者被描述为具有如下性质的二叉树。

（1）如果它的左子树非空，则左子树上所有节点的值均小于根节点的值。

（2）如果它的右子树非空，则右子树上所有节点的值均大于根节点的值。

（3）左右子树都是二叉排序树。

由此可见，对二叉排序树的定义可以用一个递归定义的过程来描述。由上述定义可知，二叉排序树的一个重要性质：当中序遍历一个二叉排序树时，可以得到一个递增有序序列。如图 8-2 所示的二叉树就是两棵二叉排序树，如果中序遍历图 8-2（a）所示的二叉排序树，会得到如下递增有序序列：1—2—3—4—5—6—7—8—9。

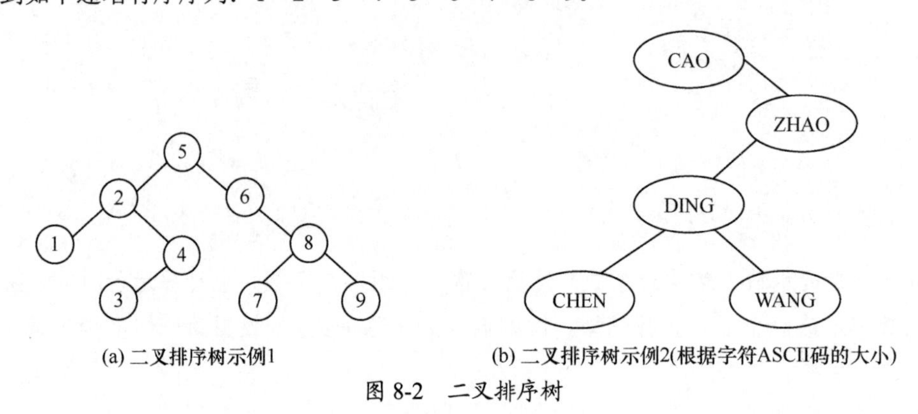

(a) 二叉排序树示例1　　(b) 二叉排序树示例2(根据字符ASCII码的大小)

图 8-2　二叉排序树

8.6.2　分析二叉排序树法的性能

1．时间复杂度

如果二叉排序树是平衡的，则 n 个节点的二叉排序树的高度为 $O(\log_2 n+1)$，其查找效率为 $O(\log_2 n)$，近似于折半查找。如果二叉排序树完全不平衡，则其深度可达到 n，则查找效率为 $O(n)$，退化为顺序查找。一般来说，二叉排序树的查找性能在 $O(\log_2 n)$ 到 $O(n)$ 之间。因此，为了获得较好的查找性能，就要构造一棵平衡的二叉排序树。

在使用二叉排序树进行搜索时，因为所建立的树本身不一定是轴对称的，所以每次比较并不能确保减小一半范围。二叉树要求需要树形结构的存储方式，这样相比顺序存储需要占用更多的空间，但也有链接型数据结构灵活可拓展的优点。

2．空间复杂度

因为需要建立排序二叉树，所以二叉排序树法的空间复杂度为 $O(n)$。

8.6.3　实战演练——实现二叉树的搜索、插入、删除、先序遍历和后序遍历操作

在下面的实例文件 ercha.py 中，演示了实现二叉树完整操作的过程，包括二叉树节点的搜索、插入、删除、先序遍历和后序遍历操作。具体实现流程如下：

（1）构建节点类 Node，初始化左子树和右子树为空。对应的的实现代码如下：

```
class Node:
    def __init__(self, data):
        self.data = data
        self.lchild = None
        self.rchild = None
```

（2）定义二叉树类 BST，对应的实现代码如下：

```
class BST:
    def __init__(self, node_list):
        self.root = Node(node_list[0])
        for data in node_list[1:]:
            self.insert(data)
```

（3）编写函数 search() 实现查找操作，可以将二叉排序树看作是一个有序表，在这棵二叉排序树上可以进行查找操作。二叉排序树的查找过程是一个逐步缩小查找范围的过程，可以根据二叉排序树的特点，首先将待查关键字 k 与根节点关键字 t 进行比较，如果 $k=t$，则返回根节点地址；如果 $k<t$，则进一步查左子树；如果 $k>t$，则进一步查右子树。因为二叉排序树的查找过程是一个递归过程，所以可以使用递归算法实现，也可以使用循环的方式直接实现二叉排序树查找的递归算法。函数 search() 的具体实现代码如下：

```
    def search(self, node, parent, data):
        if node is None:
            return False, node, parent
        if node.data == data:
            return True, node, parent
        if node.data > data:
            return self.search(node.lchild, node, data)
        else:
            return self.search(node.rchild, node, data)
```

（4）编写函数 insert() 实现插入节点功能，假设已知一个关键字值为 key 的节点 J，如果将其插入二叉排序树中，需要保证插入后仍然符合二叉排序树的定义，可以使用下面的方法进行插入操作。

① 如果二叉排序树是空树，则 key 成为二叉排序树的根。

② 如果二叉排序树非空，则将 key 与二叉排序树的根进行如下比较：

- 如果 key 的值等于根节点的值，则停止插入；
- 如果 key 的值小于根节点的值，则将 key 插入左子树；
- 如果 key 的值大于根节点的值，则将 key 插入右子树。

假如有一个元素序列，可以利用上述算法创建一棵二叉排序树。首先，将二叉排序树初始化为一棵空树，然后逐个读入元素。每读入一个元素就建立一个新的节点，将这个节点插入当前已生成的二叉排序树中，通过调用上述二叉排序树的插入算法可以将新节点插入。假设关键字的输入顺序为 45、24、53、12、28、90，按上述算法生成的二叉排序树的过程如图 8-3 所示。

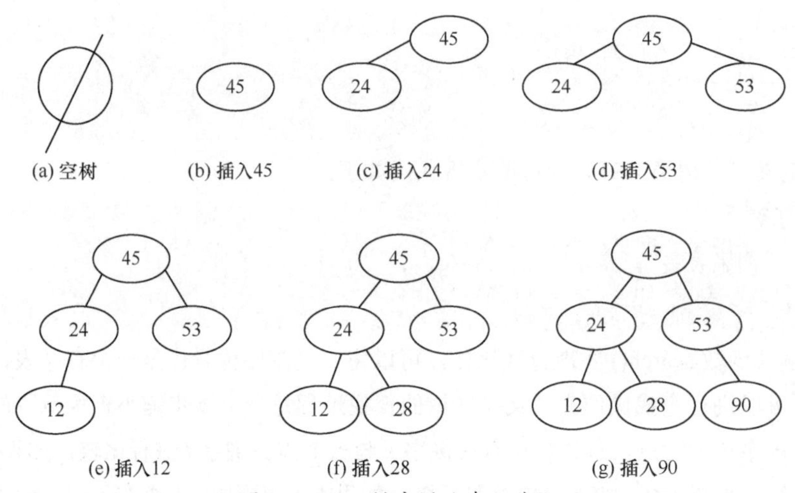

图 8-3　二叉排序树的建立过程

对于同样的一些元素值，如果输入顺序不同，所创建的二叉树的形态也不同。假如在上面的例子中的输入顺序为 24、53、90、12、28、45，则生成的二叉排序树如图 8-4 所示。

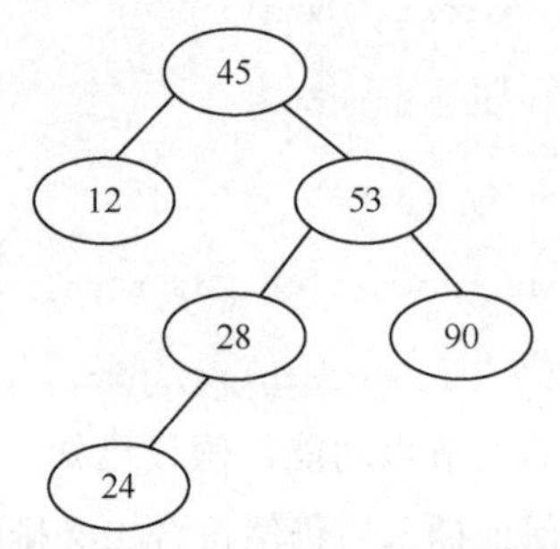

图 8-4　输入顺序不同所建立的不同二叉排序树

函数 insert() 的具体实现代码如下：

```
# 插入
def insert(self, data):
    flag, n, p = self.search(self.root, self.root, data)
    if not flag:
        new_node = Node(data)
        if data > p.data:
            p.rchild = new_node
        else:
            p.lchild = new_node
```

（5）编写函数 delete() 实现删除节点功能，当从二叉排序树中删除某一个节点时，就是仅删掉这个节点，而不把以该节点为根的所有子树都删除，并且还要保证删除后得到的二叉树仍然满足二叉排序树的性质。即在二叉排序树中删除一个节点相当于删除有序序列中的一个节点。在删除操作之前，首先要查找确定被删节点是否在二叉排序树中，如果不在，则不需要做任何操作。假设要删除的节点是 p，节点 p 的双亲节点是 f，节点 p 是节点 f 的左孩子，在删除时需要分以下 3 种情况来讨论：

① 如果 p 为叶节点，则可以直接将其删除；

② 如果 p 节点只有左子树，或只有右子树，则可将 p 的左子树或右子树，直接改为其双

亲节点 f 的左子树或右子树；

③ 如果 p 既有左子树，也有右子树，如图 8-5（a）所示。此时有如下两种处理方法。

方法 1：首先找到 p 节点在中序序列中的直接前驱 s 节点，如图 8-5（b）所示，然后将 p 的左子树改为 f 的左子树，而将 p 的右子树改为 s 的右子树：f->lchild=p->lchild；s->rchild=p->rchild；free(p)，结果如图 8-5（c）所示；

方法 2：首先找到 p 节点在中序序列中的直接前驱 s 节点，如图 8-5（b）所示，然后用 s 节点的值，替代 p 节点的值，再将 s 节点删除，原 s 节点的左子树改为 s 的双亲节点 q 的右子树：p->data=s->data；q->rchild= s->lchild；free(s)，结果如图 8-5（d）所示。

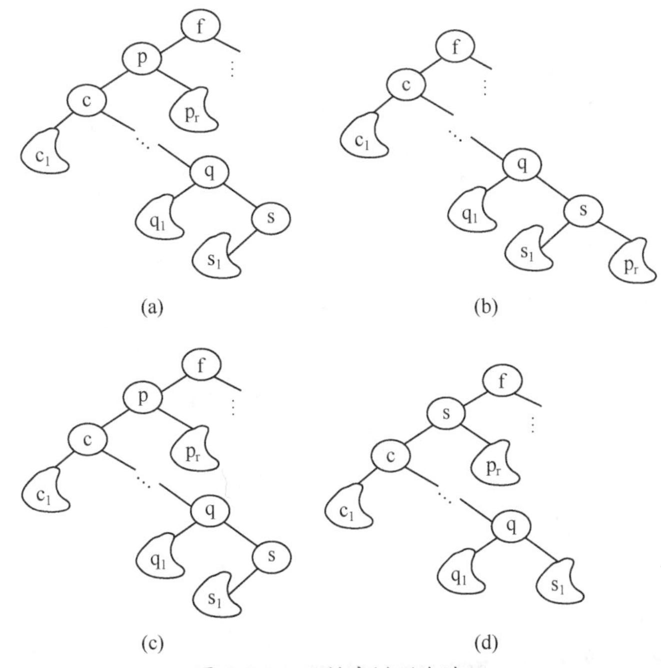

图 8-5　二叉排序树删除过程

函数 delete() 的具体实现代码如下：

```
    def delete(self, root, data):
        flag, n, p = self.search(root, root, data)
        if flag is False:
            print("无该关键字，删除失败")
        else:
            if n.lchild is None:
                if n == p.lchild:
                    p.lchild = n.rchild
                else:
                    p.rchild = n.rchild
                del p
            elif n.rchild is None:
                if n == p.lchild:
                    p.lchild = n.lchild
                else:
                    p.rchild = n.lchild
                del p
            else:  # 左右子树均不为空
                pre = n.rchild
                if pre.lchild is None:
```

```
                n.data = pre.data
                n.rchild = pre.rchild
                del pre
            else:
                next = pre.lchild
                while next.lchild is not None:
                    pre = next
                    next = next.lchild
                n.data = next.data
                pre.lchild = next.rchild
                del p
```

（6）编写函数 preOrderTraverse()、inOrderTraverse() 和 postOrderTraverse()，分别实现先序遍历、中序遍历和后序遍历功能。具体实现代码如下：

```
    # 先序遍历
    def preOrderTraverse(self, node):
        if node is not None:
            print(node.data,)
            self.preOrderTraverse(node.lchild)
            self.preOrderTraverse(node.rchild)

    # 中序遍历
    def inOrderTraverse(self, node):
        if node is not None:
            self.inOrderTraverse(node.lchild)
            print(node.data,)
            self.inOrderTraverse(node.rchild)

    # 后序遍历
    def postOrderTraverse(self, node):
        if node is not None:
            self.postOrderTraverse(node.lchild)
            self.postOrderTraverse(node.rchild)
            print(node.data,)
```

（7）定义列表 a 并赋值，然后实现中序遍历操作。具体实现代码如下：

```
a = [49, 38, 65, 97, 60, 76, 13, 27, 5, 1]
bst = BST(a)  # 创建二叉查找树
bst.inOrderTraverse(bst.root)  # 中序遍历

bst.delete(bst.root, 49)
print(bst.inOrderTraverse(bst.root))
```

执行后会输出：

```
1
5
13
27
38
49
60
65
76
97
1
5
13
27
38
60
65
76
```

```
97
None
```

8.7 平衡查找树法

在前面介绍的查找算法中，在最坏情况下的效率还是很糟糕。接下来将介绍一种二分查找树算法的知识。它能保证无论如何构造它，其运行时间都是对数级别的。在本节中，将详细讲解平衡查找树法的基本知识和具体用法。

8.7.1 2-3 查找树

2-3 树是一种树形数据结构，内部节点（存在子节点的节点）要么有 2 个孩子和 1 个数据元素，要么有 3 个孩子和 2 个数据元素，叶子节点没有孩子，并且有 1 个或 2 个数据元素。和二叉树不同，2-3 树运行每个节点保存 1 个或者 2 个的值。对于普通的 2 节点 (2-node) 来说，2-3 树保存 1 个 key 和左右 2 个子节点。对应 3 节点（3-node），保存 2 个 Key。定义 2-3 查找树的过程如下。

（1）如果一个内部节点拥有一个数据元素、两个子节点，则此节点为 2 节点。

（2）如果一个内部节点拥有两个数据元素、三个子节点，则此节点为 3 节点。

（3）当且仅当以下叙述中有一条成立时，T 为 2-3 树：

① T 为空，即 T 不包含任何节点；

② T 为拥有数据元素 a 的 2 节点，若 T 的左孩子为 L、右孩子为 R，则：

- L 和 R 是等高的非空 2-3 树；
- a 大于 L 中的所有数据元素；
- a 小于或等于 R 中的所有数据元素。

③ T 为拥有数据元素 a 和 b 的 3 节点，其中 a < b。若 T 的左孩子为 L、中孩子为 M、右孩子为 R，则：

- L、M、和 R 是等高的非空 2-3 树；
- a 大于 L 中的所有数据元素，并且小于或等于 M 中的所有数据元素；
- b 大于 M 中的所有数据元素，并且小于或等于 R 中的所有数据元素。

在使用 2-3 查找树进行查找操作时，其查找过程如下：

（1）如果中序遍历 2-3 查找树，就可以得到排好序的序列；

（2）在一个完全平衡的 2-3 查找树中，根节点到每一个为空节点的距离都相同，这也是平衡树中“平衡”一词的概念，根节点到叶节点的最长距离对应于查找算法的最坏情况，而平衡树中根节点到叶节点的距离都一样，最坏情况也具有对数复杂度。

2-3 树的查找效率与树的高度息息相关，具体说明如下：

① 在最坏情况下，也就是所有的节点都是 2-node 节点，查找效率为 log*n*。

② 在最好情况下，所有的节点都是 3-node 节点，查找效率为 log3*n*。

举例来说，对于 100 万个节点的 2-3 树，树的高度为 12~20，对于 10 亿个节点的 2-3 树，树的高度为 18~30。

对于插入操作来说，只需指定次数的操作即可完成，因为它只需修改与该节点关联的节点即可，不需要检查其他节点，所以效率和查找类似。

在下面的实例文件 23tree.py 中，演示了使用 Python 实现 2-3 查找树完整操作的过程；在本实例中插入节点到一个 3 节点的叶子上。因为 3 节点本身已经是 2-3 树的节点最大容量了，而且有两个元素，因此就需要将其拆分，且将树中两元素或插入元素的三者中选择其一向上移动一层。

```
class node():
    def __init__(self, node_type, kv_pair, parent=None, children=None):
        self.is2node = node_type
        self.parent = parent
        self.children = children
        self.l_child = None
        self.r_child = None
        self.m_child = None

        #print(kv_pair)

        if children:
            self.l_child = children[0]
            self.r_child = children[-1]

        if self.is2node:
            k, = kv_pair
            v, = kv_pair.values()
            self.key = k
            self.value = v
        else:
            if children:
                self.m_child = children[1]
            l_k, = kv_pair[0]
            l_v, = kv_pair[0].values()
            r_k, = kv_pair[1]
            r_v, = kv_pair[1].values()
            self.l_key = l_k
            self.r_key = r_k
            self.l_value = l_v
            self.r_value = r_v


class twothree_tree():
    def __init__(self):
        self.root = None

    def isEmpty(self):
        return self.root

    def search(self, key, node=None):
        print('search for ', key)
        # if the tree is empty or not
        if not self.isEmpty():
            return 'root', False
        # if no node is input, then search on root node
        if not node:
            node = self.root

        # make a judgement about the node
        if node.is2node:
            if key == node.key:
                return node, True
```

```
            elif key < node.key and node.l_child:
                return self.search(key, node.l_child)
            elif key > node.key and node.r_child:
                return self.search(key, node.r_child)
            else:
                return node, False
        else:
            if key == node.l_key or key == node.r_key:
                return node, True
            elif key < node.l_key and node.l_child:
                return self.search(key, node.l_child)
            elif key > node.l_key and key < node.r_key and node.m_child:
                return self.search(key, node.m_child)
            elif key > node.r_key and node.r_child:
                return self.search(key, node.r_child)
            else:
                return node, False

    def insert(self, key, pos=None):
        # create a new 2-node with key
        if type(key) == node:
            k_node = key
        else:
            k_node = node(True, key)

        is_in = False
        if not pos:
            pos, is_in = self.search(k_node.key)

            # if the tree is empty set root
            if not is_in and pos == 'root':
                print('set root now')
                self.root = node(True, key)
                print('done')
                return
```

下面是测试代码：

```
test = [{
    'S': 0
}, {
    'E': 1
}, {
    'A': 2
}, {
    'R': 3
}, {
    'C': 4
}, {
    'H': 5
}, {
    'E': 6
}, {
    'X': 7
}, {
    'A': 8
}, {
    'M': 9
}, {
    'P': 10
}, {
    'L': 11
}, {
    'E': 12
```

```
}]

for a in test:
    _23tree.insert(a)

pos, is_in = _23tree.search('A')
print(pos.value)
print(_23tree.root.key)
```

执行后会输出：

```
C:\ProgramData\Anaconda3\python.exe D:/tiedao/python-Data/第 8 章 /23tree.py
search for  S
set root now
done
search for  E
insert a 2node
insert  E  into  S
done
search for  A
insert a 3node
insert  A  into  E and S
done
search for  R
search for  R
insert a 2node
insert  R  into  S
search for  C
search for  C
insert a 2node
insert  C  into  A
search for  H
search for  H
insert a 2node
insert  H  into  S
search for  E
change value
done
search for  X
search for  X
insert a 2node
insert  X  into  S
search for  A
search for  A
change value
done
search for  M
search for  M
insert a 2node
insert  M  into  S
search for  P
search for  P
insert a 2node
insert  P  into  S
search for  L
search for  L
insert a 2node
insert  L  into  S
search for  E
change value
done
search for  A
search for  A
8
E
```

8.7.2　平衡查找树之红—黑树（Red-Black Tree）

红—黑树是一种具有红色和黑色链接的平衡查找树，需要同时满足以下三个条件：

（1）红色节点向左倾斜；

（2）一个节点不可能有两个红色链接；

（3）整棵树完全黑色平衡，即从根节点到所有叶子节点的路径上，黑色链接的个数都相同。

红—黑树的思想就是对 2-3 查找树进行编码，尤其是对 2-3 查找树中的 3-node 节点添加额外的信息。红—黑树中将节点之间的链接分为两种不同类型，红色链接用来链接两个 2-node 节点来表示一个 3-node 节点。黑色链接用来链接普通的 2-3 节点。特别的，使用红色链接的两个 2-node 来表示一个 3-node 节点，并且向左倾斜，即一个 2-node 是另一个 2-node 的左子节点。这种做法的好处是查找时不用做任何修改，和普通的二叉查找树相同。

图 8-6 可以看到红—黑树其实是 2-3 树的另一种表现形式：如果将红色的连线水平链接，那么它链接的两个 2-node 节点就是 2-3 树中的一个 3-node 节点。

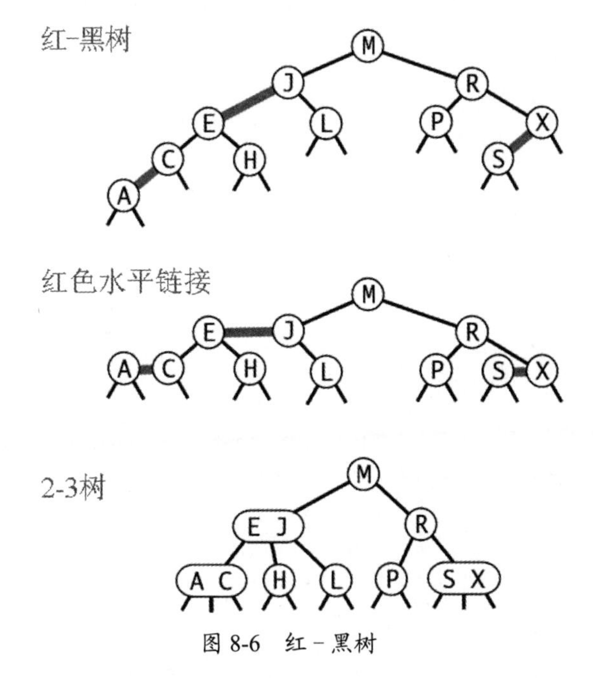

图 8-6　红－黑树

开始分析红—黑树的时间复杂度，最坏的情况就是，红—黑树中除了最左侧路径全部由 3-node 节点组成，即红黑相间的路径长度是全黑路径长度的 2 倍。

在下面的实例文件 hong.py 中，演示了使用 Python 实现红－黑树完整操作的过程。在具体实现时需要遵循如下两个原则：

原则一：每个节点只有一种颜色。

原则二：如果一个节点是红色的，它一定不是根节点，而且一定有父节点（父节点也一定是黑色的），如果它有儿子节点则一定是黑色。

实例文件 hong.py 的具体代码如下：

```
from random import randint

RED = 'red'
BLACK = 'black'

class RBT:
    def __init__(self):
       # self.items = []
        self.root = None
        self.zlist = []

    def LEFT_ROTATE(self, x):
        # x是一个RBTnode
        y = x.right
        if y is None:
            # 右节点为空，不旋转
            return
        else:
            beta = y.left
            x.right = beta
            if beta is not None:
                beta.parent = x

            p = x.parent
            y.parent = p
            if p is None:
                # x原来是root
                self.root = y
            elif x == p.left:
                p.left = y
            else:
                p.right = y
            y.left = x
            x.parent = y

    def RIGHT_ROTATE(self, y):
        # y是一个节点
        x = y.left
        if x is None:
            # 右节点为空，不旋转
            return
        else:
            beta = x.right
            y.left = beta
            if beta is not None:
                beta.parent = y

            p = y.parent
            x.parent = p
            if p is None:
                # y原来是root
                self.root = x
            elif y == p.left:
                p.left = x
            else:
                p.right = x
            x.right = y
            y.parent = x

    def INSERT(self, val):

        z = RBTnode(val)
```

```
        y = None
        x = self.root
        while x is not None:
            y = x
            if z.val < x.val:
                x = x.left
            else:
                x = x.right

        z.PAINT(RED)
        z.parent = y

        if y is None:
            # 插入 z 之前为空的 RBT
            self.root = z
            self.INSERT_FIXUP(z)
            return

        if z.val < y.val:
            y.left = z
        else:
            y.right = z

        if y.color == RED:
            # z 的父节点 y 为红色，需要 fixup。
            # 如果 z 的父节点 y 为黑色，则不用调整
            self.INSERT_FIXUP(z)

        else:
            return
```

8.7.3　平衡二叉树

为了避免树的高度增长过快，降低二叉排序树的性能，规定左右子树高度差不超过 1。平衡二叉树（Balanced Binary Tree，AVL）也是二叉排序树的一种。其特点是，左右子树的高度之差的绝对值不超过 1，左右子树高度之差称为平衡因子，每次插入一个新值的时候，都要检查二叉树的平衡，也就是平衡调整。

在一般情况下，只有新插入节点的祖先节点的平衡因子受影响，即以这些祖先节点为根的子树有可能失衡。下层的祖先节点恢复平衡将使上层的祖先节点恢复平衡，因此每次调整的使用应该先调整最下面的失衡子树。因为平衡因子为 0 的祖先不可能失衡，所以从新插入的节点开始向上，遇到的第一个其平衡因子不等于 0 的祖先节点，为第一个可能失衡的节点，如果失衡，则应调整以该节点为根的子树。

在下面的实例文件 ping.py 中，演示了实现平衡二叉树完整操作的过程；在具体实现时需要判断该二叉树是否是平衡二叉树。若左右子树深度差不超过 1，则为平衡二叉树。具体思路是：

（1）使用获取二叉树深度的方法来获取左右子树的深度；

（2）左右深度相减，若大于 1，则返回 False；

（3）通过递归对每个节点进行判断，若全部均未返回 False，则返回 True。

实例文件 ping.py 的具体实现流程如下所示。

（1）通过方法 iternodes() 迭代 Node 类型，用于删除节点，代码如下：

```
    def iternodes(self):
        if self.left != None:
            for elem in self.left.iternodes():
                yield elem

        if self != None and self.key != None:
            yield self

        if self.right != None:
            for elem in self.right.iternodes():
                yield elem
```

（2）通过函数 findMin() 调用函数 _findMin() 找出最小元素，代码如下：

```
def findMin(self):
    if self.root is None:
        return None
    else:
        return self._findMin(self.root)

def _findMin(self,node):
    if node.left:
        return self._findMin(node.left)
    else:
        return node
```

（3）通过函数 findMax() 调用函数 _findMax() 找出最大元素，代码如下：

```
#找最大元素
def findMax(self):
    if self.root is None:
        return None
    else:
        return self._findMax(self.root)

def _findMax(self,node):
    if node.right:
        return self._findMax(node.right)
    else:
        return node
```

（4）通过函数 height() 递归计算节点的高度，代码如下：

```
def height(self, node):
    if (node == None):
        return 0;
    else:
        m = self.height(node.left);
        n = self.height(node.right);
        return max(m, n)+1;
```

（5）通过 singleLeftRotate() 实现 LL 型旋转，代码如下：

```
def singleLeftRotate(self,node):
    k1=node.left
    node.left=k1.right
    k1.right=node
    node.height=max(self.height(node.right),self.height(node.left))+1
    k1.height=max(self.height(k1.left),node.height)+1
    return k1
```

（6）通过函数 singleRightRotate() 实现 RR 型旋转，用递归的方法找到左子树和右子树，代码如下：

```
def singleRightRotate(self,node):
    k1=node.right
    node.right=k1.left
    k1.left=node
    node.height=max(self.height(node.right),self.height(node.left))+1
    k1.height=max(self.height(k1.right),node.height)+1
    return k1
```

（7）通过函数 doubleLeftRotate() 递归实现 LR 型旋转，代码如下：

```
def doubleLeftRotate(self,node):
    node.left=self.singleRightRotate(node.left)
    return self.singleLeftRotate(node)
```

（8）通过函数 doubleRightRotate() 递归实现 LR 型旋转，代码如下：

```
def doubleRightRotate(self,node):
    node.right=self.singleLeftRotate(node.right)
    return self.singleRightRotate(node)
```

（9）通过如下代码实现插入操作功能，插入一个节点后，只有从插入节点到根节点的路径上的节点的平衡可能被改变。我们需要找出第一个破坏了平衡条件的节点，称之为 K。K 的两颗子树的高度相差 2，具体代码如下：

```
def insert(self, key):
    if not self.root:
        self.root=AVLTree.__AVLNode(key)
    else:
        self.root=self._insert(self.root, key)

def _insert(self, node, key):
    if node is None:
        node=AVLTree.__AVLNode(key)
    elif key<node.key:
        node.left=self._insert(node.left, key)
        if (self.height(node.left)-self.height(node.right))==2:
            if key<node.left.key:
                node=self.singleLeftRotate(node)
            else:
                node=self.doubleLeftRotate(node)

    elif key>node.key:
        node.right=self._insert(node.right, key)
        if (self.height(node.right)-self.height(node.left))==2:
            if key<node.right.key:
                node=self.doubleRightRotate(node)
            else:
                node=self.singleRightRotate(node)


    node.height=max(self.height(node.right),self.height(node.left))+1
    return node
```

（10）通过如下代码实现删除操作功能，如果当前节点为要删除的节点且是树叶（无子树），直接删除，当前节点（None）的平衡不受影响。

```
def delete(self, key):
    if key in self:
        self.root=self.remove(key, self.root)

def remove(self, key, node):
    if node is None:
```

```
            raise KeyError( 'Error,key not in tree' );
        elif key<node.key:
            node.left=self.remove(key,node.left)
            if (self.height(node.right)-self.height(node.left))==2:
                if self.height(node.right.right)>=self.height(node.right.left):
                    node=self.singleRightRotate(node)
                else:
                    node=self.doubleRightRotate(node)
            node.height=max(self.height(node.left),self.height(node.right))+1

        elif key>node.key:
            node.right=self.remove(key,node.right)
            if (self.height(node.left)-self.height(node.right))==2:
                if self.height(node.left.left)>=self.height(node.left.right):
                    node=self.singleLeftRotate(node)
                else:
                    node=self.doubleLeftRotate(node)
            node.height=max(self.height(node.left),self.height(node.right))+1

        elif node.left and node.right:
            if node.left.height<=node.right.height:
                minNode=self._findMin(node.right)
                node.key=minNode.key
                node.right=self.remove(node.key,node.right)
            else:
                maxNode=self._findMax(node.left)
                node.key=maxNode.key
                node.left=self.remove(node.key,node.left)
            node.height=max(self.height(node.left),self.height(node.right))+1
        else:
            if node.right:
                node=node.right
            else:
                node=node.left

        return node
```

（11）通过如下代码实现返回节点的原始信息功能：

```
    def iternodes(self):
        if self.root != None:
            return self.root.iternodes()
        else:
            return [None];
```

（12）通过如下代码实现寻找节点路径操作功能：

```
    def findNodePath(self, root, node):
        path = [];
        if root == None or root.key == None:
            path = [];
            return path

        while (root != node):
            if node.key < root.key:
                path.append(root);
                root = root.left;
            elif node.key >= root.key:
                path.append(root);
                root = root.right;
            else:
                break;

        path.append(root);
        return path;
```

（13）通过如下代码实现寻找父节点功能：

```
def parent(self, root, node):
    path = self.findNodePath(root, node);
    if (len(path)>1):
        return path[-2];
    else:
        return None;
```

（14）编写函数 isLChild()，功能是通过 if 语句代码判断某个节点是否是左孩子，代码如下：

```
def isLChild(self, parent, lChild):
    if (parent.getLeft() != None and parent.getLeft() == lChild):
        return True;

    return False;
```

（15）编写函数 isRChild()，功能是通过 if 语句代码判断某个节点是否是右孩子，代码如下：

```
def isRChild(self, parent, rChild):
    if (parent.getRight() != None and parent.getRight() == rChild):
        return True;

    return False;
```

（16）通过如下代码计算某元素处在树的第几层，假设树的根为 0 层，这个计算方法和求节点的 Height 是不一样的。

```
def level(self, elem):
    if self.root != None:
        node = self.root;
        lev = 0;

        while (node != None):
            if elem < node.key:
                node = node.left;
                lev+=1;
            elif elem > node.key:
                node = node.right;
                lev+=1;
            else:
                return lev;

        return -1;

    else:
        return -1;
```

（17）通过如下代码进行测试：

```
if __name__ == '__main__':
    avl = AVLTree();

    a = [20, 30, 40, 120, 13, 39, 38, 40, 18, 101];
    b = [[10, 1], [3, 0], [4, 0], [13, -1], [2, 0], [18, 0], [40, -1], [39, 0],
[12, 0]];

    for item in b:
        avl.insert(item);

    avl.info();
```

```
    print(45 in avl);
    print(len(avl));

    '''
    avl.delete(40);
    avl.info();
    avl.delete(100);
    avl.info();
    avl.insert(1001);
    avl.info();
    '''

    for item in avl.iternodes():
        item.info();
        print(avl.findNodePath(avl.root, item));
        print('Parent:', avl.parent(avl.root, item));
        print('Level:', avl.level(item.key));
        print('\n');
```

执行后会输出：

```
    [[2, 0], [3, 0], [4, 0], [10, 1], [12, 0], [13, -1], [18, 0], [39, 0], [40,
-1]]
    False
    9
    Key=[2, 0], LChild=None, RChild=None, H=1
    [__AVLNode([4, 0], [3, 0], [13, -1], 4), __AVLNode([3, 0], [2, 0], None, 2), __
AVLNode([2, 0], None, None, 1)]
    Parent: [3, 0]
    Level: 2


    Key=[3, 0], LChild=[2, 0], RChild=None, H=2
    [__AVLNode([4, 0], [3, 0], [13, -1], 4), __AVLNode([3, 0], [2, 0], None, 2)]
    Parent: [4, 0]
    Level: 1


    Key=[4, 0], LChild=[3, 0], RChild=[13, -1], H=4
    [__AVLNode([4, 0], [3, 0], [13, -1], 4)]
    Parent: None
    Level: 0


    Key=[10, 1], LChild=None, RChild=[12, 0], H=2
    [__AVLNode([4, 0], [3, 0], [13, -1], 4), __AVLNode([13, -1], [10, 1], [39, 0],
3), __AVLNode([10, 1], None, [12, 0], 2)]
    Parent: [13, -1]
    Level: 2


    Key=[12, 0], LChild=None, RChild=None, H=1
    [__AVLNode([4, 0], [3, 0], [13, -1], 4), __AVLNode([13, -1], [10, 1], [39, 0],
3), __AVLNode([10, 1], None, [12, 0], 2), __AVLNode([12, 0], None, None, 1)]
    Parent: [10, 1]
    Level: 3


    Key=[13, -1], LChild=[10, 1], RChild=[39, 0], H=3
    [__AVLNode([4, 0], [3, 0], [13, -1], 4), __AVLNode([13, -1], [10, 1], [39,
0], 3)]
```

```
    Parent: [4, 0]
    Level: 1


    Key=[18, 0], LChild=None, RChild=None, H=1
    [__AVLNode([4, 0], [3, 0], [13, -1], 4), __AVLNode([13, -1], [10, 1], [39, 0],
3), __AVLNode([39, 0], [18, 0], [40, -1], 2), __AVLNode([18, 0], None, None, 1)]
    Parent: [39, 0]
    Level: 3


    Key=[39, 0], LChild=[18, 0], RChild=[40, -1], H=2
    [__AVLNode([4, 0], [3, 0], [13, -1], 4), __AVLNode([13, -1], [10, 1], [39, 0],
3), __AVLNode([39, 0], [18, 0], [40, -1], 2)]
    Parent: [13, -1]
    Level: 2


    Key=[40, -1], LChild=None, RChild=None, H=1
    [__AVLNode([4, 0], [3, 0], [13, -1], 4), __AVLNode([13, -1], [10, 1], [39, 0],
3), __AVLNode([39, 0], [18, 0], [40, -1], 2), __AVLNode([40, -1], None, None, 1)]
    Parent: [39, 0]
    Level: 3
```

8.8 哈希查找算法

哈希查找算法定义了一种将字符组成的字符串转换为固定长度（一般是更短长度）的数值或索引值的方法。由于通过更短的哈希值比用原始值进行数据库搜索更快，这种方法一般用来在数据库中建立索引并进行搜索，同时还用在各种解密算法中。哈希查找算法又称为散列法或关键字地址计算法等，相应的表称为哈希表。

8.8.1 哈希查找算法的基本思想

如果使用一个下标范围比较大的数组来存储元素，可以设计一个函数（哈希函数，也称散列函数），使得每个元素的关键字都与一个函数值（数组下标）相对应，于是用这个数组单元来存储这个元素；也可以简单地理解为，按照关键字为每一个元素“分类”，然后将这个元素存储在相应“类”所对应的地方。但是，不能保证每个元素的关键字与函数值一一对应，因此极有可能出现对于不同的元素，却计算出相同的函数值，这样就产生了“冲突”。换句话说，就是把不同的元素分在相同的“类”中。后面我们将看到一种解决“冲突”的简便做法。总的来说，“直接定址”与“解决冲突”是哈希表的两大特点。

哈希函数的规则是通过某种转换关系，使关键字适度地分散到指定大小的的顺序结构中，越分散，则以后查找的时间复杂度越小，空间复杂度越高。

哈希查找算法的思路很简单，如果所有的键都是整数，那么就可以使用一个简单的无序数组来实现：将键作为索引，值即为其对应的值，这样就可以快速访问任意键的值。这是对于简单的键的情况，我们将其扩展到可以处理更加复杂的类型的键。

8.8.2 分析哈希查找算法的性能

我们先来看哈希查找算法的流程。

（1）用给定的哈希函数构造哈希表。

（2）根据选择的冲突处理方法解决地址冲突，其中常见的解决冲突的方法有：拉链法和线性探测法。

（3）在哈希表的基础上执行哈希查找。

注意：哈希表是一个在时间和空间上做出权衡的经典例子。如果没有内存限制，那么可以直接将键作为数组的索引，所有的查找时间复杂度为 *O*(1)；如果没有时间限制，那么可以使用无序数组并进行顺序查找，这样只需很少的内存。哈希表使用适度的时间和空间在这两个极端之间找到了平衡。只需调整哈希函数算法即可在时间和空间上做出取舍。

8.8.3 实战演练——使用哈希查找算法查找数据

在下面的实例文件 haxi.py 中，演示了使用哈希查找算法查找数据的过程。本实例中首先定义了除法取余法实现的哈希函数 myHash()，然后用 while 循环遍历数据，使用哈希算法查找数据的位置。

```
#除法取余法实现的哈希函数
def myHash(data,hashLength,):
    return data % hashLength
#哈希表检索数据
def searchHash(hash,hashLength,data):
    hashAddress=myHash(data,hashLength)
   #指定 hashAddress 存在，但并非关键值，则用开放寻址法解决
    while hash.get(hashAddress) and hash[hashAddress]!=data:
        hashAddress+=1
        hashAddress=hashAddress%hashLength
    if hash.get(hashAddress)==None:
        return None
    return hashAddress

#数据插入哈希表
def insertHash(hash,hashLength,data):
    hashAddress=myHash(data,hashLength)
    #如果 key 存在说明已经被别人占用， 需要解决冲突
    while(hash.get(hashAddress)):
        #用开放寻执法
        hashAddress+=1
        hashAddress=myHash(hashAddress,hashLength)
    hash[hashAddress]=data

if __name__ == '__main__':
    hashLength=20
    L=[13, 29, 27, 28, 26, 30, 38 ]
    hash={}
    for i in L:
        insertHash(hash,hashLength,i)
    result=searchHash(hash,hashLength,38)
    if result:
        print("数据已找到，索引位置在",result)
        print(hash[result])
    else:
        print("没有找到数据")
```

执行后会输出：

```
数据已找到，索引位置在 18
38
```

8.9　斐波那契查找算法

斐波那契查找是一种区间中单峰函数的搜索技术。斐波那契查找就是在二分查找的基础上根据斐波那契数列进行分割的。本节将简要介绍斐波那契查找算法的基本知识和具体用法。

8.9.1　斐波那契查找算法基础

在介绍斐波那契查找算法之前，我们先介绍一下与它紧密相连并且大家都熟知的一个概念——黄金分割。黄金比例又称黄金分割，是指事物各部分间一定的数学比例关系，即将整体一分为二，较大部分与较小部分之比等于整体与较大部分之比，其比值约为 1∶0.618 或 1.618∶1。0.618 被公认为最具有审美意义的比例数字，该数值的作用不仅仅体现在诸如绘画、雕塑、音乐、建筑等艺术领域，而且在管理、工程设计等方面也有着不可忽视的作用。因此称为黄金分割。

请看下面数学应用中的斐波那契数列：

1, 1, 2, 3, 5, 8, 13, 21, 34, 55, 89, …。

在斐波那契数列中，从第三个数开始，后边每一个数都是前两个数的和。我们会发现，随着斐波那契数列的递增，前后两个数的比值会越来越接近 0.618，利用这个特性，就可以将黄金比例运用到查找技术中。具体结构图如图 8-7 所示。

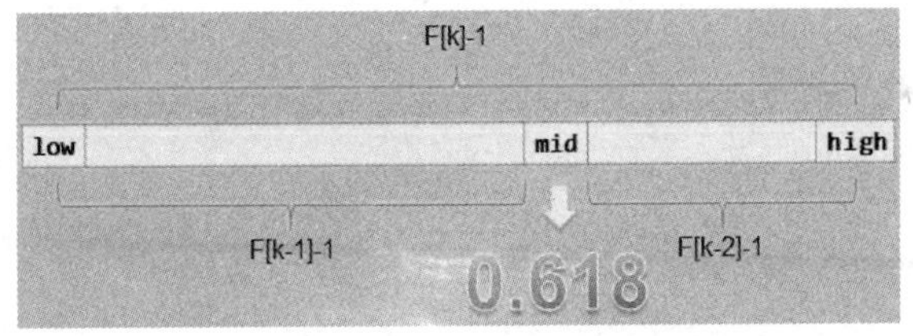

图 8-7　斐波那契查找

斐波那契查找算法是二分查找的一种提升，通过运用黄金比例的概念在数列中选择查找点进行查找，提高查找效率。同样的，斐波那契查找也属于一种有序查找算法。相对于折半查找，斐波那契查找将待比较的 key 值与第 mid=（low+high）/2 位置的元素比较，比较结果分为如下三种情况。

（1）相等 =：mid 位置的元素即为所求。

（2）大于 >：low=mid+1。

（3）小于 <：high=mid-1。

斐波那契查找与折半查找很相似，能够根据斐波那契序列的特点对有序表进行分割。要求开始表中记录的个数为某个斐波那契数小 1，以及 n=F(k)−1。开始将 k 值与第 F(k−1) 位置的记录进行比较，以及 mid=low+F(k−1)−1，比较结果也分为如下三种。

（1）相等 =：mid 位置的元素即为所求。

（2）大于 >：low=mid+1,k-=2。

注意：low=mid+1 说明待查找的元素在 [mid+1,high] 范围内，k-=2 说明范围 [mid+1,high] 内的元素个数为 n-(F(k-1))= Fk-1-F(k-1)=Fk-F(k-1)-1=F(k-2)-1 个，所以可以递归的应用斐波那契查找。

（3）小于 <：high=mid-1,k-=1。

注意：low=mid+1 说明待查找的元素在 [low,mid-1] 范围内，k-=1 说明范围 [low,mid-1] 内的元素个数为 F(k-1)-1 个，所以可以递归的应用斐波那契查找。

开始介绍斐波那契查找算法复杂度，在最坏情况下的时间复杂度为 $O(\log_2 n)$，且其期望复杂度也为 $O(\log_2 n)$。

8.9.2 实战演练——使用斐波那契查找算法查找数据

使用斐波那契查找算法的前提是已经有一个包含斐波那契数据的列表，在下面的实例文件 feibo.py 中，首先创建一个斐波那契数据的列表，然后使用斐波那契查找算法查找里面的指定数据。

```
from pylab import *

def FibonacciSearch(data, length, key):
    F = [0,1]
    count = 1;
    low = 0
    high = length-1
    if(key < data[low] or key>data[high]):        # 索引超出范围返回错误
        print("Error!!! The ", key,"is not in the data!!!")
        return -1

    data = list(data)
    while F[count] < length:                      # 生成斐波那契数列
        F.append(F[count-1] + F[count])
        count = count + 1
    low = F[0]
    high = F[count]

    while length-1 < F[count-1]:                  # 将数据个数补全
        data.append(data[length-1])
        length = length + 1
    data = array(data)
    while(low<=high):
        mid = low+F[count-1]                # 计算当前分割下标
        if(data[mid] > key):                # 若查找记录小于当前分割记录
            high = mid-1                    # 调整分割记录
            count = count-1
        elif(data[mid] < key):              # 若查找记录大于当前分割记录
            low = mid+1
            count = count-2
        else:                               # 若查找记录等于当前分割记录
            return mid
    if(data[mid] != key):                   # 数据 key 不在查询列表 data 中返回错误
        print("Error!!! The ", key,"is not in the data!!!")
        return -1

length = 11

data = array([0,1,16,24,35,48,59,62,73,88,99])
```

```
key = 35
idx = FibonacciSearch(data, length, key)
print(data)
print("The ", key, " is the ", idx+1, "th value of the data.")
```

执行后会输出：

```
[ 0  1 16 24 35 48 59 62 73 88 99]
The  35  is the  5 th value of the data.
```

第9章 数据结构的排序算法

排序是指针对一连串数据，按照其中的某个或某些关键字的大小，以递增或递减的样式排列起来的操作。排序算法是将一些列数据按照要求进行排列的方法，小到成绩排序，大到大数据处理，排序算法在很多领域中发挥了十分重要的作用。本章将详细讲解使用内部排序算法处理数据结构的知识，并通过具体实例的实现过程来讲解其使用流程。

9.1 数据结构排序的基础知识

所谓排序，就是使一串记录，按照其中的某个或某些关键字的大小，递增或递减排列起来的操作。排序是计算机内经常进行的一种操作，其目的是将一组无序的记录序列调整为有序的记录序列。在本节中，将详细讲解排序算法的基础知识。

9.1.1 排序算法的定义和评价标准

所谓排序算法，是指通过特定的算法因式将一组或多组数据按照既定模式进行重新排序。这种新序列遵循一定的规则，体现出一定的规律，因此，经处理后的数据便于筛选和计算，大大提高了计算效率。

在现实应用中的排序算法有多种分类，有以下四条评价各种排序算法是否优劣的标准。

（1）时间复杂度：即从序列的初始状态到经过排序算法的变换移位等操作变到最终排序好的结果状态的过程所花费的时间度量。

（2）空间复杂度：就是从序列的初始状态经过排序移位变换的过程一直到最终的状态所花费的空间开销。

（3）使用场景：排序算法有很多，不同种类的排序算法适合不同种类的情景，可能有时候需要节省空间对时间要求没那么多；反之，有时候则是希望多考虑一些时间，对空间要求没那么高，总之一般都会必须从某一方面做出抉择。

（4）稳定性：稳定性是不管考虑时间和空间必须要考虑的问题，往往也是非常重要的影响选择的因素。稳定性是一个特别重要的评估标准。稳定的算法在排序的过程中不会改变元素彼此位置的相对次序；反之，不稳定的排序算法经常会改变这个次序，这是我们不愿意看到的。我们在使用排序算法或者选择排序算法时，更希望这个次序不会改变，更加稳定，所以排序算法的稳定性，是一个特别重要的参数衡量指标依据。就如同空间复杂度和时间复杂度一样，有时候甚至比时间复杂度、空间复杂度更重要一些。

9.1.2　排序算法的分类

在 9.1.1 节中曾经说过，可以将排序算法分为多种分类。根据使用频率，在表 9-1 中总结了常用排序算法的分类和时间复杂度信息。

表 9-1　常用排序算法的分类和时间复杂度

排序算法	平均时间复杂度
冒泡排序	$O(n^2)$
选择排序	$O(n^2)$
插入排序	$O(n^2)$
希尔排序	$\mathrm{O}(n\mathrm{log}n)$
快速排序	$O(n*\mathrm{log}n)$
归并排序	$O(n*\mathrm{log}n)$
堆排序	$O(n*\mathrm{log}n)$
基数排序	$O(\mathrm{d}(n+r))$

9.2　使用插入排序算法

插入排序（InsertionSort）是一种简单直观的排序算法，其工作原理是在已排序序列中从后向前扫描，找到相应位置并插入。在每一步将一个待排序的记录，按其关键码值的大小插入前面已经排序的文件中适当的位置上，直到全部插完为止。

9.2.1　插入排序算法基础

为了便于理解插入排序算法，接下来用打牌作为例子进行讲解。例如，打扑克牌时的抓牌过程就是一个典型的插入排序，每抓一张牌，都需要将这张牌插入合适位置，一直到抓完牌为止，从而得到一个有序序列。

如果有一个已经有序的数据序列，要求在这个已经排好的数据序列中插入一个数，但要求插入后此数据序列仍然有序，这时就要用到一种新的排序方法——插入排序算法。该算法适用于少量数据的排序，时间复杂度为 $O(n^2)$。插入排序算法把要排序的数组分成两部分：第一部分包含这个数组的所有元素，但将最后一个元素除外（让数组多一个空间才有插入的位置）；第二部分就只包含这一个元素（待插入元素）。在第一部分排序完成后，再将这个最后元素插入已排好序的第一部分中。

在现实应用中，通常将插入排序算法分为三类：直接插入排序法、二分插入排序法（又称折半插入排序）和链表插入排序法。在后面的内容中，将详细讲解这三种插入排序算法的基本知识和具体用法。

9.2.2 直接插入排序

直接插入排序的基本思想是：当插入第 $i(i \geqslant 1)$ 时，前面的 V[0]，V[1]，…，V[i-1] 已经排好序。这时，用 V[i] 的排序码与 V[i−1]，V[i−2]，…的排序码顺序进行比较，找到插入位置即将 V[i] 插入，原来位置上的元素向后顺移。图 9-1 给出了一个完整的直接插入排序实例。

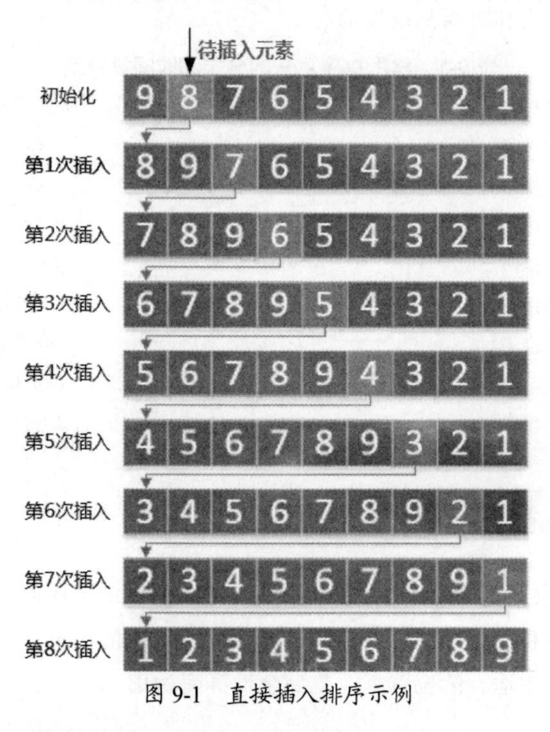

图 9-1　直接插入排序示例

图 9-2 展示了一个直接插入排序实例的实现过程。

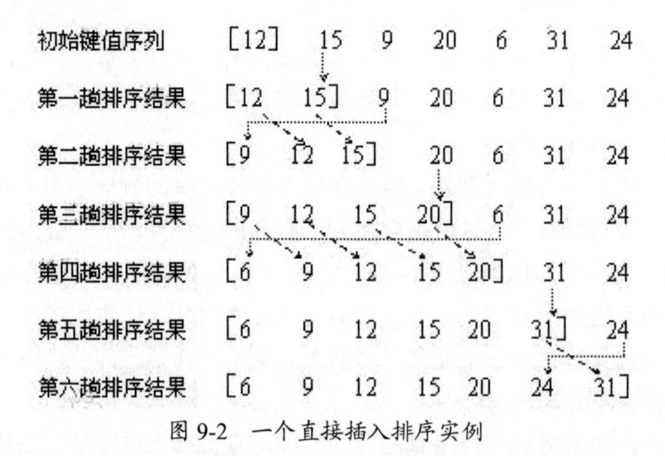

图 9-2　一个直接插入排序实例

假设待排序的元素个数为 n，则直接插入排序算法会执行 n−1 趟。因为排序码比较次数和元素移动次数与元素排序码的初始排列有关，所以在最好的情况下，即在排序前元素已经按排序码大小从小到大排好了，每趟只需与前面的有序元素序列的最后一个元素的排列码进行比较，总的排序码比较次数为 n−1，元素移动次数为 0。而在最差的情况下，以及第 i 趟时第 i 个元素必须与前面 i 个元素都做排序码的比较，并且每做一次就要做一次数据移动，则

在最坏的情况下排序码的排序码比较次数 KCN 和元素移动次数 RMN 分别为

$$\text{KCN}=\sum_{i=1}^{n-1} i = n(n-1)/2 \approx n^2/2$$

$$\text{RMN}=\sum_{i=1}^{n-1}(i+2)=n(n+4)(n-1)/2 \approx n^2/2$$

由此可见，直接插入排序的运行时间和待排序元素的原始排序顺序密切相关。如果待排序元素序列中出现各种可能排列的概率相同，则可以取上述最好和最坏情况的平均情况。在平均情况下，排序码比较次数和元素移动次数约为 $n^2/4$。因此，直接插入排序的时间复杂度为 $O(n^2)$，并且直接插入排序是一种稳定的排序方法。

注意：直接插入排序算法并不是任意使用的，它比较适用于待排序记录数目较少且基本有序的情形。当待排记录数目较大时，使用直接插入排序会降低性能。针对上述情形，如果非要使用直接插入排序算法，可以对直接插入排序进行改进。具体改进方法是在直接插入排序算法的基础上，减少关键字比较和移动记录这两种操作的次数。

9.2.3 实战演练——使用直接插入排序算法对列表中的元素进行排序

假设待排序的列表为 [49,38,65,97,76,13,27,49]，则比较的步骤和得到的新列表如下：

待排序列表：[49,38,65,97,76,13,27,49]。

第一次比较后：[***38***,49,65,97,76,13,27,49] 第二个元素（38）与之前的元素进行比较，发现 38 较小，进行交换；

第二次比较后：[38,49,65,97,76,13,27,49] 第三个元素（65）大于前一个元素（49），所以不进行交换操作，直接到下一个元素比较；

第三次比较后：[38,49,65,97,76,13,27,49] 和第二次比较类似；

第四次比较后：[38,49,65,***76***,97,13,27,49] 当前元素（76）比前一元素（97）小，（97）后移，（76）继续与（65）比较，发现当前元素比较大，执行插入；

第五次比较后：[***13***,38,49,65,76,97,27,49]；

第六次比较后：[13,***27***,38,49,65,76,97,49]；

第七次比较后：[13,27,38,49,***49***,65,76,97]；

注意：带有灰色颜色的列表段是已经排序好的，用加粗 + 斜体 + 下画线标注的是执行插入并且进行过交换的元素。

接下来编写实例文件 zhicha.py 中，演示了使用直接插入排序算法排序上述得排序列表元素的过程。

```
def InsertSort(myList):
    # 获取列表长度
    length = len(myList)

    for i in range(1, length):
        # 设置当前值前一个元素的标识
        j = i - 1

        # 如果当前值小于前一个元素，则将当前值作为一个临时变量存储，将前一个元素后移一位
        if (myList[i] < myList[j]):
            temp = myList[i]
            myList[i] = myList[j]
```

```
            # 继续往前寻找，如果有比临时变量大的数字，则后移一位，直到找到比临时变量小的元素或者达到列表第一个元素
            j = j - 1
            while j >= 0 and myList[j] > temp:
                myList[j + 1] = myList[j]
                j = j - 1

            # 将临时变量赋值给合适位置
            myList[j + 1] = temp


myList = [49, 38, 65, 97, 76, 13, 27, 49]
InsertSort(myList)
print(myList)
```

执行后会输出：

```
[13, 27, 38, 49, 49, 65, 76, 97]
```

9.2.4 折半插入排序

折半插入排序（Binary Insertion Sort）是对插入排序算法的一种改进，能够不断地依次将元素插入前面已排好序的序列中。折半插入排序的排序思想是：假设有一组数据待排序，排序区间为Array[0]~Array[n−1]，将数据分为有序数据和无序数据，第一次排序时默认Array[0]为有序数据，Array[1]~Array[n−1]为无序数据。有序数据分区的第一个元素位置为low，最后一个元素的位置为high。

遍历无序区间的所有元素，每次取无序区间的第一个元素Array[i]，因为0~i−1是有序排列的，所以用中点m将其平分为两部分，然后将待排序数据同中间位置为m的数据进行比较。若待排序数据较大，则low~m−1分区的数据都比待排序数据小；反之，若待排序数据较小，则m+1~high分区的数据都比待排序数据大。此时将low或high重新定义为新的合适分区的边界，对新的小分区重复上面操作。直到low和high的前后顺序改变，此时high+1所处位置为待排序数据的合适位置。

折半查找是对于有序序列而言的，在每次折半后，查找区间大约会缩小一半。low和high分别表示查找区间的第一个下标与最后一个下标。出现low>high时，说明目标关键字在整个有序序列中不存在，查找失败。

由此可见，折半插入排序仅仅是减少了比较元素的次数，约为$O(n\log n)$，而且该比较次数与待排序表的初始状态无关，仅取决于表中的元素个数n。而元素的移动次数没有改变，它依赖于待排序表的初始状态。因此，折半插入排序的时间复杂度仍然为$O(n^2)$，但它的效果还是比直接插入排序要好，主要细分为以下三种时间复杂度：

（1）最好时间复杂度为$O(n)$；

（2）平均时间复杂度为$O(n^2)$；

（3）最坏时间复杂度为$O(n^2)$。

因为在插入排序过程中需要一个临时变量temp存储待排序元素，所以插入排序的空间复杂度为$O(1)$。

9.2.5　实战演练——使用折半插入排序法查找指定数字

在下面的实例文件 zhe.py 中，演示了使用折半插入排序算法查找指定数字的过程。

```
def binaryInsert(series,a):
    low = 0
    high = len(series) - 1
    m = (low + high)//2
    while low < high:
            if series[m] > a:
                    high = m - 1
            elif series[m] < a:
                    low = m + 1
            else:
                    high = m
            m = (low + high)//2
    series.insert(high+1,a)

l = sorted([2,4,7,3,9,1,5,6,9])
binaryInsert(l,5)
print(l)
```

上述代码的算法步骤如下：

（1）分别指向数列的第一位和末位，下标为 low 和 high，m = (low + high)/2；

（2）如果要插入的数小于 m 位置的数，说明要在低半区查找，high = m – 1；

（3）如果要插入的数大于 m 位置的数，说明要在高半区查找，low = m + 1；

（4）当 low > high 时停止查找，插入的位置为 high+1。

本实例执行后会输出：

```
[1, 2, 3, 4, 5, 5, 6, 7, 9, 9]
```

9.2.6　实战演练——使用折半插入排序

在下面的实例文件 zhe02.py 中，演示了使用折半插入排序算法将无序数列变为有序数列的过程。本实例在折半查找的基础上增加了排序功能，具体原理是循环比较相邻元素的大小，然后根据大小实现排序功能。

```
def binaryInsert(series,a):
    for i in range(0,len(series)):
            low = 0
            high = len(a) - 1
            m = (low + high)//2
            while low < high:
                    if a[m] > series[i]:
                            high = m - 1
                    elif a[m] < series[i]:
                            low = m + 1
                    else:
                            high = m
                    m = (low + high)//2
            if len(a) != 1:
                    a.insert(high+1,series[i])
            else:
                    if a[0] > series[i]:
                            a.insert(0,series[i])
                    else:
                            a.insert(1,series[i])
```

```
a = []
l = [2,4,7,3,9,1,5,6,9]
binaryInsert(l,a)
print(a)
```

执行后会输出：

```
[1, 2, 3, 4, 5, 6, 7, 9, 9]
```

9.2.7 实战演练——对链表进行插入排序

对于链表而言，要依次从待排序的链表中取出一个节点插入到已经排好序的链表中；也就是说，在单链表插入排序的过程中，原链表会截断成两部分，一部分是原链表中已经排好序的节点，另一部分是原链表中未排序的节点，这样就需要在排序的过程中设置一个当前节点，指向原链表未排序部分的第一个节点。在下面的实例文件 lian.py 中，演示了使用 Python 对链表实现插入排序操作的过程。

```
class ListNode:
    def __init__(self, x):
        self.val = x
        self.next = None


class Solution:
    def insertionSortList(self, head):
        if not head:
            return None
        pre = head
        cur = head.next
        while cur:
            if cur.val < pre.val:
                pre.next = cur.next
                temp = ListNode(0)
                temp.next = head
                if cur.val < head.val:
                    head = cur
                while temp != pre:
                    if temp.next.val > cur.val:
                        cur.next = temp.next
                        temp.next = cur
                        break
                    else:
                        temp = temp.next
                cur = pre.next
            else:
                pre = cur
                cur = cur.next
        return head


node1 = ListNode(4)
node2 = ListNode(2)
node3 = ListNode(1)
node4 = ListNode(3)
node1.next = node2
node2.next = node3
node3.next = node4
```

```
s = Solution()
node5 = s.insertionSortList(node1)
while (node5):
    print(node5.val)
    node5 = node5.next
```

执行后会输出：

```
1
2
3
4
```

9.3　使用希尔排序算法

希尔排序又称缩小增量排序，1959 年 Shell 发明了希尔排序，这是第一个突破 $O(n^2)$ 的排序算法，是简单插入排序的改进版。希尔排序与插入排序的不同之处在于，它会优先比较距离较远的元素。在本节中，将详细讲解希尔排序算法的基本知识和具体用法。

9.3.1　希尔排序算法基础

希尔排序利用直接插入排序的最佳性质，首先将待排序的关键字序列分成若干个较小的子序列，然后对子序列进行直接插入排序操作。经过上述粗略调整，整个序列中的记录已经基本有序，最后再对全部记录进行一次直接插入排序。在时间耗费上，与直接插入排序相比，希尔排序极大地改进了排序性能。

在进行直接插入排序时，如果待排序记录序列已经有序，直接插入排序的时间复杂度可以提高到 $O(n)$。因为希尔排序对直接插入排序进行了改进，所以会大大提高排序的效率。图 9-3 给出了一个希尔排序的具体实现过程。

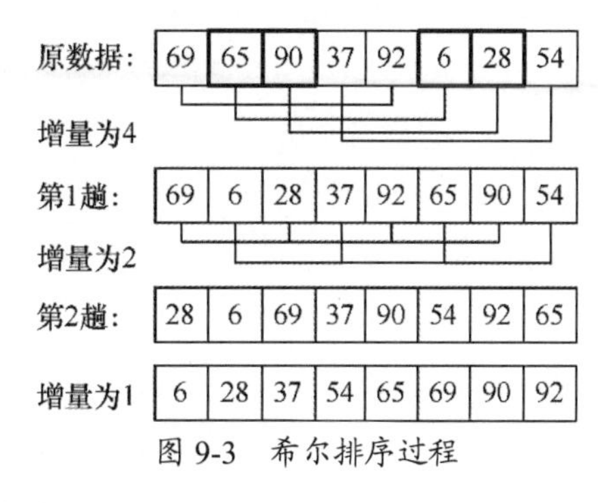

图 9-3　希尔排序过程

下面是希尔排序的具体过程：

（1）选择一个增量序列 $t_1,t_2,\cdots,t_k$，其中 $t_i>t_j$，$t_k=1$；

（2）按照增量序列个数 k，对序列进行 k 趟排序；

（3）每一趟排序，根据对应的增量 t_i，将待排序列分割成若干长度为 m 的子序列，分别对各子表进行直接插入排序。仅当增量因子为 1 时，将整个序列作为一个表进行处理，表长度就是整个序列的长度。

9.3.2 分析希尔排序算法的性能

由于多次插入排序，我们知道一次插入排序是稳定的，不会改变相同元素的相对顺序。但在不同的插入排序过程中，相同的元素可能在各自的插入排序中移动，最后其稳定性就会被打乱，所以 shell 排序是不稳定的。

注意：假设在数列中存在 a[i]=a[j]，若在排序之前，a[i] 在 a[j] 前面；并且排序之后，a[i] 仍然在 a[j] 前面，则这个排序算法是稳定的。

希尔排序时效分析很难，关键码的比较次数与记录移动次数依赖于增量因子序列 d 的选取，特定情况下可以准确估算出关键码的比较次数和记录的移动次数。目前还没有人给出选取最好的增量因子序列的方法。增量因子序列可以有各种取法，有取奇数的，也有取质数的，需要特别注意的是：增量因子中除 1 外没有公因子，且最后一个增量因子必须为 1。

希尔排序的时间复杂度与增量的选取有关。例如当增量为 1 时，希尔排序退化成直接插入排序，此时的时间复杂度为 $O(n^2)$。有的专家文献指出，当增量序列为 d[k]=2(t−k+1) 时，希尔排序的时间复杂度为 $O(n^{3/2})$，其中 t 为排序趟数。

9.3.3 实战演练——使用希尔排序算法对数据进行排序处理

在下面的实例文件 xier.py 中，演示了展示希尔排序步骤的过程。

```
def ShellInsetSort(array, len_array, dk):             # 直接插入排序
    for i in range(dk, len_array):                    # 从下标为 dk 的数进行插入排序
        position = i
        current_val = array[position]                 # 要插入的数

        index = i
        j = int(index / dk)                           # index 与 dk 的商
        index = index - j * dk
        # while True:               # 找到第一个的下标，在增量为 dk 中，第一个的下标 index
必然 0<=index<dk
        # position>index，要插入的数的下标必须得大于第一个下标
        while position > index and current_val < array[position-dk]:
            array[position] = array[position-dk]          # 往后移动
            position = position-dk
        else:
            array[position] = current_val


def ShellSort(array, len_array):                      # 希尔排序
    dk = int(len_array/2)                             # 增量
    while(dk >= 1):
        ShellInsetSort(array, len_array, dk)
        print(">>:",array)
        dk = int(dk/2)

if __name__ == "__main__":
    array = [49, 38, 65, 97, 76, 13, 27, 49, 55, 4]
    print(">:", array)
    ShellSort(array, len(array))
```

执行后会输出：

```
>: [49, 38, 65, 97, 76, 13, 27, 49, 55, 4]
>>: [13, 27, 49, 55, 4, 49, 38, 65, 97, 76]
```

```
>>: [4, 27, 13, 49, 38, 55, 49, 65, 97, 76]
>>: [4, 13, 27, 38, 49, 49, 55, 65, 76, 97]
```

其中二趟排序结果如图 9-4 所示。

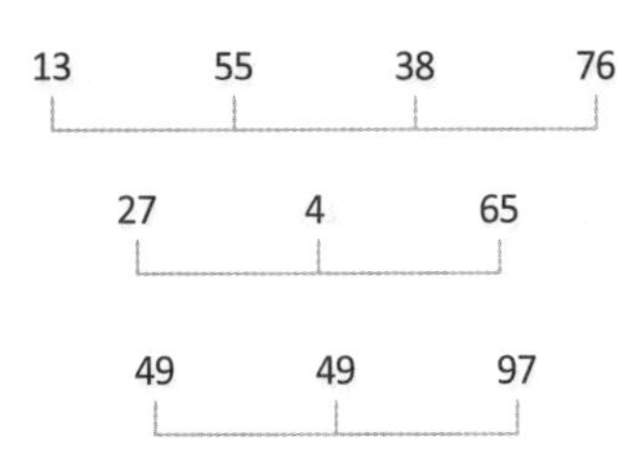

13 04 49 38 27 49 55 65 97 76

图 9-4　二趟排序结果

接下来对图 9-4 三个框中的数进行插入排序，例如排列 13，55，38，76，先直接看 13，因为 13<55 成立 , 所以不用移动。接着看 38，因为 38<55，那么 55 后移，此时的数据变为 [13,55,38,76]，接着比较 55<76, 最后变成 [13,38,55,76]。其他两个框的排列过程类似。这里有一个问题，比如第二个框 [27,4,65]，4<27，那么 27 往后移，接着 4 就替换第一个，数据变成 [4,27,65]，但是计算机怎么知道 4 就在第一个呢？先找出 [27,4,65] 第一个数的下标，在这个例子中 27 的下标为 1。当要插入的数的下标大于第一个下标 1 时，才可以往后移。前一个数不可以往后移有两种情况，一种是前面有数据，且小于要插入的数，那么只能插在它后面。另一种很重要，当要插入的数比前面所有数都小时，那么插入的数肯定是放在第一个，此时要插入数的下标等于第一个数的下标。

为了找到第一个数的下标，大多数人的想法是用如下类似的循环：

```
    while True:                                    # 找到第一个的下标，在增量为 dk 中，第一个的下
标 index 必然 0<=index<dk
        index = index - dk
        if 0<=index and index <dk:
            break
```

此时调试会发现用循环太浪费时间了，特别是当增量 d=1 时，直接插入排序为了插入列表最后一个数，得循环减 1，直到第一个数的下标为止。我们可以用如下代码来解决：

```
j = int(index / dk)  # index 与 dk 的商
index = index - j * dk
```

9.3.4　实战演练——排序一个大的随机列表

在下面的实例文件 xier02.py 中，演示了使用希尔排序算法排列一个大的随机列表的过程。实现思路是将数组列在一个表中并对列分别进行插入排序，然后重复这个过程，不过每次用更长的列来进行，到最后整个表就只有一列了。

```
import time, random

source = [random.randrange(10000 + i) for i in range(10000)]
print(source)


step = int(len(source) / 2)  # 分组步长
```

```
    t_start = time.time()

    while step > 0:
        print("---step ---", step)
        # 对分组数据进行插入排序

        for index in range(0, len(source)):
            if index + step < len(source):
                current_val = source[index]  # 先记下来每次大循环走到的第几个元素的值
                if current_val > source[index + step]:  # switch
                    source[index], source[index + step] = source[index + step],
source[index]

        step = int(step / 2)
    else:  # 把基本排序好的数据再进行一次插入排序就好了
        for index in range(1, len(source)):
            current_val = source[index]  # 先记下来每次大循环走到的第几个元素的值
            position = index

            while position > 0 and source[
                    position - 1] > current_val:  # 当前元素的左边紧靠的元素比它大，要把左边的
元素一个一个地往右移一位，给当前这个值插入左边挪一个位置出来
                source[position] = source[position - 1]  # 把左边的一个元素往右移一位
                position -= 1  # 只一次左移只能把当前元素移动一个位置 ，还得继续左移直到此元素
放到排序好的列表的适当位置为止

            source[position] = current_val  # 已经找到了左边排序好的列表里不小于 current_
val 元素的位置，把 current_val 放在这里
        print(source)

    t_end = time.time() - t_start

    print("cost:", t_end)
```

在上述代码中创建了一个大的随机数列表 source，每个随机数由两个 0~10 000 之间的随机数的和构成。因为是随机数列表，所以每次的执行效果不同。例如，在笔者计算机中执行后会输出：

```
    ---step --- 5000
    ---step --- 2500
    ---step --- 1250
    ---step --- 625
    ---step --- 312
    ---step --- 156
    ---step --- 78
    ---step --- 39
    ---step --- 19
    ---step --- 9
    ---step --- 4
    ---step --- 2
    ---step --- 1
    [1, 2, 2, 3, 4, 4, 4, 5, 6, 7, 8, 11, 12, 13, 14, 15, 15, 16, 17, 19, 20, 20,
21, 22, 22, 23, 25, 29, 30, 31, 31, 33, 35, 38, 39, 40, 40, 45, 45, 45, 46, 48, 48,
49, 49, 50, 52, 53, 54, 56, 59, 61, 61, 63, 63, 69, 73, 74, 76, 80, 81, 83, 87, 89,
91, 91, 93, 93, 93, 96, 101, 102, 104, 105, 109, 109, 109, 111, 112, 114, 119, 124,
127, 129, 131, 137, 137, 137, 138, 139, 139, 139, 140, 142, 143, 144, 146, 149,
149, 151, 152, 154, 154, 157, 158, 160, 160, 160, 162, 165, 165, 167, 167, 168,
168, 169, 170, 171, 172, 172, 173, 174, 176, 177, 177, 178, 181, 183, 184, 184,
184, 186, 189, 192, 192, 195, 195, 198, 198, 199, 200, 202, 202, 203, 206, 207,
210, 210, 210, 211, 211, 213, 213, 213,
    ###### 省略部分执行结果
    19145, 19150, 19163, 19183, 19254, 19282, 19295, 19298, 19324, 19346, 19384,
19417, 19443, 19456, 19762, 19821, 19876]
    cost: 2.6713480949401855
```

注意：希尔排序和插入排序谁更快？

说到谁更快，本来应该是希尔排序快一点，它是在插入排序的基础上处理的，减少了数据移动次数，但是笔者编写无数个程序测试后，发现插入排序总是比希尔排序更快一些，这是为什么呢？希尔排序实际上是对插入排序的一种优化，主要是为了节省数组移动的次数。希尔排序在数字比较少的情况下显得并不是十分优秀，但是对于大数据量来说，它要比插入排序效率高得多。后来编写大型程序进行测试后，发现希尔排序更快。由此建议读者，简单程序用插入排序，大型程序用希尔排序。

9.4　冒泡排序算法

在现实应用中，最常用的交换类排序算法有冒泡排序法和快速排序法，这个算法的名字由来是因为越小的元素会经由交换慢慢"浮"到数列的顶端。冒泡排序是一种简单的排序算法，能够重复地访问要排序的数列。每一次比较两个元素，如果它们的顺序错误就把它们交换过来。访问数列的工作是重复地进行直到没有再需要交换，也就是说该数列已经排序完成。

9.4.1　冒泡排序算法基础

冒泡排序也称相邻比序法，其基本思想是从头扫描待排序记录序列，在扫描的过程中顺次比较相邻的两个元素的大小。下面以冒泡算法的升序排列为例介绍其排序过程。

（1）在第一趟排序中，对 n 个记录进行如下操作。

① 对相邻的两个记录的关键字进行比较，如果逆序就交换位置。

② 在扫描的过程中，不断向后移动相邻两个记录中关键字较大的记录。

③ 将待排序记录序列中的最大关键字记录交换到待排序记录序列的末尾，这也是最大关键字记录应在的位置。

（2）然后进行第二趟冒泡排序，对前 $n-1$ 个记录进行同样的操作，其结果是使次大的记录被放在第 $n-1$ 个记录的位置上。

（3）继续进行排序工作，在后面几趟的升序处理也反复遵循了上述过程，直到排好顺序为止。如果在某一趟冒泡过程中没有发现一个逆序，就可以马上结束冒泡排序。整个冒泡过程最多可以进行 $n-1$ 趟，图 9-5 演示了一个完整冒泡排序过程。

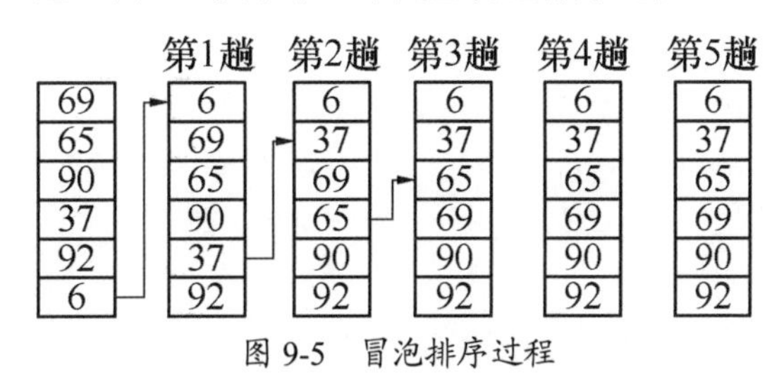

图 9-5　冒泡排序过程

9.4.2　分析冒泡排序算法的性能

针对排序算法的性能分析，有一个十分重要的衡量指标，这就是稳定性。如果待排序的序列中存在值相等的元素，经过排序之后，相等元素之间原有的先后顺序不变。假如有序列 4，1，2，2，我们把第一个 2 叫 2'，第二个 2 叫 2"，如果排序之后，为 1，2'，2"，4，那么这个排序算法是稳定的，否则就是不稳定的。稳不稳定有什么用吗，值都是一样的？当然有用，因为在软件开发中，要排序的数据不单单是一个属性的数据，而是有多个属性的对象，假如对订单排序，要求金额排序，订单金额相同的情况下，按时间排序。最先想到的方法就是先对金额排序，在金额相同的订单区间内按时间排序，理解起来不难，有没有想过，实现起来很复杂。但是借助稳定的排序算法，就很简单，先按订单时间排一次序，再按金额排一次序即可。

1. 冒泡排序的稳定性

冒泡排序就是把小的元素往前调或者把大的元素往后调。比较是相邻的两个元素比较，交换也发生在这两个元素之间。所以，如果两个元素相等，则不会再交换。如果两个相等的元素没有相邻，那么即使通过前面的两两交换把两个相邻起来，这时候也不会交换，相同元素的前后顺序并没有改变，所以冒泡排序是一种稳定的排序算法。

2. 冒泡排序的时间复杂度

开始分析冒泡排序的时间复杂度，在分析时分为如下两种情况。

（1）如果文件的初始状态是正序的，一趟扫描即可完成排序。所需的关键字比较次数 C 和记录移动次数 M 均达到最小值：

$$C_{min}=n-1$$
$$M_{min}=0$$

所以，冒泡排序最好的时间复杂度为 $O(n)$ 。

（2）如果初始文件是反序的，需要进行 $n-1$ 趟排序。每趟排序要进行 $n-i$ 次关键字的比较 $(1 \leqslant i \leqslant n-1)$，且每次比较都必须移动记录三次来达到交换记录位置。在这种情况下，比较和移动次数均达到最大值：

$$C_{max}=O(n^2)$$
$$M_{max}=O(n^2)$$

冒泡排序的最坏时间复杂度为 $O(n^2)$。

综上所述，冒泡排序总的平均时间复杂度为 $O(n^2)$。

9.4.3 实战演练——实现从大到小的冒泡排序

在下面的实例文件 da.py 中，演示了实现从大到小的冒泡排序的过程。外层循环用来控制这个序列长度和比较次数，第二层循环用来交换。

```
def bubblesort(target):
    length = len(target)
    while length > 0:
        length -= 1
        cur = 0
        while cur < length: #拿到当前元素
            if target[cur] < target[cur + 1]:
                target[cur], target[cur + 1] = target[cur + 1], target[cur]
            cur += 1
    return target
if __name__ == '__main__':
    a = [random.randint(1,1000) for i in range(100)]
```

```
    print(bubblesort(a))
```

在上述代码中，我们先来定义比较次数记为 C，元素的移动次数记为 M。若随机到正好一串从小到大排序的数列，那么我们比较一趟就能完事，比较次数只与你定义的数列长度有关，则 $C=n-1$，因为正好是从小到大排列的，不需要再移动，所以 $M=0$。这时冒泡排序最为理想的时间复杂度为 $O(n)$。

那么我们现在来考虑一个极端的情况，整个序列都是反序的，则完成排序需要 $n-1$ 次排序，每次排序需要 $n-i$ 次比较 ($1<=i<=n-i$)，在算法上比较之后移动数据需要三次操作。在这种情况下，比较和移动的数均达到了最大值。

```
Cmax=n(n-1)/2=O(n^2)
Mmax=3n(n-1)/2=O(n^2)
```

冒泡排序算法总的平均时间复杂度为 $O(n^2)$。执行后会输出：

```
[995, 979, 955, 953, 948, 946, 911, 885, 867, 862, 862, 853, 837, 830, 824,
810, 808, 806, 798, 793, 789, 741, 738, 734, 727, 708, 704, 689, 672, 669, 649,
644, 642, 625, 625, 621, 613, 607, 605, 599, 598, 587, 580, 579, 565, 556, 544,
536, 535, 530, 524, 506, 503, 484, 484, 477, 448, 432, 429, 427, 421, 397, 382,
367, 365, 363, 350, 342, 338, 321, 301, 287, 286, 284, 248, 241, 230, 218, 206,
196, 195, 183, 174, 165, 157, 151, 136, 116, 111, 102, 101, 99, 86, 74, 33, 31, 20,
18, 18, 7]
```

9.4.4　实战演练——使用冒泡排序法实现升序排序

一道考试试题，请将下面的数字使用冒泡排序算法实现升序排序。

```
[54, 26, 93, 17, 77, 31, 44, 55, 20, 10]
```

根据前面介绍的冒泡排序算法原理，图 9-6 实现了使用冒泡排序排列上述列表的过程。

54	26	93	17	77	31	44	55	20
26	54	93	17	77	31	44	55	20
26	54	93	17	77	31	44	55	20
26	54	17	93	77	31	44	55	20
26	54	17	77	93	31	44	55	20
26	54	17	77	31	93	44	55	20
26	54	17	77	31	44	93	55	20
26	54	17	77	31	44	55	93	20
26	54	17	77	31	44	55	20	93

图 9-6　排列过程

在下面的实例文件 mao.py 中，演示了使用冒泡排序算法升序排序上述列表的过程。在具体实现过程中，会两两比较待排序记录的关键字，如果发现两个记录的次序相反时即进行交换，直到没有反序的记录为止。

```
def bublle_sort(alist):
    """ 冒泡排序 """
    n = len(alist)
    for j in range(n - 1):
        count = 0
        for i in range(0, n - 1 - j):
            # 从头走到尾
            if alist[i] > alist[i + 1]:
                alist[i], alist[i + 1] = alist[i + 1], alist[i]
                count += 1

        if 0 == count:
            break


if __name__ == "__main__":
    li = [54, 26, 93, 17, 77, 31, 44, 55, 20, 10]
    print(li)
    bublle_sort(li)
    print(li)
```

执行后会输出排序结果：

```
[54, 26, 93, 17, 77, 31, 44, 55, 20, 10]
[10, 17, 20, 26, 31, 44, 54, 55, 77, 93]
```

9.5 使用快速排序算法

快速排序（Quicksort）是对冒泡排序的一种改进，是由 C. A. R. Hoare 在 1960 年提出的一种排序算法。在本节中，将详细讲解使用快速排序算法的知识和具体用法。

9.5.1 快速排序算法基础

在冒泡排序中，由于在扫描过程中只比较相邻的两个元素，所以在互换两个相邻元素时只能消除一个逆序。其实也可以对两个不相邻的元素进行交换，这样做的好处是消除待排序记录中的多个逆序，这样会加快排序的速度。由此可见，快速排序算法就是通过一次交换消除多个逆序的过程。

快速排序算法的基本思想是：通过一趟排序将要排序的数据分割成独立的两部分，其中一部分的所有数据比另一部分的所有数据都要小，然后按此方法对这两部分数据分别进行快速排序，整个排序过程可以递归进行，以此达到整个数据变成有序的序列。

快速排序算法基于分治策略，可以把待排序数据序列分为两个子序列，具体步骤如下。

（1）设定一个分界值，通过该分界值将数组分成左、右两部分。

（2）将大于或等于分界值的数据集中到数组右边，小于分界值的数据集中到数组的左边。此时，左边部分中各元素都小于或等于分界值，而右边部分中各元素都大于或等于分界值。

（3）左边和右边的数据可以独立排序。对于左侧的数组数据来说，又可以取一个分界值，将该部分数据分成左、右两部分，同样在左边放置较小值，右边放置较大值。右侧的数组数据也可以做类似处理。

（4）重复上面的操作过程，整个重复操作过程是一个递归，通过递归将左侧部分排好顺序后，再递归排好右侧部分的顺序。当左、右两个部分各数据排序完成后，整个数组的排序也就完成了。

上述排序过程如图 9-7 所示。

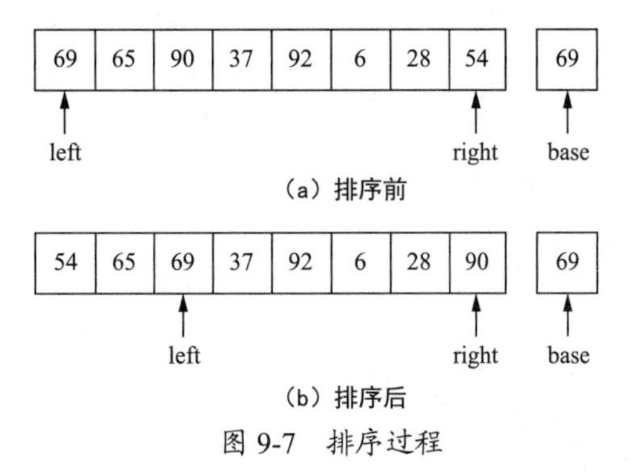

（a）排序前

（b）排序后

图 9-7　排序过程

9.5.2　分析快速排序算法的性能

快速排序的时间耗费和共需要使用递归调用深度的趟数有关。具体来说，快速排序的时间耗费分为最好情况、最坏情况和一般情况。其中，一般情况介于最好情况和最坏情况之间，没有讨论的必要，接下来将重点讲解最好和最坏这两种情况。

（1）最好情况：每趟将序列一分两半，正好在表中间，将表分成两个大小相等的子表。这类似于折半查找，此时 $T(n) \approx O(n\log_2 n)$。

（2）最坏情况：当待排序记录已经排序时，算法的执行时间最长。第一趟经过 $n-1$ 次比较，将第一个记录定位在原来的位置上，并得到一个包括 $n-1$ 个记录的子文件；第二趟经过 $n-2$ 次比较，将第二个记录定位在原来的位置上，并得到一个包括 $n-2$ 个记录的子文件。这样最坏情况总比较次数为：

$$\sum_{i=1}^{n-1}(n-i)+(n-2)+\cdots+1=\frac{n(n-1)}{2}\approx\frac{n^2}{2}$$

快速排序所需时间的平均值为 $T_{\arg}(n) \leqslant K_n\ln(n)$，这是当前内部排序方法中所能达到的最好平均时间复杂度。如果初始记录按照关键字的有序或基本有序排成序列时，快速排序就变为冒泡排序，其时间复杂度为 $O(n^2)$。为了改进它，可以使用其他方法选取枢轴元素。如采用三者值取中的方法来选取，例如 {46,94,80} 取 80，即

$$k_r=\text{mid}(\text{r[low]key},\text{r}\left[\frac{\text{low}+\text{high}}{2}\right]\text{key},\text{r[high]key})$$

当然也可以取表中间位置的值作为枢轴的值，例如在 {46,94,80} 中取位置索引号为 2 的 94 作为枢轴元素。

9.5.3　实战演练——使用快速排序算法排列输入的列表

在下面的实例文件 k.py 中，演示了使用快速排序算法排列输入的列表的过程。本实例运

行后，用户可以输入任意一个整数类型或浮点类型的列表，然后使用快速排序算法对输入的列表按照从小到大的顺序进行排列。具体实现代码如下：

```
class QuickSort(object):

    def __init__(self, datas):
        self.datas = datas

    def _sort(self, left, right):

        if(left > right):
            return
        temp = self.datas[left]
        i = left
        j = right
        while i != j:
            while(self.datas[j] >= temp and i < j):
                j -= 1

            while(self.datas[i] <= temp and i < j):
                i += 1

            if i < j:
                self.datas[i], self.datas[j] = \
                        self.datas[j], self.datas[i]

        self.datas[left], self.datas[i] = self.datas[i], temp

        self._sort(left, i-1)
        self._sort(i+1, right)

    def show(self):
        print('Result is:',)
        for i in self.datas:
            print(i,)

        print('')

if __name__ == '__main__':
    try:
        datas = input('Please input some number:')
        datas = datas.split()
        datas = [int(datas[i]) for i in range(len(datas))]
    except Exception:
        pass

    qs = QuickSort(datas)
    qs._sort(0, len(datas)-1)
    qs.show()
```

对上述代码的具体说明如下：

（1）self.datas：要排序的数据列表。

（2）函数 _sort()：实现快速排序功能，由于排序直接操作 self.datas，所以排序结果也被保存在 self.datas 中，left 表示排序的开始位置，right 表示排序的结束位置，这样可以实现局部排序功能。在排序过程中，由两个游标分别从两端开始遍历，左端数据要比基数小，所以当判断条件遇到比基数大的数字时要停下，而右端的情况与左端完全相反；

（3）函数 show()：输出显示排序后结果。

例如，输入三个浮点数 1.2 3.1 2.2（注意在数字之间有一个空格）后会输出：

```
Please input some number:1.2 3.1 2.2
Result is:
1.2
2.2
3.1
```

例如，输入三个整数 1 9 6（注意在数字之间有一个空格）后会输出：

```
Please input some number:1 9 6
Result is:
1
6
9
```

注意：本实例程序一定要先从右端开始遍历，因为两端遍历最终停下的条件肯定是相遇的时候。如果左端先移动，则最后停下时的数值肯定比基数大；若将这个数字与基数交换，则基数左边的数字就不是全部比基数小了，实例程序的运行结果就不正确。

9.6　选择排序

选择排序（Selection-sort）是一种简单直观的排序算法。工作原理是：首先在未排序序列中找到最小（大）元素，存放到排序序列的起始位置，然后，再从剩余未排序元素中继续寻找最小（大）元素，存放到已排序序列的末尾。依此类推，直到所有元素均排序完毕。常用的选择排序方法有两种，分别是直接选择排序算法和树形选择排序算法。在本节中，将详细讲解选择排序的基本知识和具体用法。

9.6.1　直接选择排序

直接选择排序（Straight Select Sorting）是一种简单的排序方法，其基本思想是第一次从 $R[0]$~$R[n-1]$ 中选取最小值，与 $R[0]$ 交换，第二次从 $R[1]$~$R[n-1]$ 中选取最小值，与 $R[1]$ 交换……，第 i 次从 $R[i-1]$~$R[n-1]$ 中选取最小值，与 $R[i-1]$ 交换……，第 n-1 次从 $R[n-2]$~$R[n-1]$ 中选取最小值，与 $R[n-2]$ 交换，总共通过 n-1 次，得到一个按排序码从小到大排列的有序序列。

假设设置 n=8，在列表 R 中有 8 个元素 [8,3,2,1,7,4,6,5]，则使用直接选择排序的排序过程如下：

初始状态 [8 3 2 1 7 4 6 5] 8 ------ 第 1 次处理

第一次 [1 3 2 8 7 4 6 5] 3 ------ 第 2 次处理

第二次 [1 2 3 8 7 4 6 5] 3 ------ 第 3 次处理

第三次 [1 2 3 8 7 4 6 5] 8 ------ 第 4 次处理

第四次 [1 2 3 4 7 8 6 5] 7 ------ 第 5 次处理

第五次 [1 2 3 4 5 8 6 7] 8 ------ 第 6 次处理

第六次 [1 2 3 4 5 6 8 7] 8 ------ 第 7 次处理

第七次 [1 2 3 4 5 6 7 8] ------ 排序完成

无论是最坏情况、最佳情况还是平均情况，因为直接选择排序都需要找到最大值或最小值），所以其比较次数为 $n(n-1)/2$ 次，时间复杂度为 $O(n^2)$。

选择排序会给每个位置选择当前元素最小的，例如给第一个位置选择最小的，在剩余元素中给第二个元素选择第二小的，依此类推，直到第 n-1 个元素，第 n 个元素不用选择了，因为只剩下它一个最大的元素。那么在一趟选择中，如果当前元素比一个元素小，而该小的元素又出现在一个和当前元素相等的元素后面，那么会破坏交换后的稳定性。举个例子，假设有一个待处理的列表序列 [5 8 5 2 9]，第一遍选择第 1 个元素 5 和 2 交换，那么原序列中 2 个 5 的相对前后顺序就被破坏了，所以选择排序不是一个稳定的排序算法。由此可见，直接选择排序的效率很低，如果想提高效率，则可以考虑使用其他排序算法，例如在本章后面将要讲解的堆排序。

9.6.2 实战演练——使用直接选择排序法排序列表 list 中的元素

在下面的实例文件 qiu.py 中，演示了实现直接选择排序操作的过程。在本实例中首先获取 list 的长度，第一次遍历找到最小的元素放在第一个位置，第二次遍历找到次小的元素放在第二个位置上，依次遍历下去，把对应元素放在最终排序的位置上。

```
def selectedSort(myList):
    #获取 list 的长度
    length = len(myList)
    #一共进行多少轮比较
    for i in range(0,length-1):
        #默认设置最小值的 index 为当前值
        smallest = i
        #用当前最小 index 的值分别与后面的值进行比较，以便获取最小 index
        for j in range(i+1,length):
            #如果找到比当前值小的 index，则进行两值交换
            if myList[j]<myList[smallest]:
                tmp = myList[j]
                myList[j] = myList[smallest]
                myList[smallest]=tmp
        #打印每一轮比较好的列表
        print("Round ",i,": ",myList)



myList = [1,4,5,0,6]
print("Selected Sort: ")
selectedSort(myList)
```

执行后会输出：

```
Selected Sort:
Round  0 :  [0, 4, 5, 1, 6]
Round  1 :  [0, 1, 5, 4, 6]
Round  2 :  [0, 1, 4, 5, 6]
Round  3 :  [0, 1, 4, 5, 6]
```

9.6.3 树形选择排序

树形选择排序又称锦标赛排序（Tournament Sort），是一种按照锦标赛的思想进行选择排序的方法。首先对 n 个记录的关键字进行两两比较，然后在 n/2 个较小者之间再进行两两比较，如此重复，直至选出最小的记录为止。下面是树形选择排序的基本思想：

（1）两两比较待排序的 n 个记录的关键字，并取出较小者。

（2）在 $n/2$ 个较小者中，采用同样的方法比较选出每两个中的较小者。

（3）如此反复上述过程，直至选出最小关键字记录为止。

可以用一棵有 n 个节点的树来表示，选出的最小关键字记录就是这棵树的根节点。当输出最小关键字之后，为了选出次小关键字，可以设置根节点（最小关键字记录所对应的叶节点）的关键字值为∞，然后再进行上述的过程，直到所有的记录全部输出为止。

例如存在如下数据：49，38，65，97，76，13，27，49。如果想从上述 8 个数据中选出最小数据，具体实现过程如图 9-8 所示。

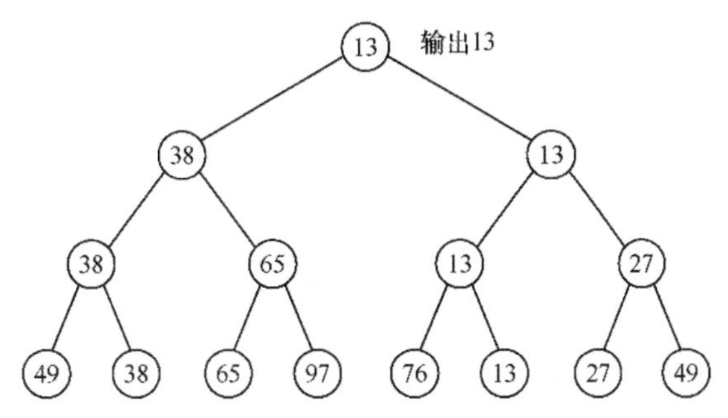

图 9-8　选出最小数据的过程

在树形选择排序中，被选中的关键字都走了一条由叶节点到根节点的比较过程。因为含有 n 个叶节点的完全二叉树的深度为 $[\log_2 n]+1$，所以在树形选择排序中，每当选择一个关键字都需要进行 $\log_2 n$ 次比较，其时间复杂度为 $O(\log_2 n)$。因为移动记录次数不超过比较次数，所以总的算法时间复杂度为 $O(n\log_2 n)$。与简单选择排序相比，树形选择排序降低了比较次数的数量级，增加了 $n-1$ 个存放中间比较结果的额外存储空间，并同时附加了与∞进行比较的时间耗费。

9.6.4　实战演练——创建二叉树并实现完整树形排序

在下面的实例文件 tree.py 中，演示了实现完整树形排序算法的过程。首先创建了随机深度的数据，然后通过循环比较各个节点数据，两两比较待排序的数据，并取出其中的较小者；接下来在半数的较小者中，采用同样的方法比较选出每两个中的较小者。最终使用 Python 内置模块 time 计算排序所耗费的时间。

```
import time, random, math

def tournamentSort(a, n):
    b = []
    a_height = int(math.log(n - 1, 2)) + 1
    Max = int(math.pow(2, a_height + 1))

    #makeCompleteBinTree(b, n):  # 创建完整二叉树
    for i in range(0, Max):
        b.append(0)
    print("b的长度:",len(b))

    b_height = int(math.log(len(b) - 1, 2))  # 树的深度
    index = int(math.pow(2, b_height))
    # 将a的全部元素插入b的最下级节点
    for i in range(1, n + 1):
```

```
        b[int(Max / 2) - 1 + i] = a[i]

    # 下面各节点之间的比较
    # 送到父母节点时，将 int (n/2) 写入索引值
    # 考虑到从树的底层开始进行比较，进行淘汰赛
    while (b_height) :
        for k in range(index, index * 2, 2):
            if b[k] > b[k + 1]:
                b[int(k / 2)] = b[k]
            else:
                b[int(k / 2)] = b[k + 1]
        b_height -= 1
        index = int(index / 2)
    print("\n")

def checkSort(a, n):
    isSorted = True
    for i in range(1, n):
        if (a[i] > a[i + 1]):
            isSorted = False
        if (not isSorted):
            break
    if isSorted:
        print(" 排序完成 ")
    else:
        print(" 发生排序错误 ")

#a = [None, 4, 6, 7, 3, 5, 1, 2, 10, 11, 12, 13, 14, 15, 16]
data = 10000
while (data < 1000000):
    a = []
    a.append(None)
    for i in range(data):
        a.append(random.randint(1, data))
    start_time = time.time()
    tournamentSort(a, len(a) - 1)
    end_time = round((time.time() - start_time), 3)
    print(' 树形选择排序的执行时间 (N = %d) : %0.3f' % (data, end_time))
    #checkSort(a, data)
    data *= 2
```

执行后会输出：

```
b 的长度 : 32768


树形选择排序的执行时间 (N = 10000) : 0.020
b 的长度 : 65536


树形选择排序的执行时间 (N = 20000) : 0.066
b 的长度 : 131072


树形选择排序的执行时间 (N = 40000) : 0.065
b 的长度 : 262144


树形选择排序的执行时间 (N = 80000) : 0.135
b 的长度 : 524288


树形选择排序的执行时间 (N = 160000) : 0.295
b 的长度 : 1048576
```

```
树形选择排序的执行时间 (N = 320000) : 0.601
b 的长度 : 2097152


树形选择排序的执行时间 (N = 640000) : 1.177
```

9.6.5 堆排序

为了弥补直接选择排序和树形选择排序的缺陷，威廉姆斯在 1964 年提出了进一步的改进方法，即另外一种形式的选择排序方法——堆排序。堆排序（Heapsort）是指利用堆这种数据结构所设计的一种排序算法。堆积是一个近似完全二叉树的结构，并同时满足堆积的性质，即子节点的键值或索引总是小于（或者大于）它的父节点。

堆是具有以下性质的完全二叉树：每个节点的值都大于或等于其左、右孩子节点的值，称为大顶堆；或者每个节点的值都小于或等于其左、右孩子节点的值，称为小顶堆，如图 9-9 所示。

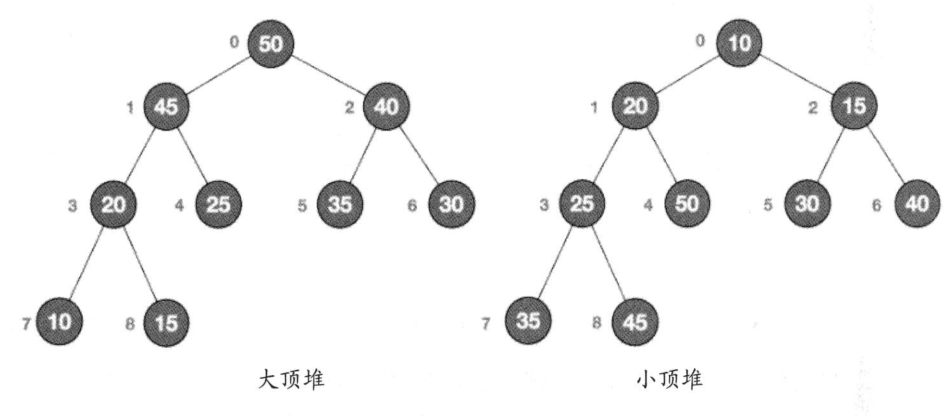

图 9-9　堆

同时对堆中的节点按层进行编号，将这种逻辑结构映射到待排序的列表中就是如图 9-10 所示的样子。

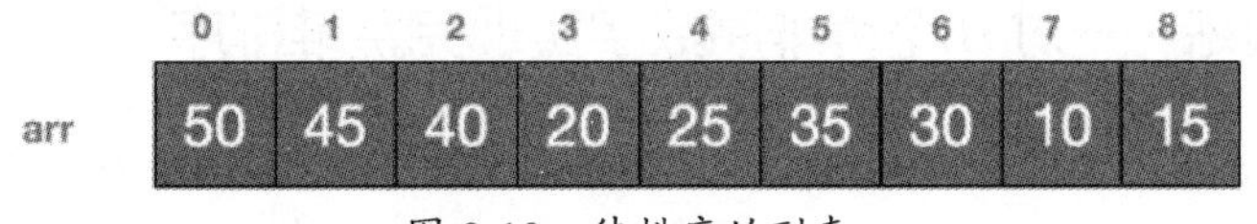

图 9-10　待排序的列表

该待排序列表从逻辑上讲就是一个堆结构，我们用简单的公式来描述一下堆的定义就是：

（1）大顶堆：arr[i] >= arr[2i+1] && arr[i] >= arr[2i+2]

（2）小顶堆：arr[i] <= arr[2i+1] && arr[i] <= arr[2i+2]

堆排序的具体做法是：将待排序记录的关键字存放在数组 r[1…n] 中，将 r 用一棵完全二叉树的顺序来表示。每个节点表示一个记录，第一个记录 r[1] 作为二叉树的根，后面的各个记录 r[2…n] 依次逐层从左到右顺序排列，任意节点 r[i] 的左孩子是 r[2i]，右孩子是 r[2i+1]，双亲是 r[r/2]。调整这棵完全二叉树，使各节点的关键字值满足下列条件。

```
r[i].key≥r[2i].key 并且 r[i].key≥r[2i+1].key(i=1,2, …[n/2])
```

将满足上述条件的完全二叉树称为堆，将此堆中根节点的最大关键字称为大根堆。反之，如果此完全二叉树中任意节点的关键字大于或等于其左孩子和右孩子的关键字（当有左孩子或右孩子时），则对应的堆为小根堆。

假如存在如下两个关键字序列都满足上述条件：

(10,15,56,25,30,70)

(70,56,30,25,15,10)

上述两个关键字序列都是堆，(10,15,56,25,30,70) 对应的完全二叉树的小根堆如图 9-11（a）所示，(70,56,30,25,15,10) 对应的完全二叉树的大根堆如图 9-11（b）所示。

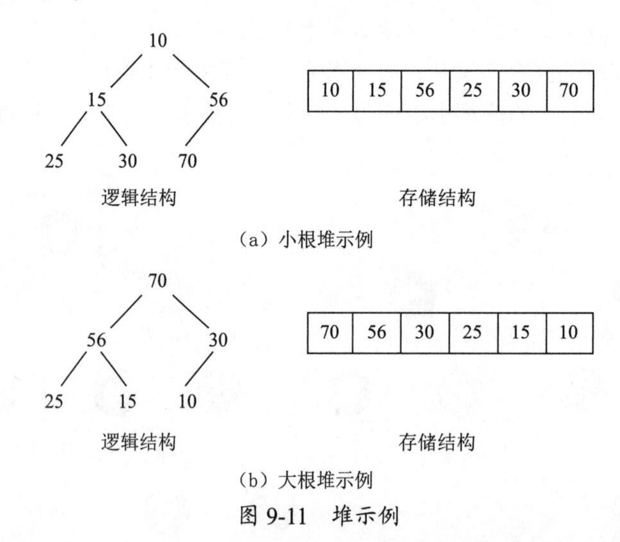

图 9-11 堆示例

初始化建堆的时间复杂度为 $O(n)$，排序重建堆的时间复杂度为 $n\log(n)$，所以总的时间复杂度为 $O(n+n\log n)=O(n\log n)$。另外，堆排序的比较次数和序列的初始状态有关，但只是在序列初始状态为堆的情况下比较次数显著减少，在序列有序或逆序的情况下比较次数不会发生明显变化。

9.6.6 实战演练——对 9 个待排序数字实现完整堆排序

假设待排序数字为 30,20,80,40,50,10,60,70,90，如图 9-12 所示；在下面的实例文件 dui.py 中，演示了实现完整堆排序的过程。

实例文件 dui.py 的具体实现流程如下。

（1）编写打印函数 print_tree() 构建完全二叉树并打印树，为了方便观察，生成一个打印列表为树结构的函数，方便观察树节点的变动。为了适应不同的完全二叉树，这个打印函数 print_tree() 还需要特殊处理一下：第一行取 1 个，第二行取 2 个，第三行取 3 个，依此类推。函数 print_tree() 的具体实现代码如下：

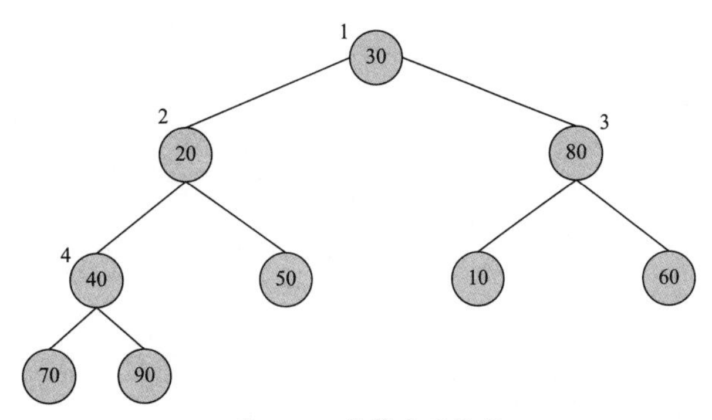

图 9-12　待排序的数字

```
    import math
    def print_tree(array):
        '''
           前空格元素间
        170
        237
        313
        4   01
        '''
        index = 1
         depth = math.ceil(math.log2(len(array))) #  因为补0了，不然应该是math.
ceil(math.log2(len(array)+1))
        sep = '  '
        for i in range(depth):
            offset = 2 ** i
            print(sep * (2 ** (depth - i - 1) - 1), end='')
            line = array[index:index + offset]
            for j, x in enumerate(line):
                print("{:>{}}".format(x, len(sep)), end='')
                interval = 0 if i == 0 else 2 ** (depth - i) - 1
                if j < len(line) - 1:
                    print(sep * interval, end='')
            index += offset
            print()
```

（2）准备要处理的列表是 [30, 20, 80, 40, 50, 10, 60, 70, 90]，为了和编码对应，增加一个无用的 0 在列表 origin 中的首位。编写函数 heap_adjust() 调整堆节点，具体调整流程如下：

① 度数为 2 的节点 A，如果它的左、右孩子节点的最大值比它大，将这个最大值和该节点交换；

② 度数为 1 的节点 A，如果它的左孩子的值大于它，则交换；

③ 如果节点 A 被交换到新的位置，还需要和其孩子节点重复上面的处理过程。

上述功能对应的实现代码如下：

```
    origin = [0, 30, 20, 80, 40, 50, 10, 60, 70, 90]
    total = len(origin) - 1  # 初始待排序元素个数，即n
    print(origin)
    print_tree(origin)
    print("="*50)
    def heap_adjust(n, i, array: list):
        '''
        调整当前节点（核心算法）
        调整节点的起点在n//2，保证所有调整的节点都有孩子节点
```

```
        :param n: 待比较数个数
        :param i: 当前节点的下标
        :param array: 待排序数据
        :return: None
        '''
        while 2 * i <= n:
            # 孩子节点判断 2i 为左孩子，2i+1 为右孩子
            lchile_index = 2 * i
            max_child_index = lchile_index  # n=2i
             if n > lchile_index and array[lchile_index + 1] > array[lchile_index]:
# n>2i 说明还有右孩子
                max_child_index = lchile_index + 1  # n=2i+1
            # 和子树的根节点比较
            if array[max_child_index] > array[i]:
                array[i], array[max_child_index] = array[max_child_index], array[i]
                i = max_child_index  # 被交换后，需要判断是否还需要调整
            else:
                break
        # print_tree(array)
```

（3）到目前为止也只是解决了单个节点的调整，下面要使用循环来依次解决比起始节点编号小的节点。编写函数 max_heap() 分别构建大顶堆、大根堆：

① 起点的选择：从最下层最右边叶子节点的父节点开始。由于构造了一个前置的 0，所以编号和列表的索引正好重合。但是，元素个数等于长度减 1；

② 下一个节点：按照二叉树性质 5 编号的节点，从起点开始找编号逐个递减的节点，直到编号 1 为止。

函数 max_heap() 的具体实现代码如下：

```
    def max_heap(total,array:list):
        for i in range(total//2,0,-1):
            heap_adjust(total,i,array)
        return array
    print_tree(max_heap(total,origin))
    print("="*50)
```

（4）编写函数 sort() 实现排序功能，具体流程如下：

① 每次都要让堆顶的元素和最后一个节点交换，然后排除最后一个元素，形成一个新的被破坏的堆；

② 让它重新调整，调整后，堆顶一定是最大的元素；

③ 最后剩余两个元素时，如果后一个节点比堆顶大，就不用调整了。

函数 sort() 的具体实现代码如下：

```
    def sort(total, array:list):
        while total > 1:
            array[1], array[total] = array[total], array[1] # 堆顶和最后一个节点交换
            total -= 1
            if total == 2 and array[total] >= array[total-1]:
                break
            heap_adjust(total,1,array)
        return array
```

（5）最后是测试代码，如下：

```
    print_tree(sort(total,origin))
    print(origin)
    print(origin)
```

执行后会输出：

```
[0, 30, 20, 80, 40, 50, 10, 60, 70, 90]
              30
       20              80
   40       50      10       60
70  90
==================================================
              90
       70              80
   40       50      10       60
20  30
==================================================
              10
       20              30
   40       50      60       70
80  90
[0, 10, 20, 30, 40, 50, 60, 70, 80, 90]
[0, 10, 20, 30, 40, 50, 60, 70, 80, 90]
```

注意：堆排序与直接选择排序的区别。

在直接选择排序中，为了从 $R[1\cdots n]$ 中选出关键字最小的记录，必须经过 $n-1$ 次比较，然后在 $R[2\cdots n]$ 中选出关键字最小的记录，最后做 $n-2$ 次比较。事实上，在后面的 $n-2$ 次比较中，有许多比较可能在前面的 $n-1$ 次比较中已经实现过。但是由于前一趟排序时未保留这些比较结果，所以后一趟排序时又重复执行这些比较操作。堆排序可通过树形结构保存部分比较结果，可减少比较次数。

9.7　归并排序

归并排序是一个典型的基于分治的递归算法。它不断地将原数组分成大小相等的两个子数组（可能相差 1），最终当划分的子数组大小为 1 时（下面代码第 17 行 left 小于 right 不成立时），将划分的有序子数组合并成一个更大的有序数组。在本节中，将详细讲解使用归并排序算法的知识。

9.7.1　归并排序算法原理与性能

在使用归并排序算法时，将两个或两个以上的有序表合并成一个新的有序表。假设初始序列含有 k 个记录，首先将这 k 个记录看成 k 个有序的子序列，每个子序列的长度为 1，然后两两进行归并，得到 $k/2$ 个长度为 2（k 为奇数时，最后一个序列的长度为 1）的有序子序列。最后在此基础上再进行两两归并，如此重复下去，直到得到一个长度为 k 的有序序列为止。上述排序方法称为二路归并排序法。

1．算法原理与使用函数

归并排序就是利用归并过程，开始时先将 k 个数据看成 k 个长度为 1 的已排好序的表，将相邻的表成对合并，得到长度为 2 的（$k/2$）个有序表，每个表含有 2 个数据；进一步再将相邻表成对合并，得到长度为 4 的（$k/4$）个有序表……如此重复做下去，直到将所有数据均合并到一个长度为 k 的有序表为止，从而完成了排序。图 9-13 显示了二路归并排序的过程。

初始值	[6]	[14]	[12]	[10]	[2]	[18]	[16]	[8]	
第一趟归并	[6	14]	[10	12]		[2	18]	[8	16]
第二趟归并	[6	10	12	14]		[2	8	16	18]
第三趟归并	[2	6	8	10		12	14	16	18]

图 9-13　二路归并排序过程

在图 9-14 中，假设使用函数 Merge() 将两个有序表进行归并处理，将两个待归并的表分别保存在数组 A 和 B 中，将其中一个的数据安排在下标从 m 到 n 单元中，另一个安排在下标从（n+1）到 h 单元中，将归并后得到的有序表存入辅助数组 C 中。归并过程是依次比较这两个有序表中相应的数据，按照“取小”原则复制到 C 中。

图 9-14　两个有序表的归并图

函数 Merge() 的功能只是归并两个有序表，在进行二路归并的每一趟归并过程中，能够将多对相邻的表进行归并处理。接下来开始讨论一趟的归并，假设已经将数组 r 中的 n 个数据分成成对长度为 s 的有序表，要求将这些表两两归并，归并成一些长度为 2s 的有序表，并把结果置入辅助数组 r_2 中。如果 n 不是 2s 的整数倍，虽然前面进行归并的表长度均为 s，但是最后还是能再剩下一对长度都是 s 的表。这时，需要考虑如下两种情况。

（1）剩下一个长度为 s 的表和一个长度小于 s 的表，由于上述的归并函数 Merge() 并不要求待归并的两个表必须长度相同，仍可将二者归并，只是归并后表的长度小于其他表的长度 2s。

（2）只剩下一个表，它的长度小于或等于 s，由于没有另一个表与它归并，只能将它直接复制到数组 r_2 中，准备参加下一趟的归并。

注意：为什么是有序子数组？

在归并排序算法中，为什么将划分的有序子数组合并成一个更大的有序数组。先看排序的递归公式：

```
T(N) = 2T(N/2) + O(N)
```

由此可看出：将规模为 N 的原问题分解成规模 N/2 的两个子问题，并且合并这两个子问题的代价是 $O(N)$。注意，上面公式中的 $O(N)$ 表示合并的代价。

2．分析归并排序算法的性能

归并排序中一趟归并要多次用到二路归并算法，一趟归并排序的操作是调用（$n/2h$）次 merge 算法，将 $r_1[1\cdots n]$ 中前后相邻且长度为 h 的有序段进行两两归并，得到前后相邻、长度为 2h 的有序段，并存放在 $r[1\cdots n]$ 中，其时间复杂度为 $O(n)$。整个归并排序需进行 $m(m–\log_2 n)$ 趟二路归并，所以归并排序总的时间复杂度为 $O(n\log_2 n)$。在实现归并排序时，需要和待排记录等数量的辅助空间，空间复杂度为 $O(n)$。

9.7.2　实战演练——使用归并排序算法由小到大排序一个列表

归并排序使用了二分法，归根结底的思想还是分而治之。拿到一个长数组，将其不停地分为左边和右边两份，以此递归分下去，然后将它们按照两个有序数组的样子合并。假设要排列的列表是 [4, 7, 8, 3, 5, 9]，则归并排序的流程如图 9-15 所示。

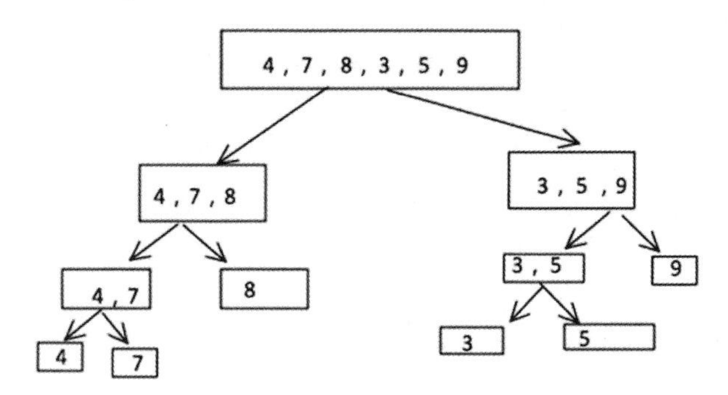

图 9-15　归并排序的流程

图 9-15 展示了归并排序的第 1 步，将数组按照 middle 进行递归拆分，分到最细之后再将其使用对两个有序数组进行排序的方法对其进行排序。两个有序数组排序的方法则非常简单，同时对两个数组的第一个位置进行比大小，将小的放入一个空数组，然后被放入空数组那个位置的指针往后移一个，继续和另一个数组的上一个位置进行比较，依此类推。一直到任何一个数组先出栈完毕，就将另外一个数组里的所有元素追加到新数组后面。

根据上面的归并分析，我们可以看到对图 9-15 的一个行为：当最左边的分到最细之后无法再划分左右，然后开始进行合并，下面是合并过程：

（1）第一次组合完成 [4, 7] 的合并；

（2）第二次组合完成 [4, 7, 8] 的合并；

（3）第三次组合完成 [3, 5] 的合并；

（4）第四次组合完成 [3, 5, 9] 的合并；

（5）第五次组合完成 [3, 4, 5, 7, 8, 9] 的合并结束排序。

在下面的实例文件 guibing.py 中，演示了使用归并排序算法由小到大排列列表 [4, 7, 8, 3, 5, 9] 元素的过程。

```
def merge(a, b):
    c = []
    h = j = 0
    while j < len(a) and h < len(b):
        if a[j] < b[h]:
            c.append(a[j])
            j += 1
        else:
            c.append(b[h])
            h += 1

    if j == len(a):
        for i in b[h:]:
            c.append(i)
    else:
        for i in a[j:]:
            c.append(i)
```

```
    return c


def merge_sort(lists):
    if len(lists) <= 1:
        return lists
    middle = int(len(lists)/2)
    left = merge_sort(lists[:middle])
    right = merge_sort(lists[middle:])
    return merge(left, right)


if __name__ == '__main__':
    a = [4, 7, 8, 3, 5, 9]
    print(merge_sort(a))
```

执行后会输出：

```
[3, 4, 5, 7, 8, 9]
```

9.8 基数排序

基数排序是按照低位先排序，然后收集结果；再按照高位排序，然后再收集；依此类推，直到最高位。有时候有些属性是有优先级顺序的，先按低优先级排序，再按高优先级排序。最后的次序就是高优先级高的在前，高优先级相同的低优先级高的在前。在本节中，将详细讲解基数排序的基本知识和具体用法。

9.8.1 基数排序算法原理与性能

前面所述的各种排序方法使用的基本操作主要是比较与交换，而基数排序则利用分配和收集这两种基本操作，基数类排序就是典型的分配类排序。基数排序（radix sort）属于“分配式排序”（Distribution Sort），又称“桶子法”（Bucket Sort）或 Bin Sort。顾名思义，基数排序是透过键值、将要排序的元素分配至某些“桶”中，以达到排序的目的。

1. 实现原理

假设有一个待排序初始列表 R {50, 123, 543, 187, 49, 30, 0, 2, 11, 100}，我们知道，任何一个阿拉伯数各个位数上的基数都是以 0~9 来表示，所以不妨把 0~9 视为 10 个桶。我们先根据序列个位数的数字来进行分类，将其分到指定的桶中。例如，$R[0] = 50$，个位数上是 0，将这个数存入编号为 0 的桶中。分类后，在从各个桶中，将这些数按照从编号 0 ～编号 9 的顺序依次将所有数取出来。这时，得到的序列就是个位数上呈递增趋势的序列。按照个位数排序：{50, 30, 0, 100, 11, 2, 123, 543, 187, 49}。接下来，对十位数、百位数也按照这种方法进行排序，最后就能得到排序完成的序列。

2. 分析基数排序的性能

对于 n 个记录（每个记录含 d 个子关键字，每个子关键字的取值范围为 RADIX 个值）进行链式排序的时间复杂度为 $O(d(n + \text{RADIX}))$，其中每一趟分配算法的时间复杂度为 $O(n)$，每一趟收集算法的时间复杂度为 $O(\text{RADIX})$，整个排序进行 d 趟分配和收集，所需辅助空间为 2×RADIX 个队列指针。当然，由于需要链表作为存储结构，则相对于其他以顺序结构存储记录的排序方法而言，还增加了 n 个指针域空间。

通常人们认为基数的时间复杂度为 $O(n)$，不过它忽略了常数项，即实际排序时间为 kn（其中 k 是常数项），然而在实际排序的过程中，这个常数项 k 其实是很大的，这会很大程度影响实际的排序时间，而像快速排序虽然是 $n\log n$，但它前面的常数项相对比较小，影响也相对比较小。这也就是有时候基数排序没有快速排序快的原因。当然基数排序也并非比快速排序慢，这要看具体情况，而且数据量越大，基数排序会越有优势。

注意：基数排序并非是一种时间换空间的排序，也就是说，数据量越大，额外的空间并非就越大。因为在把元素放进桶时，完全可以用指针指向这个元素。也就是说，只有初始的那些桶才算是额外的空间。

9.8.2 实战演练——使用基数排序算法排列一个列表

假如要排列的是 [51,7,12,336,2,67,16,16,553]，则使用基数排序的过程如图 9-16 所示。

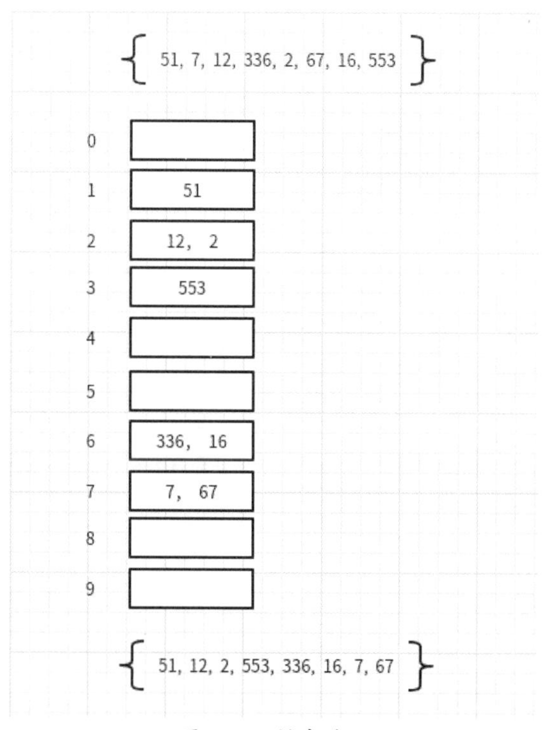

图 9-16　排序过程

基数排序的基本思路是先排元素的最后一位，再排倒数第二位，直到所有位数都排完。注意，不能先排第一位，那样最后依然是无序的。在下面的实例文件 ji.py 中，演示了使用基数排序算法排序列表 [51,7,12,336,2,67,16,16,553] 的过程。在本实例中，使用 i 记录当前正在排的是哪一位。

```
def radix_sort(s):
    """ 基数排序 """
    i = 0                                   # 记录当前正在排哪一位，最低位为 1
    max_num = max(s)                        # 最大值
    j = len(str(max_num))                   # 记录最大值的位数
```

```
    while i < j:
        bucket_list =[[] for _ in range(10)]      # 初始化桶数组
        for x in s:
            bucket_list[int(x / (10**i)) % 10].append(x) # 找到位置放入桶数组
        print(bucket_list)
        s.clear()
        for x in bucket_list:                        # 放回原序列
            for y in x:
                s.append(y)
        i += 1

if __name__ == '__main__':
    a = [51,7,12,336,2,67,16,16,553]
    radix_sort(a)
    print(a)
```

执行后会输出：

```
[[], [51], [12, 2], [553], [], [], [336, 16, 16], [7, 67], [], []]
[[2, 7], [12, 16, 16], [], [336], [], [51, 553], [67], [], [], []]
[[2, 7, 12, 16, 16, 51, 67], [], [], [336], [], [553], [], [], [], []]
[2, 7, 12, 16, 16, 51, 67, 336, 553]
```